职业院校校企"双元"合作电气类专业立体化教材

电工技术基础

主　编　沈柏民

副主编　陆晓燕　余　萍

参　编　沈骁茜　姚忠杰　盛希宁
　　　　童立立　万亮斌　沈　强
　　　　朱晓靖　魏昌煌

U0240648

机械工业出版社

本书是中等职业学校电类专业通用教材，按照"课程内容与职业标准对接、教学过程与生产过程对接"的要求，依据教育部颁发的《中等职业学校电工技术基础与技能教学大纲》，并参考相关职业技能等级标准要求编写而成。

　　本书主要内容有认识实训室与安全用电常识、认识基本电阻电路、认识与应用简单电阻电路、认识与分析复杂直流电路、认识与应用电容器、认识与分析磁与电磁、分析与运用电磁感应现象、认识正弦交流电、认识与运用正弦交流电路、分析与运用三相交流电路、认识变压器、认识瞬态过程12个教学项目，共计44个学习任务。

　　本书可与《电工技术实训》教材配合使用。本书可作为中等职业学校电气运行与控制、电气安装与维修、电气技术应用、电子技术应用等电类专业及相关电类专业教材，也可作为职业技能等级证书考核及岗位职业技能培训用书。

　　本书配套电子课件、电子教案、视频动画（以二维码形式呈现在书中）等资源，方便教与学。凡使用本书作为授课教材的教师可登录www.cmpedu.com网站注册并免费下载。

图书在版编目（CIP）数据

电工技术基础/沈柏民主编. —北京：机械工业出版社，2021.5

职业院校校企"双元"合作电气类专业立体化教材

ISBN 978-7-111-68822-8

Ⅰ.①电… Ⅱ.①沈… Ⅲ.①电工技术–中等专业学校–教材

Ⅳ.①TM

中国版本图书馆 CIP 数据核字（2021）第 153621 号

机械工业出版社（北京市百万庄大街22号　邮政编码100037）
策划编辑：赵红梅　责任编辑：赵红梅　王　荣
责任校对：李　杉　封面设计：马精明
责任印制：单爱军
河北宝昌佳彩印刷有限公司印刷
2021 年 9 月第 1 版第 1 次印刷
184mm×260mm · 16.75 印张 · 372 千字
标准书号：ISBN 978-7-111-68822-8
定价：45.00 元

电话服务　　　　　　　　网络服务

客服电话：010-88361066　　机　工　官　网：www.cmpbook.com

　　　　　010-88379833　　机　工　官　博：weibo.com/cmp1952

　　　　　010-68326294　　金　书　网：www.golden-book.com

封底无防伪标均为盗版　机工教育服务网：www.cmpedu.com

前　言

本书是中等职业学校电类专业通用教材，依据教育部颁发的《中等职业学校电工技术基础与技能教学大纲》，并参考相关职业技能等级标准要求编写而成。

本书贯彻《国务院关于印发〈国家职业教育改革实施方案〉的通知》等文件精神要求，遵循"产教融合、校企合作、育训结合"的职业教育办学理念，按照"课程内容与职业标准对接、教学过程与生产过程对接"的要求，采用项目式结构编写，体现了"做中学、做中教"的职业教育教学特色。

本书以培养具有坚定理想信念，德、智、体、美、劳全面发展的高素质复合型技术技能人才需求为目标，坚持"以满足学生多元发展需要为宗旨，以行业企业需求为依据，以知识应用与实践为主线"的教学指导思想，以突出课程内容的"基础性与职业性"为重点，主要面向电类专业，适当兼顾电子信息类专业，支撑后续专业课程的学习，为学生职业发展与终身学习奠定基础。同时，本书内容还可满足多个职业类别的主要岗位或技术领域的素质、知识和能力要求，为深化教师、教材、教学的"三教"改革，促进书证融通奠定基础。

本书在编写过程中，努力强化信息技术与教学深度融合，兼顾"1 + X"证书制度要求和课程思政，突出了"课程思政、技术应用、体例新颖、注重基础、选用灵活"的特色。

1. 课程思政

本书教学内容充分发掘了自然科学背后的人性考量、价值关怀、战略定位，使学生在学习和运用本课程知识的过程中，能够从家国情怀和国家整体发展的角度来审视和解决问题，发挥课程的育人功能和思政效应。

2. 技术应用

本书以突出知识在工程技术中的应用为主线，按照电类专业人才目标中的素质、知识和能力要求，融入技术更新与产业升级带来的新知识、新技术、新材料和新工艺等内容，体现了电类专业基础知识在工程技术中的应用。

3. 体例新颖

本书以项目引领、任务驱动模式编写。每个项目以"项目目标"明确学习目标，以"项目导入"激发学习兴趣，以"项目实施"实施教学，以"项目总结"梳理学习要点，以"思考与实践"巩固学习效果。同时，本书的版式设计力求图文并茂、生动活泼，以大量照片、示意图、表格等形象直观地呈现内容。

4. 注重基础

本书在坚持"统一性与灵活性相结合"原则的基础上，注重"三基"，即基本素质、基本知识、基本能力的培养。

5. 选用灵活

本书紧扣"教学大纲",从电类专业相关专业职业岗位或技术领域对技术技能人才的需求出发,既保证统一的培养规格,又综合考虑学生差异、实训设备、师资条件等因素,根据不同地区、不同学校、不同专业类别之间的差异性,将书中内容分为必修内容与选学内容,具有较大的灵活性。本书中加"*"的内容和"知识拓展"等均为选学内容,各校可根据学校实际情况灵活选用。

结合"1 + X"证书制度试点要求,本书的教学总学时建议不少于76学时,其中必修内容教学时数为54学时,选学内容教学时数不少于10学时,各教学项目学时分配建议见下表。

序　　号	项目名称	建议学时（含选学内容）
1	项目一　认识实训室与安全用电常识	6
2	项目二　认识基本电阻电路	6
3	项目三　认识与应用简单电阻电路	9
4	项目四　认识与分析复杂直流电路	7
5	项目五　认识与应用电容器	5
6	项目六　认识与分析磁与电磁	4
7	项目七　分析与运用电磁感应现象	4
8	项目八　认识正弦交流电	6
9	项目九　认识与运用正弦交流电路	12
10	项目十　分析与运用三相交流电路	8
11	*项目十一　认识变压器	4
12	*项目十二　认识瞬态过程	3
	机　　动	2
	合　　计	76

本书由杭州市中策职业学校沈柏民任主编,海宁市高级技工学校陆晓燕、常州刘国钧高等职业技术学校余萍任副主编,全书由沈柏民、陆晓燕负责统稿。浙江科技学院沈骁茜、海宁市职业高级中学姚忠杰、常州刘国钧高等职业技术学校盛希宁、杭州市中策职业学校童立立和万亮斌、杭州育龙科技有限公司沈强、浙江中力机械有限公司朱晓靖、浙江大学医学院附属邵逸夫医院魏昌煌参与了编写工作。感谢河北省科技工程学校姚锦卫、上海数林软件有限公司对本书配套动画及视频资源制作的支持。在本书出版过程中得到了杭州市中策职业学校、海宁市高级技工学校、常州刘国钧高等职业技术学校、海宁市职业高级中学等学校领导和教师的大力支持,在此一并表示真挚感谢!

本书对传统教材进行了全面解构和重组,是一次创新性的教材改革尝试。由于编者水平有限,书中难免存在一些疏漏和不足之处,恳请广大师生和读者批评指正,以便我们修改完善。

编　者

二维码索引

页码	名　称	二维码	页码	名　称	二维码
12	单相触电		29	电位与电压的区别	
12	两相触电		30	电压参考方向	
13	跨步电压触电		33	常用电阻器外形	
14	触电急救		39	欧姆定律仿真	
23	手电筒控制动画		70	基尔霍夫电流定律	
24	电路的三种状态		72	基尔霍夫电压定律	
27	电流参考方向		81	戴维南定理	
28	常用电流波形		87	常用电容器外形	

（续）

页码	名　称	二维码	页码	名　称	二维码
97	电容器充放电		139	交流发电机工作原理	
104	磁铁性质		139	正弦交流电的周期性变化	
105	磁场		164	纯电阻电路	
105	通电直导线的磁场		170	纯电容电路	
106	通电螺线管的磁场		180	RLC 串联电路	
123	电磁感应现象实验1		184	单相电度表	
123	电磁感应现象实验2		190	串联谐振电路	
124	楞次定律实验		204	三相交流发电机工作原理	
129	常用电感器外形		226	IT 系统保护接地	
130	互感现象		241	小型变压器原理	

目　录

项目一 认识实训室与安全用电常识

项目目标

1. 熟悉电工实训室使用规则和电工实训安全操作规程。
2. 熟悉电工实训室的电源配置，认识交、直流电源。
3. 熟悉常用电工工具和电工仪器仪表的名称与用途。
4. 了解安全电压的规定。
5. 熟悉触电的类型，知道引起触电的常见原因。
6. 掌握防止触电的保护措施，熟悉触电急救措施。
7. 知道引起电气火灾的原因。
8. 掌握电气火灾现场处理和防范措施。

项目导入

  对于初次进入电工实训室的同学，看到实训室里各式各样的设施设备一定会眼花缭乱，也一定很想知道各种设施设备应该如何正确使用，更想亲手操作看看到底会有什么样的现象发生？但是要想正确操作这些设施设备完成各个实验实训任务，首先必须要了解实训室的电源配置情况、常用电工仪器仪表和电工工具的用途与使用方法、电工实训室的使用规则和电工实训安全操作规程等，然后学会专业技术技能，提升综合素质与职业能力，为今后从事电气技术工作奠定良好的基础。

  在电工实训时，我们将有更多的机会接触电。人是导体，如果我们用电不当或违反安全用电操作规程，都有可能造成触电，引起电气火灾等事故，从而带来不良后果，严重时还将导致触电死亡和重大电气火灾。所以，我们一定要有安全用电意识，熟悉触电现场急救措施和电气火灾现场处理及防范措施。

  本项目主要有认识电工实训室，认识安全用电常识，认识电气火灾与现场处理三个学习任务。

项目实施

学习任务一　认识电工实训室

情景引入

　　电工实训室是培养学生专业技术技能的重要场所，通过电工实训能够对"电"有更直接的认识，加深对电压、电流、电功率等电类基本物理量的理解；通过电工实训还有利于树立良好的职业道德，养成良好的职业习惯。因此，认识电工实训室、了解和掌握电工实训室相关设备、工具及仪器仪表的使用方法就显得格外重要。

　　本学习任务通过参观电工实训室，认识电工实训室的电源配置，熟悉常用电工工具和电工仪器仪表的名称和用途。

一、电工实训室的电源配置

　　图 1-1 所示为常见的电工实训室，是我们进行电工实训的重要场所。图 1-2 所示为常见的电工实训操作台。虽然不同学校的电工实训室布置和实训操作台的型号可能会有所不同，但基本配置和功能是相似的。

图 1-1　电工实训室

图 1-2　电工实训操作台

　　通用的电工实训操作台一般都配有直流和交流两种类型的电源，而且每种类型都会配置多组电源，以满足不同电工实训项目的需要。常见的电工实训操作台直流电源、交流电源配置如图 1-3 所示。

　　1. 直流电源

　　直流电源用字母"DC"或符号"－"表示。在图 1-3 所示的电源配置图中，有两组 0～24V 直流可调稳压电源。通过调节旋钮可使直流电压在 0～24V 之间、直流电流在 0～2A 之间调节，方便实验时选择合适的直流电压和电流。配置的两组直流电压表和直流电流表分别显示相应的电压值和电流值。

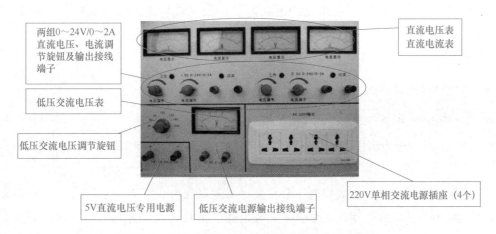

图 1-3 电工实训操作台直流电源、交流电源配置

2. 交流电源

交流电源用字母"AC"或符号"～"表示。一般电工实训操作台会配置可调低压交流电源、单相交流电源和三相交流电源三组交流电源。

（1）可调低压交流电源

如图 1-3 所示，可调低压交流电源可在 3～24V 范围内调节，通过调节旋钮可输出 3V、6V、9V、12V、15V、18V、24V 7 档交流电压，方便实验实训时选择不同的低压交流电源。相应的交流电压表显示其电压值。

（2）单相交流电源

如图 1-3 所示，单相 220V 交流电源通过 4 个并列的三孔插座输出，其电压值为 220V，频率为 50Hz。

（3）三相交流电源

图 1-4 所示的电工实训操作台上配置了两组三相交流电压，一组为三相四线制交流电源，输出 380V、50Hz 的交流电压；另一组为三相五线制交流电源，可以输出 380V、50Hz（线电压）和 220V、50Hz（相电压）两种交流电压。同时，还配置了

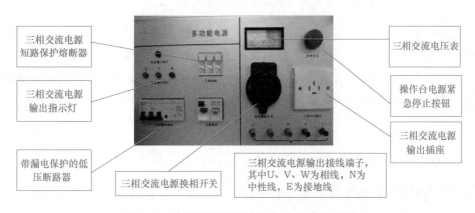

图 1-4 电工实训操作台三相交流电源配置

操作台电源紧急停止按钮、短路保护熔断器、三相交流电源输出指示灯、带漏电保护的低压断路器等。通过旋转三相交流电源换相开关，三相交流电压表可以指示 U、V、W 各相电压。

科技成就

电力科技不断创新超越，多项技术达到世界领先水平
——摘自《改革开放 40 年我国电力发展十大成就》

改革开放 40 年来，我国实现了科技实力从"赶上时代"到"引领时代"的伟大跨越。40 年来，我国电力科技走出了一条引进、消化吸收、再创新的道路，多项自主关键技术跃居国际领先水平。

火电技术不断创新，达到世界领先水平。高效、清洁、低碳火电技术不断创新，相关技术研究达到国际领先水平。超超临界机组实现自主开发，大型循环流化床发电、大型 IGCC、大型褐煤锅炉已具备自主开发能力，二氧化碳利用技术研发和二氧化碳封存示范工程顺利推进。燃气轮机设计体系基本建立，初温和效率进一步提升，天然气分布式发电开始投入应用。燃煤耦合生物质发电技术已在 2017 年开展试点工作。

可再生能源发电技术已显著缩小了与国际先进水平的差距。我国水电、光伏、风电、核电等产业化技术和关键设备与世界发展同步。水电工程技术挺进到世界一流，风电已经形成了大容量风电机组整机设计体系和较完整的风电装备制造技术体系，规模化光伏开发利用技术取得重要进展，三代核电技术研发和应用走在世界前列，四代核电技术取得突破，可控核聚变技术得到持续发展。

电网技术水平处于国际前列。掌握了具有国际领先水平的长距离、大容量、低损耗的特高压输电技术，电网的总体装备和运维水平处于国际前列。特高压输电技术处于引领地位，掌握了 1000kV 高压交流和 ±800kV 特高压直流输电关键技术。

前沿数字技术与电力技术的融合正在成为新的科技创新方向。当前，发电技术、电网技术与信息技术的融合不断深化，大数据、移动通信、物联网、云计算等前沿数字技术与电力技术的融合正在成为新的科技创新方向，以互联网融合关键技术应用为代表的电力生产走向智能化。

二、常用电工仪器仪表

电工实训室常用的电工仪器仪表有电流表、电压表、万用表、绝缘电阻表、电能表等。常用电工仪器仪表的名称、用途和图例见表 1-1。

表1-1 常用电工仪器仪表的名称、用途和图例

名 称	用 途	图 例
电流表	测量电路中的电流（钳形电流表无须断开电路即可测量电流）	指针式、数显式电流表　　指针式、数字式钳形电流表
电压表	测量电路中两点间的电压	指针式　　数显式
万用表	除具有测量直流电流、直流电压、交流电压和电阻等基本功能外，还具有其他辅助功能	指针式　　数字式
功率表	测量交、直流电路的功率	指针式　　数字式
绝缘电阻表	测量电气线路和各种电气设备的绝缘电阻	指针式　　数字式
直流惠斯通电桥	测量精密电阻器的电阻	
直流开尔文电桥	测量 1Ω 以下小电阻器的电阻	

（续）

名　称	用　途	图　例
电能表	计量电气设备的用电量	 单相电能表 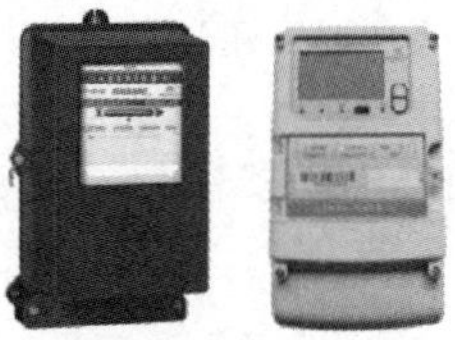　　　三相电能表
示波器	用来观察波形，测试不同的变量，如电压、电流、频率、相位差、调幅度等	 普通型 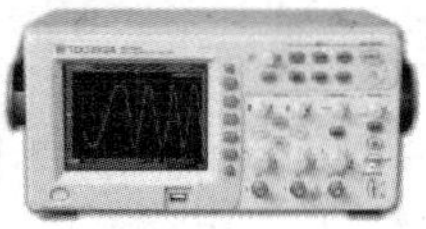　　　数字型
信号发生器	产生某些特定的周期性时间函数波形（正弦波、方波、三角波、锯齿波和脉冲波等）信号	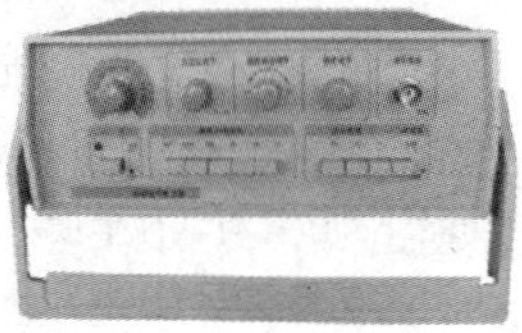

实践与应用

你用过哪些电工仪器仪表？你会正确使用吗？

三、常用电工工具

电工实训室常用的电工工具有低压验电器、螺钉旋具、尖嘴钳、剥线钳等。常用电工工具的名称、用途和图例见表1-2。

表1-2　常用电工工具的名称、用途和图例

名　称	用　途	图　例
低压验电器	又称验电笔、测电笔，用于检验电气线路、电气设备等是否带电，其测量范围为60～500V	 普通型 　　　感应型

（续）

名　　称	用　　途	图　例
电工刀	用于剖削和切割电工器材	
钢丝钳	又称克丝钳、老虎钳，钳口用于钳夹和弯绞导线；齿口用于松紧小型螺母；刀口用于剪切导线、起拔铁钉；铡口用于铡切钢丝等硬金属丝；手柄绝缘耐压为500V	
斜口钳	又称断线钳，用于剪切较粗金属丝、线材和导线电缆等；手柄绝缘耐压为500V	
尖嘴钳	小刀口部分用于剪断细小的导线、金属丝等；尖嘴部分用于在狭小空间内操作，夹持螺钉、垫圈、导线和弯曲导线端头等；手柄绝缘耐压为500V	
剥线钳	用于剥削直径为3mm及以下绝缘导线的塑料或橡胶绝缘层，手柄绝缘耐压为500V	
螺钉旋具	俗称起子或旋凿，用于旋紧或起松螺钉，有一字和十字两种类型	
扳手	利用杠杆原理制成的螺母手动连接工具	活扳手 双头呆扳手

（续）

名　称	用　途	图　例
手电钻	有普通电钻和冲击电钻两种，用于在混凝土或砖墙等建筑构件上钻孔	 普通电钻 　　　冲击电钻
电烙铁	手工焊接工具，用于加热焊接部位，熔化焊料，使焊料和金属连接起来	

实践与应用

你用过哪些电工工具？你会正确使用吗？

四、电工实训室操作规程

安全实训是一切实训工作正常进行的基本保证，每一位进入电工实训室的学生，都要克服麻痹大意，牢固树立安全意识，坚持"安全第一，预防为主"的原则，都应严格遵守电工实训室的各项操作规程，具体要求如下：

1）进入实训室前必须穿好工作服、绝缘鞋，带好操作工具，按规定时间进入实训室，到达指定工位，未经允许不得调换工位、离开工位。

2）不得穿拖鞋、携带食物进入实训室，不得大声喧哗、打闹、随意走动，不得乱摸、乱动电气设备。

3）实训操作前，必须检查所有设备、器件、工具、仪表以及防护用具等是否完好无损，若有破损，应立即报告。

4）任何电气设备未经验明无电时，一律视为有电，不得用手触及，在接线、拆线时都必须切断电源并验明无电后方可进行。

5）实训操作中，思想要高度集中，操作内容必须符合要求，不得做任何与实训无关的事。

6）通电前，必须认真检查装接的电路，并用仪器仪表进行测量、验证，确保装接的电路准确无误；通电时，必须在指导教师的监护下进行，若有异常，必须立即切断电源并报告。

7）严禁带电接线、拆线，不触及带电部分，遵守"先接线后合电源，先断电源后拆线"的操作程序。

8）要爱护实训室的工具、仪器仪表、电气设备和公共财物。

9）要认真分析实验实训结果，填写好实验实训记录单。

10）实训结束时，必须切断总电源，整理实训场所，做到工具、仪器仪表、设备等摆放有序、规范。经指导教师同意后方可有序离开。

技术与应用

配电与用电注意事项

电能是工业、农业、交通、国防、科学技术以及日常生活等各个领域不可或缺的主要能源之一，在人类社会发展中占有重要位置。但是，电本身就是看不见摸不着的东西，它在造福人类的同时，对人类也存在着很大的潜在危险性。如果缺乏安全用电知识，没有恰当的安全措施和正确的安全技术手段，就不能做到安全用电，甚至会给人民生命财产造成损失。因此，无论是从事电气工作的专业人员，还是非电专业人员，都要熟悉电的特性和特点，掌握用电的规律，重视安全用电。配电与用电注意事项主要有以下几点。

1. 合理选用供电电压

使用电气设备时，首先要确保供电电压与电气设备的额定电压相匹配。供电电压过高，容易烧坏电气设备；供电电压过低，电气设备不能充分发挥效能。其次，还要考虑到环境对安全用电的影响。

2. 合理选用导线和熔断器

导线通过电流时，不允许过热，所以导线的额定电流应比实际的输电电流稍大，需根据使用环境和负载性质合理选择安全裕度。在选用导线时应使其载流能力大于实际输电电流，并按表 1-3 的规定选择导线的颜色。

表 1-3 电源导线的标记及颜色

电路及导线名称		标 记		颜 色
		电源导线	电气设备端子	
三相交流电源	第 1 相	L1	U	黄色
	第 2 相	L2	V	绿色
	第 3 相	L3	W	红色
	零线或中性线	N		淡蓝色
直流电路	正极	L_+		棕色
	负极	L_-		蓝色
	接地中间线	M		淡黄色
接地线		E		绿-黄双色
保护接地线		PE		
保护接地线和中性线（共用一线）		PEN		
整个装置及设备的内部布线（一般推荐）				黑色

熔断器在短路时起保护作用，电路发生短路或过载时应能按要求迅速熔断，所以不能选择额定电流很大的熔断器来保护小电流电路，更不允许以普通导线或铜丝、铁丝代替熔断器。

3. 正确使用和安装电气设备

安装电气设备时，严禁带电部分裸露，保护绝缘层要求完整，防止绝缘电阻降低而导致漏电；应按规定进行接地保护；在人体站立的地方使用绝缘装置隔离人体与大地，可防止单相触电，常用的有绝缘台、绝缘垫等。

4. 合理选择与使用开关

需参考开关的额定电压、额定电流、开关频率、负载功率、操纵距离等选用开关。单相用电设备的开关应接在相线上，保证当开关处于断开状态时，用电设备不会带电，便于维修及更换电器，减少触电概率。开关不可接在中性线上。另外，接螺口灯座时，相线要与灯座中心的弹簧片连接，不允许与螺纹相连接。

5. 合理选择照明灯具电压

对于人体接触机会较少的照明灯具，如悬挂照明灯具，可选用220V电压供电；对于接触机会较多的照明灯具，则应选用36V及以下的安全电压供电，如机床设备上的照明灯。

6. 保护接地和系统接地

保护接地是指将正常情况下不带电的电气设备的金属外壳或金属构架与大地连接起来；系统接地是指将正常情况下不带电的电气设备的金属外壳或金属构架与供电系统中的中性线连接起来。在任何电气设备中，绿-黄双色线只能作为系统接地或保护接地线用；在同一供电线路中，不允许一部分设备采用保护接地而另一部分设备采用系统接地。

7. 装设漏电保护装置

为了保证电气设备在发生故障时人身和设备的安全，应在电路中装设漏电电流动作保护器。它可以在电气设备及线路发生漏电时通过保护装置的检测机构取得异常信号，经中间机构转移和传递，促使执行机构动作，自动切断电源从而起到保护作用。安装漏电保护器时，工作中性线必须接漏电保护器，而保护中性线或保护接地线不得接漏电保护器。

学习任务二　认识安全用电常识

情景引入

在现代社会中，电能已被广泛应用于生产生活等各个领域。然而，在用电的同时，由于对电能可能产生的危害认识不足，控制和管理不当，防护措施不力，经常会发生异常情况，导致电气事故的发生。

据不完全统计，我国每年发生大量的用电事故，其中触电死亡约8000人，给人们的生活和生产造成了很大的影响。为了减少和避免用电事故的发生，我们必须认真学习安全用电的相关知识，做到安全用电、安全操作。

本学习任务主要学习电流对人体的作用、触电类型、人体触电的原因与防范措施、触电现场的处理与急救等知识。

一、电流对人体的作用

1. 电流对人体的伤害形式

当人体某一部位接触到带电体（裸导体、开关、插座的金属部分等）或触及绝缘不良的电气设备时，电流将通过人体并对人体造成伤害，伤害的形式有电击和电伤两种。

（1）电击　当人体直接接触带电体时，电流通过人体内部，对内部组织造成的伤害称为电击。电击主要是伤害人体的心脏、呼吸和神经系统，如使人出现刺疼、痉挛、麻痹、昏迷、心室颤动或心脏停搏、呼吸困难或呼吸停止等现象。电击伤害是最危险的伤害，多数触电死亡事故都是由电击造成的。

（2）电伤　电伤是指电流对人体外部造成的局部伤害，包括电灼伤、电烙印、皮肤金属化等。

在高压触电事故中，电击和电伤往往同时发生；日常生产、生活中的触电事故，绝大部分都是由电击造成的。同时，人体触电事故还往往会引起二次事故，如高空跌落、机械伤人等。

实践与应用

你见过电击或电伤的触电者吗？上网查找一下，然后与同学分享造成这些触电事故的原因。

2. 电流对人体伤害程度的主要影响因素

电流对人体的伤害程度主要由通过人体的电流大小决定，还与电流通过人体的路径、时间等因素有关。

（1）电流大小　通过人体的电流越大，人体的生理反应就越明显，感觉也越强烈，生命的危险性就越大。一般情况下，当人体通过1mA左右的工频电流时，触电者会感到微麻和刺痛，将此电流称为感知电流；当人体通过的工频电流为10mA左右时，触电者还可自行摆脱，将此电流称为摆脱电流；当人体通过的工频电流超过50mA（持续时间1s以上）时，便会引起触电者心力衰竭、血液循环终止、大脑缺氧甚至导致死亡，将此电流称为致命电流。所以，在有触电保护装置的情况下，人体允许通过的电流最大为 30mA。

（2）电流通过人体的路径 电流通过人体头部会使人昏迷，通过心脏会引起心脏颤动，通过中枢神经系统会引起呼吸停止、四肢瘫痪等。由此可见，电流通过人体要害部位会对人体造成严重伤害。

（3）通电持续时间 通电持续时间越长，对人体的伤害就越大。

（4）电流频率 电流的频率不同，对人体的伤害程度也不同。一般来说，50Hz 的工频电流对人体的伤害程度最为严重。

（5）人体的状况 电流对人体的伤害程度与人的身体状况有关，即与触电者的性别、年龄、健康状况、精神状态等有关。

（6）人体的电阻 人体对电流有一定的阻碍作用，这种阻碍作用表现为人体电阻，而人体电阻主要来自皮肤表层。起皱和干燥的皮肤电阻很大，但在皮肤潮湿或接触点的皮肤受到破坏时，电阻就会突然变小，并且随着接触电压的升高而迅速下降。

（7）电压高低 触电电压越高，通过人体的电流就越大，对人体的危害也就越大。通过人体的电流大小与作用到人体上的电压及人体的电阻有关。通常人体的电阻为 800Ω 到几万欧不等。若以人体电阻为 1200Ω 计算，当触及 36V 电压时，通过人体的电流为 30mA，对人体安全威胁相对较小。

二、触电类型

触电常分为低压触电和高压触电两种。

1. 低压触电

常见的低压触电类型有单相触电、两相触电和跨步电压触电。

（1）单相触电 当人体的某一部位碰到相线或绝缘性能不良的电气设备外壳时，电流由相线经人体流入大地导致的触电现象称为单相触电，如图 1-5 所示，人站在地上，手接触绝缘损坏的相线时就会触电。这是最常见的触电方式。

（2）两相触电 人体的不同部位分别接触到同一电源的两根不同相位的相线时，电流由一根相线经人体流到另一根相线的触电现象称为两相触电，如图 1-6 所示，电工在带电作业时，双手接触两根相线就会造成两相触电。这是最危险的触电方式，因为这时作用于人体的电压为线电压，触电电压较高。

单相触电

两相触电

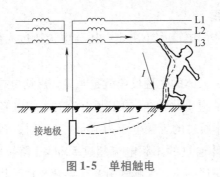

图 1-5 单相触电

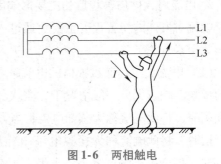

图 1-6 两相触电

（3）跨步电压触电　当高压带电体直接接地或电气设备相线碰到接地的金属外壳时，人体虽然没有接触带电体或带电电气设备外壳，但当电流流入大地时，电流在接地点周围土壤中产生电压降，当人跨入接地点附近时，两脚之间便存在电位差，即跨步电压，由此造成的触电现象称为跨步电压触电，如图1-7所示。

跨步电压触电

图1-7　跨步电压触电

2. 高压触电

电压越高，对人身的危险性越大。高压触电又称为高压电弧触电，是指人靠近高压线（高压带电体）造成弧光放电而触电的方式。

📝 **实践与应用**

1. 遇到雷雨天，一般不能在大树下躲雨或站在高压铁塔周围，你知道这是为什么吗？

2. 在电工实训室，你认为哪些地方会有触电危险？

三、人体触电的原因与防范措施

触电往往是由于带电操作、设备接地不良、电气设备使用不当、跨步电压、电气火灾、临时线路、带电导线裸露、违规操作以及安全意识淡薄等引起的。

为了防止触电，除了要遵守安全用电操作规程外，还必须采取防范措施以确保安全。常见的防范措施有采取安全措施、正确安装电气设备、安装漏电保护装置、电气设备保护接地和系统接地等。对于发生电气火灾的电气设备，还要立即切断电源来防止触电等。

📝 **实践与应用**

家庭中为防止触电事故的发生，通常采用哪些触电防范措施？你能举例说明吗？

四、触电现场的处理与急救

触电现场的处理与急救原则是动作迅速、救护得当，不惊慌失措，不束手无策。当发现有人触电时，必须使触电者迅速脱离电源，然后根据触电者的具体情况进行现场急救。

触电急救

1. 脱离电源

触电急救，首先要使触电者迅速脱离电源，越快越好，因为触电时间越长，伤害越重。同时应注意保护好自己和触电者，即防止自身触电以及触电者摔伤等二次事故的发生。使触电者迅速脱离电源的常用方法有"拉、挑、切、拽、抛、垫"等，见表1-4。

表1-4　使触电者迅速脱离电源的常用方法

序号	示　意　图	操作方法
1	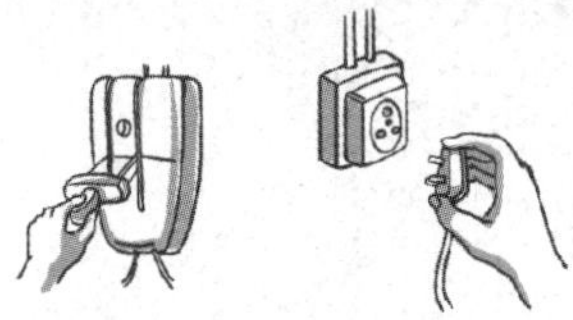	拉：急救人员可迅速拉开闸刀或拔去电源插头
2		挑：对于由导线绝缘损坏引起的触电，急救人员可用绝缘工具或干燥木棒等将导线挑开
3		切：若一时找不到断开电源的开关，应迅速用绝缘良好的钢丝钳或断线钳剪断导线
4		拽：急救人员可站在绝缘垫或干燥木板上，单手将触电者拖拽开；也可戴上绝缘手套或用干燥衣服等绝缘物包在手上，拖拽触电者或导线；还可直接抓住触电者干燥而不贴身的衣服使其脱离带电体
5		抛：当有人在架空线上触电时，急救人员可抛投足够截面积、适当长度的裸金属软线（短路线），使电源线路短路，保护装置动作，从而使电源开关跳闸。在抛投前，必须使短路线一端固定在铁塔或接地引线上，另一端系重物。在抛投时，应注意防止电弧伤人或断线危及他人安全，同时应做好防止触电者发生高处坠落摔伤的措施

（续）

序号	示　意　图	操作方法
6		垫：当触电者由于痉挛紧握导线时，可先将绝缘物塞进触电者身下，使其与地绝缘，然后想办法切断电源

🔍 知识拓展

脱离电源时急救人员应注意的事项

1. 不可用手、其他金属及潮湿的物体作为救护工具。
2. 要防止触电者脱离电源后可能发生的摔伤等二次事故。
3. 急救人员在救护过程中要注意自身和触电者与附近带电设备之间的安全距离。
4. 如果触电事故在夜间发生，应设置临时照明灯。

2. 现场诊断

当触电者脱离电源后，应立即根据具体情况对症救治，同时通知医生前来抢救，直至救护人员到达。对触电者进行现场诊断的方法见表1-5。

表1-5　诊断触电者的方法

序号	诊断方法	诊断图示
1	将脱离电源的触电者迅速移到通风、干燥处，使其仰卧，松开上衣和裤带	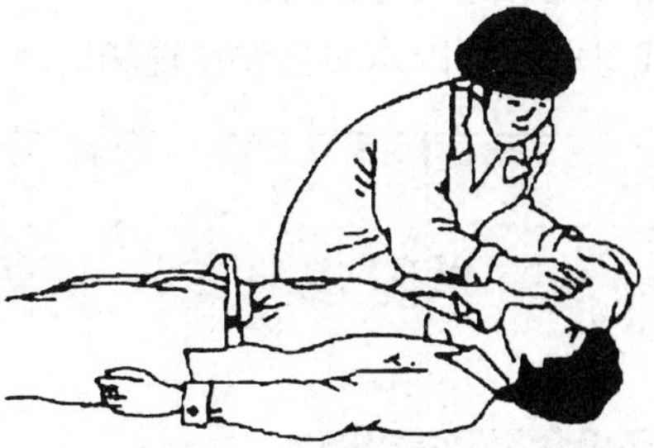
2	观察触电者的瞳孔是否放大。当处于假死状态时，人体大脑细胞严重缺氧，处于死亡边缘，瞳孔自行放大	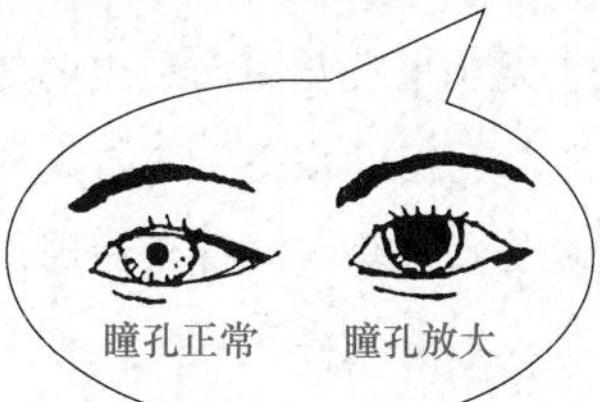 瞳孔正常　瞳孔放大

（续）

序号	诊 断 方 法	诊 断 图 示
3	观察触电者有无呼吸，触摸其颈动脉有无搏动	

3. 现场急救

通过对触电者的现场诊断后，应根据具体情况进行现场急救。

1）如果触电者神志尚清醒，则应使其就地平躺，或抬至空气新鲜、通风良好的地方让其平躺，严密观察，暂时不要让其站立或走动。

2）如果触电者已神志不清，则应使其就地仰面平躺，且确保空气通畅，并间隔5s左右呼叫触电者，或轻拍其肩部，以判定其是否丧失意识。禁止用摇动触电者头部的方式呼叫触电者。

3）如果触电者已失去知觉，停止呼吸，但心脏微有跳动时，应在气道通畅后，立即施行口对口或口对鼻人工呼吸。

4）当触电者受伤相当严重，心跳和呼吸均已停止，完全失去知觉时，则应在气道通畅后，立即同时进行口对口（鼻）人工呼吸和胸外心脏按压。如果现场仅有一人抢救时，可交替进行人工呼吸和胸外心脏按压。

实践与应用

在网上、电视等新闻媒体中，经常会有触电事故的报道，请你找一个案例，分析造成触电的原因。如果你在现场，将采取哪些措施对触电者进行急救？

学习任务三　认识电气火灾与现场处理

情景引入

电气火灾是由电气原因而引起的爆炸和火灾事故。在电气火灾中，电气线路火灾约占60%，而低压电气线路火灾又占电气线路火灾的90%以上。电气火灾会造成电气设备等严重损坏及人员伤亡，给人民群众和国家财产带来极大的损失，减少乃至消除电气火灾刻不容缓。对此，我们首先要了解电气火灾究竟是如何发生的，发生的主要原因是什么，应采取怎样的措施来预防。对于发生的电气火灾，我们还要采取正确的方法进行现场处理。

本学习任务主要学习电气火灾产生的原因与特点、电气火灾现场处理方法及电气火灾的防范措施。

一、电气火灾产生的原因与特点

电气火灾的发生概率大、蔓延速度快、直接造成建筑物和电气设备的损坏、人身伤亡，而且可能危及电网，造成大面积停电，带来严重的、难以估量的间接损失，有时还会造成一定的政治影响。因此，必须认真对待，严加防范。

引电电气火灾的主要原因有电路短路、过载、漏电、接触电阻过大、设备绝缘老化、电路产生电火花或电弧、操作人员违反操作规程等。

1. 短路

由于电气线路中导线选择不当、安装不当、绝缘损坏，相线与中性线或相线与保护接地线在某一点碰在一起，引起电气线路中电流突然增大的现象称为短路，俗称碰线、混线或连电。由于短路电流比正常电流大很多倍，在电流热效应的作用下，产生远超过电气线路正常工作时的发热量，并在短路点产生强烈的电火花和电弧，不仅能使绝缘层迅速燃烧，而且能使金属熔化，引起附近的易燃物燃烧，从而造成电气火灾。

2. 过载

所谓过载，是指当导线中通过的电流超过了安全载流量时，导线温度不断升高的现象。当导线过载时，加快了导线绝缘层老化变质。当严重过载时，导线的温度会不断升高，甚至会引起导线绝缘层燃烧，并引燃导线附近的可燃物，从而造成电气火灾。

3. 漏电

所谓漏电，就是电气设备（线路）的某一个地方因某种原因（自然原因或人为原因，如风吹雨打、潮湿、高温、碰压、划破、摩擦、腐蚀等）使其绝缘性能降低，导致导线与导线之间、导线与大地之间有一部分电流通过的现象。当发生漏电时，若泄漏电流在流入大地途中遇电阻较大的部位时，会产生局部高温，引燃附近的可燃物，从而造成电气火灾。

4. 接触电阻过大

凡是导线与导线、导线与开关、熔断器、仪表、电气设备等连接处都有接头，其接触面上形成的电阻称为接触电阻。当有电流通过接头时会发热，这是正常现象。如果接头处处理良好，接触电阻不大，则接头处的发热量就很小，可以保持正常的温度。如果接头处有杂质、连接不牢固或其他原因使接头处接触不良，将造成接触部位局部电阻过大，当电流通过接头处时，就会产生大量的热量，形成高温，这种现象就是接触电阻过大。

在有较大电流通过的电气线路上，如果在某处出现接触电阻过大的现象，就会在此处产生极大的热量，使金属变色甚至熔化，引起导线绝缘层发生燃烧，并引燃附近的可燃物或导线上积落的粉尘、纤维等，从而造成电气火灾。

此外，在电力设备工作时出现的电火花或电弧，也会引起可燃物燃烧而造成电气火灾。特别是在油库、乙炔站、电镀车间以及有易燃易爆气体的场所，更容易引起燃烧和爆炸，进而造成严重的人员伤亡和财产损失。

✎ 实践与应用

如果在电工实训室或校园其他地方发生电气火灾，你知道如何迅速逃生吗？你会如何处理发生的电气火灾？

二、电气火灾的现场处理

由于电气火灾中失火的电气线路或设备可能带电，失火的电气设备内可能充有大量的可燃油，也可能产生大量浓烟、有毒气体，因此，电气火灾与一般火灾现场处理方法不一样。为了尽快扑灭电气火灾并防止触电事故发生，首先要切断电源，然后进行扑救，同时应拨打"119"报警电话并通知供电部门。电气火灾扑救时应注意以下事项：

1）必须在确保安全的前提下进行灭火，使用不导电的灭火器，如二氧化碳、1211、1301、干粉灭火器等。不能直接用充有导电的灭火剂、直射水流、泡沫等的灭火器进行喷射，否则会造成触电事故。

2）使用小型二氧化碳、1211、1301、干粉灭火器灭火时，由于其射程较近，要注意保持一定的安全距离。

3）在灭火人员戴绝缘手套和穿绝缘鞋、水枪喷嘴安装接地线的情况下，可以采用喷雾水灭火。

4）如遇带电导线落于地面，则要防止跨步电压触电，扑救人员进入该区域灭火之前，必须穿上绝缘鞋，戴上绝缘手套。

✎ 实践与应用

一旦发生电气火灾，我们应如何进行扑救？扑救时应注意哪些事项？

三、电气火灾的防范措施

1. 防止短路引起的电气火灾

1）严格按照电力规程进行电气设备、电气线路的安装与维修。

2）选择合适的安全保护装置。

3）要加强对插座、插头、导线和电气设备等的维护，如有绝缘层损坏应及时更换。

4）做到不乱拉导线及乱装插座；在插座上不接过多和功率过大的用电设备；不用铜丝、铁丝等代替熔丝。

5）在敷设导线时，应采用阻燃配管、防火电缆、防火线槽等。

2. 防止过载引起的电气火灾

1）对重要的物资仓库、居住场所和公共建筑物中的照明线路，有可能引起导线或电缆长时间过载的动力线路，以及将有延烧性护套的绝缘导线敷设在可燃建筑构件上时，都应采取过载保护。

2）电气线路应采用断路器作为过载保护装置，其延时动作整定电流不应大于电气线路长期允许通过的电流。不能用熔断器代替断路器作为过载保护装置。

3. 防止漏电引起的电气火灾

1）导线和电缆的绝缘强度应不低于电气线路的额定电压，绝缘子也要根据电源电压选配。

2）在潮湿、高温、腐蚀等场所内，严禁绝缘导线明敷，应使用阻燃配管布线。

3）施工中应避免损坏导线绝缘层；可移动电气设备的导线应采用铝套管保护，经常受压的地方用钢管暗敷。

4. 防止接地故障电压引起的电气火灾

这是比短路更危险的起火原因。一般情况下，接地故障回路的阻抗大，导线接地不良时，会增大回路阻抗，此时便易出现电弧性故障，俗称打火花。因此要求进户线在进入配电箱时，箱体必须接地，接地螺栓需加镀锌垫片，而且若是多股导线需加冷压端子连接。

预防接地故障电压引起的电气火灾，首先应在电气线路和电气设备的选用和安装上尽可能防止绝缘损坏，以免发生接地故障。同时应采取下列措施。

1）在建筑物的电源总进线处装设漏电保护器。

2）在建筑物电气装置内实施总等电位连接，使接地故障电压沿 PE 线进入电气线路时，建筑物内所有电气线路都处于同一故障电压，消除电位差，避免电弧和电火花的产生。

5. 安装电气火灾报警监控系统

电气火灾报警监控系统可为用户省电降耗、保护电气设备、隐患预测、防火减灾。

【项目总结】

电工实训室是电气类专业学生进行实验实训的场所。通过本项目的学习，认识了电工实训室、了解了安全用电常识和电气火灾及其现场处理方法。

一、认识电工实训室

（1）电工实训操作台的电源配置　一般配有多组交流和直流电源，以满足不同实验实训的需求。

（2）常用电工仪器仪表　通常有电流表、电压表、万用表、示波器、绝缘电阻表、钳形电流表和示波器等。

（3）常用电工工具　通常有低压验电器、螺钉旋具、尖嘴钳、剥线钳等。

（4）电工实训室操作规程　进行实验实训时，要严格遵守操作规程，学会安全操作、文明操作。

二、认识安全用电常识

（1）电流对人体的作用　电流对人体的伤害形式有电击和电伤两种。电流对人体的伤害程度主要由通过人体的电流大小决定，还与电流通过人体的路径、时间等因素有关。当通过人体的电流超过 50mA 时，便会引起心力衰竭、血液循环终止、大脑缺氧甚至导致死亡。

（2）触电类型　触电常分为低压触电和高压触电。低压触电又可分为单相触电、两相触电和跨步电压触电。

（3）人体触电的原因与防护措施　主要由带电操作、设备接地不良、电气设备使用不当、跨步电压、电气火灾、临时线路、带电导线裸露、违规操作以及安全意识淡薄等引起。常见的防范措施有采取安全措施、正确安装电气设备、安装漏电保护装置、电气设备的保护接地和系统接地等。

（4）触电现场的处理和急救　当发现有人触电时，应尽快使触电者脱离电源，然后进行现场诊断并联系医护人员，根据触电者的具体情况采用相应的现场急救措施。

三、认识电气火灾和现场处理

（1）引起电气火灾的原因和特点　电气火灾主要是由于电路短路、过载、漏电、接触电阻过大、设备绝缘老化、电路产生电火花或电弧、操作人员违反操作规程等原因造成的，具有发生概率大、蔓延速度快，造成设备损坏、人身伤亡等特点，必须认真对待，严加防范。

（2）电气火灾的现场处理　为了尽快扑灭电气火灾并防止触电事故发生，首先要切断电源，然后进行扑救，同时应拨打"119"报警电话并通知供电部门。

（3）电气火灾的防范措施　要防止短路、过载、漏电、接地故障电压引起的电气火灾，安装电气火灾报警监控系统。

【思考与实践】

1. 电工实训操作台通常有哪些电源配置？
2. 常用的电工仪器仪表和电工工具有哪些？各有什么用途？
3. 简述电工实训室的安全操作规程。
4. 电流对人体会有哪些伤害？
5. 人体触电有哪些类型？采取哪些防范措施？
6. 触电现场处理有哪些程序？主要有哪些急救方法？
7. 引起电气火灾的原因有哪些？电气火灾有何特点？
8. 进行电气火灾现场处理时，要注意哪些事项？
9. 如何防范电气火灾？

大国名匠

李占奎：时刻带电的"满电"人生

"大国名匠"的感人故事、生动实例表明，只有那些热爱本职、脚踏实地、勤勤恳恳、兢兢业业、尽职尽责、精益求精的人，才可能成就一番事业，才有望拓展人生价值。

"问渠那得清如许，为有源头活水来。"人的心灵深处一旦有了源源流淌的"活水"，便有了创新创业、建功建树的不竭"源泉"。

"大国名匠"——李占奎

他是中共党员，国网黑龙江省电力有限公司哈尔滨供电公司带电作业中心不停电作业专责人员，曾获中央企业技术能手、中央企业青年岗位能手、国家电网公司劳动模范、国家电网公司技术能手、黑龙江省劳动模范、黑龙江省五一劳动奖章、黑龙江省电力有限公司特等劳动模范和全国五一劳动奖章等荣誉。

从"胆子小"到"胆大心细"的带电高手

2003年，年仅21岁的李占奎在第一次带电作业时，被高压线上出现的蓝色火苗和"啪嗒""啪嗒"的响声，吓得心脏怦怦跳、双腿直发抖，第一次零距离感受到死亡。后来他一遍遍操作绝缘斗臂车手柄，在模拟线路上寻找最佳的工位，日复一日，年复一年，当初的"胆小鬼"不断提升专业技能水平，已然成为胆大心细的带电作业高手。

编制操作手册、攻关技术难题，成为"教练"育精英

凭着刻苦学习的精神，他的工作经验、业务技术水平不断提高，成为响当当的技术能手。他编制了12项配电线路带电作业操作程序票和12项配电线路危险点控制分析，同时研究发明了绝缘紧线挂板，大胆创新了10kV配电线路直线杆改为耐张杆和10kV带负荷更换柱上联络开关或用户开关等新作业方法，还和师傅们编写了10kV架空线路旁路作业法。2014年，由李占奎主编的"供电企业现场作业技术问答"系列中的《配电带电作业》一书出版，是一本带电作业现场教材。他还参与撰写了国家电网有限公司配网带电作业题库、黑龙江省电力公司配网带电标准化作业指导书及培训大纲等。2016年，他被黑龙江省电力有限公司任命为全省带电专业理论和实操总教练，与其他3名教练带领全省26名专业技术骨干进行为期半年的封闭训练，取得了竞赛团体三等奖的佳绩。

作为一名电力职工，李占奎多年如一日，他不断探索，时刻"充电"，让自己保持"满电"状态，将自己的全部智慧与力量奉献给电力事业。

项目二 认识基本电阻电路

项目目标

1. 认识组成电路的基本要素，知道电路的工作状态，会画基本电路图。
2. 理解电流、电压、电位、电能、电功率等电路的基本物理量的概念，能进行简单计算。
3. 知道常用电阻器的类型，熟悉常用电阻器的功能和典型应用。
4. 熟悉常用电阻器的符号、分类和主要参数。
5. 熟悉电阻定律，知道电阻与温度的关系。
6. 熟悉部分电路欧姆定律，会应用部分电路欧姆定律分析和解决工程技术中的问题。

项目导入

如今，电气技术已越来越多地应用到生产生活的各个领域。各类家用电器主要是由电阻器、电容器、电感器、二极管、晶体管、集成电路等电子元器件和开关、继电器和电动机等组成电路；工厂电气控制设备是由电源开关、熔断器、接触器、热继电器和电动机等组成电路。而大型的智能制造流水线、高铁动车组、舰船等的电路则更加复杂。

本项目通过认识基本电路，认识电路的基本物理量，认识电阻器，认识部分电路欧姆定律，认识电能和电功率，带领大家探索电路的奥秘！

项目实施

学习任务一 认识基本电路

情景引入

在生产和生活中，用直流电源供电的电路就是直流电路，如我们常见的手电筒、电动玩具、电动自行车、汽车等都用到了直流电路。直流电路的基本组成和分析方法是我们研究各种电路的基础，也是学习其他专业课程的基础。

本学习任务主要学习电路的组成、电路的工作状态和电路模型与电路图。

一、电路的组成

电路是电流流过的路径。一个完整的电路至少要包含电源、负载（用电设备）、连接导线、控制和保护装置四部分。图 2-1 为由干电池、小灯泡、导线和开关组成的手电筒电路。它是一个最基本、最简单的直流电路。当合上开关 S 时，小灯泡 EL 发光；当断开开关 S 时，小灯泡 EL 不发光。

手电筒
控制动画

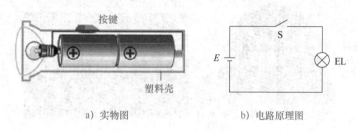

a）实物图   b）电路原理图

图 2-1　手电筒电路

1. 电源

电源是提供电能的装置，它把其他形式的能转换成电能。常见的直流电源有干电池、蓄电池、光电池和直流发电机等。干电池、蓄电池是将化学能转换成电能，光电池是将光能转换成电能，发电机是将机械能转换成电能。图 2-2 所示为常见的直流电源。

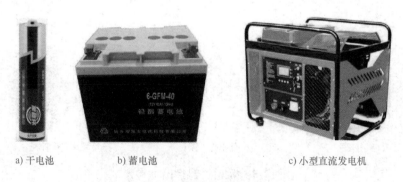

a) 干电池　　　　　b) 蓄电池　　　　　c) 小型直流发电机

图 2-2　常见的直流电源

2. 负载

对于电路而言，负载即用电器或用电设备，是把电能转换成其他形式能的装置。图 2-3 中的白炽灯将电能转换成光能，电动机将电能转换成机械能，电热水壶将电能转换成热能。

3. 导线

导线将电源和负载连接成闭合回路，输送和分配电能。图 2-4 所示为常见的铜导线和输电线路中的电力电缆。

a) 白炽灯　　　　　　b) 电动机　　　　　　c) 电热水壶

图 2-3　常见的负载

a) 铜导线　　　　　　　　b) 电力电缆

图 2-4　常见的导线

4. 控制和保护装置

图 2-1 中的开关 S 是电路的控制装置。为了使电路安全可靠地工作，电路中通常还装有熔断器、断路器等保护装置，对电路起保护作用。图 2-5 所示为常见的控制和保护装置。

a) 照明开关　　　　　　b) 低压断路器　　　　　　c) 螺旋式熔断器

图 2-5　常见的控制和保护装置

二、电路的工作状态

电路的工作状态有通路、断路和短路三种，如图 2-6 所示。

1. 通路

通路是指正常工作状态下的闭合电路。如图 2-6a 所示，将开关闭合，电路中有电流通过，负载（小灯泡）能正常工作。

电路的
三种状态

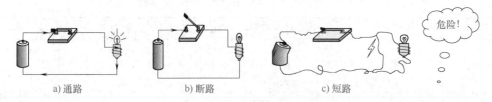

图 2-6　电路的三种工作状态

2. 断路

断路也称为开路，是指电源与负载之间未形成闭合电路，即电路中有一处或多处是断开的。如图 2-6b 所示，将开关断开，电路中没有电流通过，负载（小灯泡）不工作。开关处于断开状态时，电路开路是正常状态；但当开关处于闭合状态时，电路仍然开路，就属于故障状态，需要进行检修。

3. 短路

短路是指电源不经负载直接被导线连接，如图 2-6c 所示。此时，电源提供的电流比正常通路状态时的电流大许多，称为短路电流。严重时，会烧毁电源和电路中的电气设备。因此，电路不允许短路，特别是不允许电源短路。电路短路的常用保护装置有熔断器、断路器等。

📝 实践与应用

在家庭电路中，通常采用安装熔断器或低压断路器的措施来做短路保护。当电路发生短路故障时，它们能快速切断电路，保护线路和用电设备。请你观察家中配电箱内的保护装置，熟悉它们的名称和作用。

三、电路模型与电路图

1. 电路模型

电路通常由电磁特性复杂的元器件组成，为了便于用数学方法对电路进行分析，可将实际电路中的电气设备和元器件用能够表征其主要电磁特性的理想元件（模型）来代替，而对其实际结构、材料、形状，以及其他非电磁特性不予以考虑，这样所得的结果与实际情况相差不大，在工程技术中是允许的。由理想元件构成的电路称为实际电路的电路模型。图 2-1b 所示为手电筒电路的电路模型。

2. 电路图

电路实物图虽然直观，但画起来很复杂，不便于分析和研究，为了便于分析和研究电路，我们通常采用电路图，而不需要考虑电路中各组成器件连接的实际位置。电路原理图就是用国家标准规定的电气图形符号、文字符号来表示电路连接情况的图，简称为电路图。

电路中部分常用元器件的图形符号、文字符号见表 2-1。

表 2-1 部分常用元器件的图形符号、文字符号

名　称	图形符号	文字符号	名　称	图形符号	文字符号
电阻器	▭	R	电感器	⌒⌒⌒	L
电位器	▭	RP	电源	⊣⊢	E
电灯	⊗	EL	电流表	Ⓐ	A
电容器	⊣⊢	C	电压表	Ⓥ	V
熔断器	▭	FU	接地	⏚	PE
开关	╱	S	接机壳	⊥	E

科技成就

我国电力供给能力实现跨越式快速增长
——摘自《改革开放 40 年我国电力发展十大成就》

改革开放的 40 年，是我国经济发展书写奇迹的 40 年。电力工业作为国民经济发展最重要的基础产业，为经济增长和社会进步提供了强力保障和巨大动力。

1978 年年底，我国发电装机容量为 5712 万 kW，发电量为 2565.5 亿 kW·h，人均装机容量和人均发电量还不足 0.06kW 和 270kW·h。当时的电力发展规模不但远低于世界平均水平，也因为严重短缺成为制约国民经济发展的瓶颈。

改革开放开启了电力建设的大发展，此后经历 9 年时间，到 1987 年我国发电装机容量达到第一个 1 亿 kW，此后又经历 8 年时间，到 1995 年达到 2.17 亿 kW。到了1996 年，装机容量达到 2.4 亿 kW，发电装机容量和发电量跃居世界第二位，仅次于美国。2006 年起，每年新增发电装机在 1 亿 kW 左右。2011 年，我国发电装机容量与发电量超过美国，成为世界第一电力大国。2015 年，我国装机容量达到 15.25 亿 kW，人均发电装机容量历史性突破 1kW。2017 年年底，我国装机容量达到 17.77 亿 kW，发电量达到 64171 亿 kW·h，人均发电装机容量为 1.28kW，分别是 1978 年的 31 倍、25 倍、21 倍。

40 多年来我国电力工业从小到大，从弱到强，实现了跨越式快速发展。

学习任务二 认识电路的基本物理量

情景引入

　　我们把干电池、小灯泡、开关按图2-1用导线连接成实验电路，闭合开关后，小灯泡亮。小灯泡会亮，说明小灯泡两端有电压，有电流通过它。小灯泡的亮度与它两端的电压和通过它的电流大小有关。它两端的电压越高，通过它的电流越大，小灯泡就越亮。那么，什么是电压？什么是电流？电压和电流的大小是如何定义的？它们的方向又是如何规定的呢？

本学习任务主要学习电流、电压与电位等电路的基本物理量。

一、电流

1. 电流的形成

电荷有规则的定向移动形成电流。在金属导体中，电流是由自由电子在外电场作用下有规则地运动形成的；在某些液体或气体中，电流是由正、负离子在电场力作用下有规则地运动形成的。

2. 电流的方向

习惯上规定正电荷定向运动方向为电流的方向，与电子的运动方向正好相反。因此，在金属导体中，电流的方向与电子定向运动的方向相关，如图2-7所示。

电流参考
方向

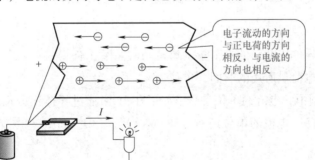

电子流动的方向
与正电荷的方向
相反，与电流的
方向也相反

图2-7　金属导体中电流的方向

在一段电路中，电流是客观存在的，其方向也是确定的。但在具体分析与计算电路时，有时很难判断电路中电流的实际方向。为了计算方便，我们常常先假设一个电流的方向，称为电流的参考方向，用箭头在电路图中标明。如果计算得到的电流为正值，则电流的实际方向与参考方向一致；如果计算得到的电流为负值，则电流的实际方向与参考方向相反，如图2-8所示。

需要特别指出的是，电流的实际方向（真实方向）和参考方向（假设方向）是两个

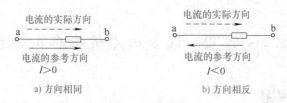

a) 方向相同　　　　　　　　　b) 方向相反

图 2-8　电流的参考方向与实际方向

不同的概念。电路中电流的实际方向是客观存在的，电流的参考方向是根据分析与计算的需要假定的。电流的参考方向一经选定，在电路分析与计算的过程中不允许变动。在实际计算中，若不设定电流的参考方向，电流的正负号是无意义的。

【想一想　做一做】

图 2-9 所示为部分电路，图中标出了各电流的参考方向和计算结果，你会判断各电流的实际方向吗？

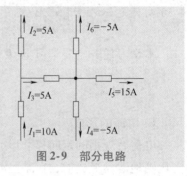

图 2-9　部分电路

3. 电流大小的定义

电流是表示带电粒子定向运动强弱的物理量，其大小等于通过导体横截面的电荷量与通过这些电荷量所用时间的比值，用 I 表示。其定义式为

$$I = \frac{Q}{t}$$

式中　I——电流，单位为 A（安［培］）；

Q——通过导体横截面的电荷量，单位为 C（库［仑］）；

t——通过电荷量所用的时间，单位为 s（秒）。

在国际单位制中，电流的单位是 A，如果在 1s 内通过导体横截面的电荷量是 1C，导体中的电流就是 1A。电流的单位还有千安（kA）、毫安（mA）、微安（μA），它们之间的换算关系是

$$1kA = 10^3 A$$
$$1A = 10^3 mA$$
$$1mA = 10^3 \mu A$$

4. 电流的类型

电流虽然有大小又有方向，但它只是一个标量，电流的方向只是表明电荷的定向运动的方向。若电流的方向不随时间变化，则称为直流电流。若电流的大小和方向都不随时间变化，则称为稳恒电流，如图 2-10a 所示。若电流的大小随时间变化、但方向不随时间变化，则称为脉动直流电流，如图 2-10b 所示。直流电的文字

常用电流
波形

符号用"DC"表示，图形符号用"⎓"表示。在实际应用中，若不特别强调，直流电流就是指稳恒电流。如果电流的大小和方向都随时间变化，则称为交流电流，如图2-10c所示。交流电的文字符号用"AC"表示，图形符号用"～"表示。

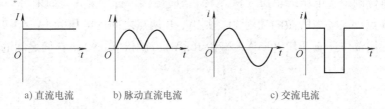

a) 直流电流　　　　b) 脉动直流电流　　　　c) 交流电流

图2-10　电流的类型

【例2-1】　在1min内均匀流过导体某横截面的电荷量为5.4C，则导体中的电流是多少安？多少毫安？多少微安？

［分析］　$t = 1\text{min} = 60\text{s}$。

解：由电流的定义式可得 $I = \dfrac{Q}{t} = \dfrac{5.4}{60}\text{A} = 0.09\text{A}$

$$= 90\text{mA} = 90000\mu\text{A}$$

说明：公式 $I = \dfrac{Q}{t}$ 是定义式，在实际电路的计算中不常用。

二、电压与电位

1. 电压的大小

要形成电流，首先要有可以移动的电荷——自由电子，金属中就有较多的能够移动的自由电子。同时，要获得持续的电流，导体两端必须保持一定的电位差（电压），才能持续不断地推动自由电子朝一个方向移动。

如图2-11所示，电源正极标为A端，负极标为B端，电源两端存在着一定的电压（电位差）U_{AB}。电路接通时，正电荷（为便于分析，以正电荷的移动为例进行说明）就会在电场力的作用下从高电位A端通过负载移向低电位B端，从而形成电路的电流I，在这个过程中，电场力要做功。而电压就是衡量电场力做功本领大小的物理量。

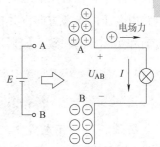

图2-11　电路中电场力做功示意图

A、B两点间的电压U_{AB}在数值上等于电场力把正电荷从A点移动到B点所做的功W_{AB}与被移动电荷量的比值。电压总是对电路中某两点而言，常用双下标表示，如用U_{AB}表示A、B两点之间的电压，A表示起点，B表示终点。

电压的定义式为

$$U_{AB} = \frac{W_{AB}}{Q}$$

电位与电压的区别

式中　U_{AB}——A、B 两点间的电压，单位为 V（伏［特］）；

　　　　W_{AB}——电场力将电荷从 A 点移动到 B 点所做的功，单位为 J（焦［耳］）；

　　　　Q——被移动电荷量，单位为 C（库［仑］）。

在国际单位制中，电压的单位为伏［特］，简称伏，符号为 V。如果将 1C 的正电荷从 A 点移动到 B 点，电场力所做的功为 1J，则 A、B 两点之间的电压为 1V。

电压的常用单位还有千伏（kV）、毫伏（mV）、微伏（μV），它们之间的换算关系为

$$1kV = 10^3 V$$
$$1V = 10^3 mV$$
$$1mV = 10^3 \mu V$$

电压参考方向

2. 电压的方向

和电流一样，电压不仅有大小，也有方向。规定电压的方向由高电位指向低电位，即电位降低的方向。因此，电压也常称为电压降。电压的方向可以用高电位标"＋"，低电位标"－"来表示，如图 2-12 所示。

高电位标"＋"
低电位标"－"

图 2-12　电压方向的表示方法

如果 $U_{AB} > 0$，说明 A 点电位比 B 点电位高；如果 $U_{AB} = 0$，说明 A 点电位与 B 点电位相等；如果 $U_{AB} < 0$，说明 A 点电位比 B 点电位低。

在电路中，任意两点之间电压的实际方向往往不能预先确定，和电流一样，可以先假设电路中电压的参考方向，并按参考方向进行计算。如果计算结果为正值，说明电压的参考方向和实际方向一致；如果计算结果为负值，说明电压的参考方向和实际方向相反。

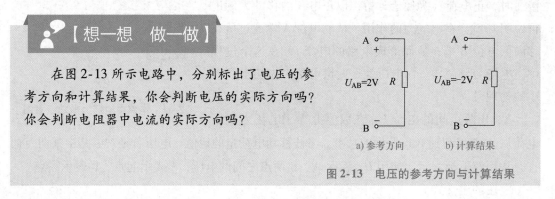

【想一想　做一做】

在图 2-13 所示电路中，分别标出了电压的参考方向和计算结果，你会判断电压的实际方向吗？你会判断电阻器中电流的实际方向吗？

a) 参考方向　　　b) 计算结果

图 2-13　电压的参考方向与计算结果

3. 电位

描述电路中某点电位的高低，首先要确定一个基准点，这个基准点称为参考点。规定参

考点的电位为零。原则上参考点是可以任意选定的，但习惯上常选择大地作为参考点，在实际电路中选择公共点或电气设备的外壳作为参考点，一个电路中只能选择一个参考点。

电路中某点的电位就是该点与参考点之间的电压，用字母 V 表示。在国际单位制中，电位的单位也是 V。

在图 2-14 所示的部分电路中，标出了 A、B、C、O 四个点。假设 O 点为参考点，则 $V_O = 0$。A、B、C 各点的电位就是各点与 O 点之间的电压，可表示为

$$V_A = U_{AO}, \quad V_B = U_{BO}, \quad V_C = U_{CO}$$

若假设 B 点为参考点，则 $V_B = 0$。A、C、O 各点的电位就是各点与 B 点之间的电压，可表示为

$$V_A = U_{AB}, \quad V_C = U_{CB}, \quad V_O = U_{OB}$$

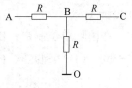

图 2-14　部分电路图

【想一想　做一做】

1. 一个电路中，能否选择两个或两个以上的参考点？如果选择了两个或两个以上参考点，还能比较各点的电位吗？

2. 若电路中的参考点变化，则电路中各点的电位是否会发生变化？如何变化？这时电路中两点间的电压是否发生变化？如何变化？

4. 电压与电位的关系

电压就是两点的电位差。在电路中，A、B 两点间的电压等于 A、B 两点的电位之差，即

$$U_{AB} = V_A - V_B$$

【指点迷津】

电压和电位的单位都是 V，但电压和电位是两个不同的概念。电压是两点的电位差，它是一个绝对值，与参考点的选择无关；而电位是某点与参考点之间的电压，它是一个相对值，会随着参考点的变化而变化。

学习任务三　认识电阻器

情景引入

水管中的水在流动时，总是受到阻力，阻力的大小主要受水管的粗细、长度及水管内壁的粗糙程度影响。同样，电流在电路中流动时，也会受到"电阻"的阻碍作用。电阻器是电路中的基本元件之一。

本学习任务主要学习电阻、电阻定律、电阻与温度的关系及电阻器的分类。

一、电阻

人们把物体在运动中受到的各种阻碍作用称为阻力。导体中的自由电子在电场力的作用下定向运动时也会受到阻碍作用，表示这种阻碍作用大小的物理量称为电阻，用字母 R 表示。任何物体都有电阻，当有电流流过时，都要消耗一定的能量。电阻是导体本身所具有的属性。

在国际单位制中，电阻的单位是欧姆，简称欧，用符号 Ω 表示。电阻的常用单位还有千欧（$k\Omega$）和兆欧（$M\Omega$），它们之间的关系为

$$1k\Omega = 10^3\Omega$$
$$1M\Omega = 10^3k\Omega$$

知识拓展

物质的分类

根据导电能力的强弱，物质一般可分为导体、绝缘体和半导体。导体都能导电，如银、铜、铝等；绝缘体不能导电，如玻璃、胶木、陶瓷、云母等；半导体的导电性能介于导体和绝缘体之间，如硅、锗等。

二、电阻定律

导体电阻的大小不仅与导体的材料有关，还与导体的尺寸有关。经实验证明，在温度不变时，一定材料制成的导体的电阻与它的长度成正比，与它的横截面积成反比。这个实验规律称为电阻定律。均匀导体的电阻可用公式表示为

$$R = \rho \frac{L}{A}$$

式中 R——导体的电阻，单位为 Ω（欧［姆］）；

      ρ——电阻率，反映材料的导电性能，单位为 $\Omega \cdot m$（欧［姆］米）；

      L——导体的长度，单位为 m（米）；

      A——导体的横截面积，单位为 m^2（平方米）。

几种常用材料在 20℃ 时的电阻率和电阻温度系数见表 2-2。

表 2-2   常用材料的电阻率（20℃）和电阻温度系数

用　途	材料名称	电阻率 $\rho/\Omega \cdot m$	电阻温度系数 α
导电材料	银	1.65×10^{-8}	3.6×10^{-3}
	铜	1.75×10^{-8}	4.0×10^{-3}
	铝	2.83×10^{-8}	4.2×10^{-3}

（续）

用　途	材料名称	电阻率 $\rho/\Omega \cdot m$	电阻温度系数 α
电阻材料	铂	1.06×10^{-7}	4.0×10^{-3}
	钨	5.3×10^{-8}	4.4×10^{-3}
	锰铜	4.4×10^{-7}	6.0×10^{-6}
	康铜	5.0×10^{-7}	5.0×10^{-6}
	镍铬铁	1.0×10^{-7}	1.5×10^{-4}
	碳	1.0×10^{-7}	-5.0×10^{-4}

注：电阻温度系数 α 是温度升高1℃时电阻变动的数值与20℃时电阻值的比。

从表2-2中可以看出，常用的导电材料中，银的电阻率最小，但银的价格比较贵，一般选择价格相对便宜的铜或铝做导线。但有些情况下要求电阻很小，如电器的触点，常在铜片上涂银或银基合金来减小电阻。

【想一想　做一做】

一根粗细均匀的铜导线长 $L = 100\text{m}$，横截面积 $A = 1\text{mm}^2$，该导线的电阻值为多少？如果将该铜导线均匀拉长为原来的2倍，拉长后的电阻值为多少？如果将其对折，则对折后的电阻值又为多少？

通过计算，你能发现什么规律？

三、电阻与温度的关系

研究表明，金属导体的电阻与温度有关。通常情况下，纯金属导体的电阻会随着温度的升高而增大，即电阻温度系数 $\alpha > 0$，称为正温度系数。例如，白炽灯的灯丝是用钨丝制造的，灯丝发光时温度约为2000℃，钨的电阻随温度的升高而增大，温度升高1℃，电阻约增大0.5%，所以，灯丝正常发光时的电阻要比常温下的电阻大很多。有的合金如康铜和锰铜的电阻几乎不随温度的变化而变化，所以，常用来制造标准电阻。而碳和有些半导体的电阻随温度的升高而减小，即 $\alpha < 0$，称为负温度系数。具有负温度系数的电阻在电路中常用作温度补偿。

四、电阻器的分类

电阻器是利用金属或非金属材料对电流的阻碍作用而制成的，通常称为电阻。它在电路中可以起分压、分流和限流等作用，是工程实际中应用最多的元器件之一。常用电阻器的分类如下：

1）按结构形式的不同可分为固定电阻器、可变电阻器（可调电阻器、电位器）等。

常用电阻器外形

2）按制作材料的不同可分为碳膜电阻器、金属膜电阻器、线绕电阻器等。

3）按用途的不同可分为精密电阻器、高频电阻器、熔断电阻器、敏感电阻器等。

常见电阻器的外形如图2-15所示。

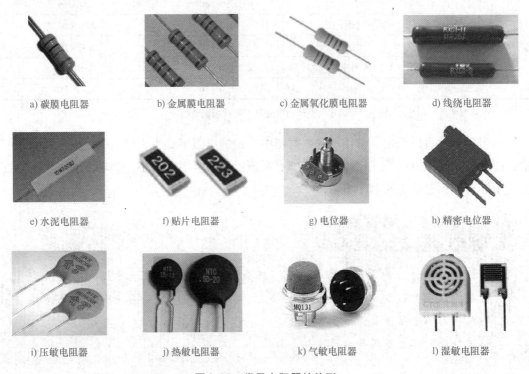

a) 碳膜电阻器　　　b) 金属膜电阻器　　　c) 金属氧化膜电阻器　　　d) 线绕电阻器

e) 水泥电阻器　　　f) 贴片电阻器　　　g) 电位器　　　h) 精密电位器

i) 压敏电阻器　　　j) 热敏电阻器　　　k) 气敏电阻器　　　l) 湿敏电阻器

图 2-15　常见电阻器的外形

五、电阻器的主要参数

电阻器的主要参数有标称阻值、允许偏差和额定功率，其他参数只在有特殊要求时考虑。

标称阻值是标注在电阻器上的电阻的数值；允许偏差是指电阻器的实际电阻相对于标称阻值的最大允许偏差范围；额定功率是指电阻器在产品标准规定的气压和温度下，长期连续工作而不损坏或改变电阻器性能的情况下，电阻器允许消耗的最大功率。额定功率较大的电阻器，一般都将额定功率直接标在电阻器上。额定功率较小的电阻器，往往不标注额定功率。

> 📢 **技术与应用**
>
> **超导现象及其应用**
>
> **1. 超导现象**
>
> 　　1911 年，荷兰莱顿大学的 H·卡茂林·昂内斯意外地发现，将水银冷却到 −268.98℃时，水银的电阻突然消失；后来他又发现许多金属和合金都具有与水银相类似的低温下失去电阻的特性，由于它们的特殊导电性能，称之为超导态。我们把

这种物质在低温状态下电阻突然消失的现象称为超导现象（零电阻效应），能够发生超导现象的导体称为超导体。

2. 超导体的两个基本性质

超导体除了零电阻效应外，另一个基本性质是抗磁性，又称为迈斯纳效应。即在磁场中一个超导体只要处于超导态，则它内部的磁场与外磁场完全抵消，其内部的磁感应强度为零。也就是说，磁感线被完全排斥在超导体外面。这样，超导体就成为抗磁体。

利用超导体的抗磁性可以实现磁悬浮。图 2-16 所示为磁悬浮实验原理图，把一块磁铁（铁磁体）放在锡盘（超导盘）上，当温度低于锡的转变温度时，磁铁会离开锡盘飘浮起来，升至一定距离后，便悬浮不动了。这是由于磁铁的磁感线不能穿过超导体，而在锡盘中感应出持续电流的磁场，与磁铁之间产生了排斥力，磁铁越远离锡盘，排斥力越小，当排斥力减弱到与磁铁的重力相平衡时，磁铁就悬浮不动了。

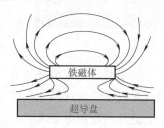

图 2-16　磁悬浮实验原理图

3. 超导技术的应用

（1）电力生产、运输与储能方面的应用　利用超导材料制造的超导发电机，其单机发电量比常规发电机提高 510 倍，可达 10^4MW，而体积减小 1/2，整机重量减轻 1/3，发电效率提高 50%。改革开放 40 多年来，我国在超导带材制备、超导强电应用、超导弱电应用等方面积累了大量的经验，并取得了一定的成果。2011 年，中国首个超导变电站在甘肃白银市建成并投入运行，代表我国超导技术的先进水平，创造了多项世界第一。

（2）电子学方面的应用　超导材料和超导技术可应用在超导计算机、超导天线、超导微波器件等方面。各国科学家正在研究用半导体和超导材料制作晶体管。

（3）抗磁性方面的应用　超导材料的抗磁性可以应用在磁悬浮列车、热核聚变反应堆等方面。图 2-17 所示为磁悬浮列车，它能在悬浮无摩擦状态下运行，大大提高运行速度和安静性，并有效减少机械磨损。而利用超导磁悬浮技术制造的无磨损轴承，可将轴承转速提高到 10 万 r/min。

a) 真空磁悬浮列车　　　　b) 磁悬浮列车"追风者"号　　　　c) 运行中的上海磁悬浮列车

图 2-17　磁悬浮列车

4. 中国超导研究成果

为了使超导材料更具有实用性，各国科学家开始了探索高温超导和研究超导体实际应用的历程。中国科学院院士赵忠贤是中国高温超导研究的奠基人之一，2013年，他和他的团队因为在"40K以上铁基高温超导体的发现及若干基本物理性质的研究"中的突出贡献获得2013年度国家自然科学一等奖。这是中国物理人的光荣，也是中国科技界的光荣。

技术与应用

电阻式传感器与敏感电阻器

传感器是一种检测装置，能感受到被测量的信息，并将感受到的信息按一定规律变换成电信号或其他所需形式的信息输出，以满足信息的传输、处理、存储、显示、记录和控制等要求。

一、电阻式传感器

电阻式传感器是将位移、力、压力、加速度、力矩等非电物理量转换成电阻值变化的传感器，主要包括电阻应变式传感器、电位器式传感器（位移传感器）和锰铜压阻式传感器等。图 2-18 所示为电阻应变式传感器，它是将应变片粘贴于弹性体表面或者直接将应变片粘贴于被测试件上，可测量位移、加速度、力、力矩和压力等参数。

图 2-19 所示为压阻式压力传感器，它是利用单晶硅材料的压阻效应和集成电路技术制成的传感器，可用于压力、拉力、压力差和可以转变为力的变化的其他物理量（如液位、重量、流量）的测量和控制。

 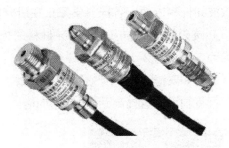

图 2-18　电阻应变式传感器　　　　图 2-19　压阻式压力传感器

电位器式传感器是将机械位移通过电位器转换为与之成一定函数关系的电阻或电压输出的传感器。按其结构形式不同，可分为线绕式、薄膜式和光电式等。按其输入和输出特性的不同，可分为线性电位器和非线性电位器。它除了用于线位移和角位移测量外，还广泛应用于测量压力、加速度、液位等物理量。

二、光敏电阻器

光敏电阻器是利用半导体的光电效应制成，能随入射光的强弱而改变电阻值的电阻器，主要用于光的测量、控制和光电转换。图 2-20 所示为常见的光敏电阻器。光敏电阻器的特点是入射光越强，电阻值越小；入射光越弱，电阻值越大。例如，声控灯开关采用了光敏电阻器作为白天控制灯光的装置。

图 2-20 光敏电阻器

三、热敏电阻器

热敏电阻器是电阻值对温度极为敏感的一种电阻器，也称为半导体热敏电阻器。它由单晶、多晶以及玻璃、塑料等半导体材料制成。它最基本的特性是其电阻值随温度的变化而显著地变化，以及伏安曲线呈非线性。图 2-21 所示为常见热敏电阻器。

热敏电阻器按电阻值温度系数可分为负电阻温度系数（简称负温度系数）和正电阻温度系数（简称正温度系数）热敏电阻器。在工作温度范围内，电阻值随温度上升而增大的是正温度系数（PTC）热敏电阻器；电阻值随温度上升而减小的是负温度系数（NTC）热敏电阻器。

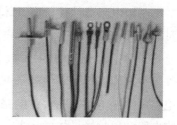

图 2-21 常见的热敏电阻器

按电阻值随温度变化的大小可分为缓变型和突变型热敏电阻器；按其受热方式的不同可分为直热式和旁热式热敏电阻器；按其工作温度范围的不同可分为常温、高温和超低温热敏电阻器；按其结构的不同可分为棒状、圆片、方片、垫圈状、球状、线管状、薄膜以及厚膜热敏电阻器。

热敏电阻器用途十分广泛。利用电阻-温度特性可以测量、控制温度和元件、器件、电路的温度补偿，如在电冰箱、空调器、电热器等电子产品中用于温度控制；利用非线性特性完成稳压、限幅、开关、过电流保护作用；利用不同媒介中热耗散特性的差异测量流量、流速、液面、热导、真空度等；利用热惯性作为时间延迟器。

四、声敏电阻器

声波作用于声敏电阻器时，声敏电阻器的电阻值会随着声频的变化而变化。当声音增大时，会使声敏电阻器内的石墨片压紧，电阻值减小，导通电流增大；当声音减小时，会使声敏电阻器内的石墨片空隙增大，电阻值变大，导通电流减小。平时使用的电话、扩音器等，有些品种是利用声音频率的变化使声敏电阻器的电阻值发生变化，从而引起电流的变化而制成的。

五、磁敏电阻器

磁敏电阻器是利用磁阻效应制成的，它的电阻值随磁场强度的变化而变化。利用此原理，可精确地测试出磁场的相对位移。磁敏电阻器多采用片形膜式封装结构，有两端、三端（内部有两只串联的磁敏电阻器）之分。

在弱磁场中，当半导体材料确定时，磁敏电阻器的电阻值与磁感应强度呈二次方关系。在强磁场中，磁敏电阻器的电阻值与磁感应强度呈线性关系。它主要用于测定磁场强度、测量频率和功率等的测量技术、运算技术、自动控制技术以及信息处理技术，还可用于制作无触点开关和可变无接触电位器等。

六、压敏电阻器

压敏电阻器是电压敏感电阻器的简称，是指一种对电压变化反应灵敏的限压型元件。其特点是：在规定的温度下，当加到压敏电阻器两端的电压在其标称电压值以内时，压敏电阻器的电阻值呈现无穷大，几乎无电流通过；当压敏电阻器两端的电压超过其标称电压值时，它将被完全损坏，电阻值急剧减小，通过它的电流急剧增加，并且当电压恢复到正常值时，无法自行恢复。由于压敏电阻器中的电压和电流不呈线性关系，因此，压敏电阻器是一种非线性电阻元件。图 2-22 所示为压敏电阻器。

压敏电阻器性优价廉，体积小，具有工作电压范围宽、对过电压脉冲响应快、耐冲击电流能力强、漏电电流小（几微安至几十微安）、电阻温度系数小等特点，是一种理想的保护元件。在家用电器及其他电子产品中，常被用于构成过电压保护电路、消噪电路、消火花电路、防雷击保护电路、浪涌电压吸收电路和保护半导体的元器件中。在电力工业中，压敏电阻器主要用于限制有害的大气过电压和操作过电压，能有效地保护系统或设备。例如，使用压敏材料制成避雷器阀片，用氧化锌压敏材料制成的高压绝缘子，既有绝缘作用，又能实现瞬态过电压保护。

图 2-22　压敏电阻器

压敏电阻器主要有标称电压、通流（容）量、漏电流、最大限制电压等技术参数。

七、湿敏电阻器

湿敏电阻器是电阻值随着环境湿度变化而明显变化的敏感元件，它是利用湿敏材料吸收空气中的水分而引起本身电阻值发生变化这一原理而制成的。常用的湿敏电阻器主要有氯化锂湿敏电阻器和有机高分子膜湿敏电阻器。

学习任务四　认识部分电路欧姆定律

情景引入

在电路中，电阻器（负载）中流过的电流 I 与电阻器两端的电压 U 和电阻 R 有何关系呢？

通过本学习任务中部分电路欧姆定律和电阻伏安特性的学习，我们就会知道它们三者之间的关系了。

一、部分电路欧姆定律

在电阻电路中，电路中的电流 I 与电阻器两端的电压 U 成正比，与电阻 R 成反比，这就是部分电路欧姆定律。部分电路欧姆定律可以用公式表示为

欧姆定律仿真

$$I = \frac{U}{R}$$

式中　I——电路中的电流，单位为 A（安［培］）；

　　　U——电阻器两端的电压，单位为 V（伏［特］）；

　　　R——电阻，单位为 Ω（欧［姆］）。

部分电路欧姆定律还可以表示为

$$U = RI, \quad R = \frac{U}{I}$$

【例 2-2】　一个 10Ω 的电阻器，接在 3V 的直流电源上。求正常工作时通过电阻器的电流。

解：根据部分电路欧姆定律，通过电阻器的电流为

$$I = \frac{U}{R} = \frac{3}{10}\text{A} = 0.3\text{A}$$

【例 2-3】　某电阻器两端的电压为 12V，通过它的电流为 0.6A，则该电阻器的电阻为多少？当电阻器两端的电压变为 24V 时，通过电阻器的电流又为多少？

解：由部分电路欧姆定律可得

$$R = \frac{U}{I} = \frac{12}{0.6}\Omega = 20\Omega$$

当电阻器两端的电压变为 24V 时，其电阻不变，$R = 20\Omega$。此时，电流为

$$I = \frac{U}{R} = \frac{24}{20}\text{A} = 1.2\text{A}$$

【指点迷津】

公式 $R = \dfrac{U}{I}$，仅仅意味着利用加在电阻器两端的电压和通过电阻器的电流可以量度电阻的大小，而绝不意味着电阻器的电阻大小是由加在其两端电压和流过电流的大小决定的。

二、电阻的伏安特性曲线

若电阻器阻值不随电压、电流变化而改变的电阻器称为线性电阻器。我们平时所说的电阻器都是指线性电阻器，线性电阻器的电阻值是一个常数，其电压和电流关系符合部分

电路欧姆定律。而电阻器阻值随电压或电流变化而改变的电阻器称为非线性电阻器。非线性电阻器的电阻值不是常数，其电压与电流关系不符合部分电路欧姆定律。

一般把电阻器两端的电压 U 和通过电阻器的电流 I 之间的对应关系，称为电阻的伏安特性，两者之间的变化关系曲线称为伏安特性曲线。

如果以电压和电流为坐标轴，可以得到线性电阻与非线性电阻的伏安特性曲线，如图 2-23 所示。其中图 2-23a 所示为线性电阻（$2k\Omega$ 电阻器）的伏安特性曲线，图 2-23b 所示为非线性电阻（二极管）的伏安特性曲线。

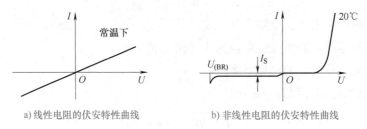

a) 线性电阻的伏安特性曲线   b) 非线性电阻的伏安特性曲线

图 2-23 电阻的伏安特性曲线

学习任务五 认识电能和电功率

情景引入

如果我们仔细观察各种家用电器的铭牌，发现它们都标有额定电压和额定功率等参数，如标有"220V、40W"的白炽灯、"220V、1500W"的电吹风、"220V、1000W"的电饭煲等。图 2-24 所示为某品牌转叶扇铭牌。这些家用电器使用 1h 需要消耗多少电能？哪个最少？哪个最多？家用电器消耗的电能与它的电功率有何关系？电能是用什么仪表来测量的呢？

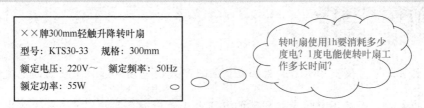

××牌300mm轻触升降转叶扇
型号：KTS30-33 规格：300mm
额定电压：220V～ 额定频率：50Hz
额定功率：55W

转叶扇使用1h要消耗多少度电？1度电能使转叶扇工作多长时间？

图 2-24 某品牌转叶扇铭牌

通过学习本学习任务中电能、电功率和电能表等相关知识，就能方便地进行分析与上述计算。

一、电能

电流能使电灯发光、电动机转动、微波炉发热……这些都是电流做功的表现。在电场力的作用下，电荷定向移动形成的电流所做的功称为电能。电流做功的过程就是将电能转换为其他形式能的过程。

如果加在导体两端的电压为 U，在时间 t 内通过导体横截面的电荷量为 Q，则电流所做的功，即电能为 $W = UQ$。由于 $Q = It$，所以有

$$W = UIt$$

式中　W——电能，单位为 J（焦［耳］）；

　　　U——加在导体两端的电压，单位为 V（伏［特］）；

　　　I——导体中的电流，单位为 A（安［培］）；

　　　t——通电时间，单位为 s（秒）。

上式表明，电流在一段电路上所做的功，与这段电路两端的电压、电路中的电流和通电时间成正比。

在国际单位制中，电能的单位是焦耳，简称焦，符号是 J。在实际使用中，电能常用千瓦·时（俗称度）为单位，符号是 $kW \cdot h$，$1kW \cdot h = 3.6 \times 10^6 J$。

【指点迷津】

对于纯电阻电路，欧姆定律成立，即 $U = IR$，$I = \dfrac{U}{R}$。代入上式可以得到

$$W = \frac{U^2}{R}t = I^2Rt$$

二、电功率

电功率是描述电流做功快慢的物理量。电流在单位时间内所做的功称为电功率。如果单位时间 t 内电流通过导体所做的功为 W，则电功率为

$$P = \frac{W}{t}$$

式中　P——电功率，单位为 W（瓦［特］）；

　　　W——电能，单位为 J（焦［耳］）；

　　　t——通电时间，单位为 s（秒）。

在国际单位制中，电功率的单位是瓦［特］，简称瓦，符号是 W。电功率的常用单位还有千瓦（kW）和毫瓦（mW），它们之间的关系为

$$1kW = 10^3W \qquad 1W = 10^3mW$$

【指点迷津】

对于纯电阻电路，电功率的计算公式还可以写为

$$P = UI = I^2R = \frac{U^2}{R}$$

可见，一段电路上的电功率，与这段电路两端的电压和电路中的电流成正比。

【例2-4】 一个铭牌标有"220V、100W"的白炽灯，试求：（1）灯丝的热态电阻和白炽灯允许通过的额定电流；（2）当其两端加110V电压时，其消耗的实际功率为多少？

解：（1）根据公式 $P = \frac{U^2}{R}$ 可以求出

$$R = \frac{U^2}{P} = \frac{220^2}{100}\Omega = 484\Omega$$

根据公式 $P = UI$ 可以求出白炽灯允许通过的额定电流为

$$I = \frac{P}{U} = \frac{100}{220}A \approx 0.45A$$

（2）当其两端加110V电压时，其消耗的实际功率为

$$P = \frac{U^2}{R} = \frac{110^2}{484}W = 25W$$

【想一想 做一做】

如果某电气设备两端加额定电压 U 时，其功率为 P。当在其两端加 $\frac{1}{2}U$、$\frac{1}{3}U$、$\frac{1}{4}U$ 时，电气设备消耗的实际功率分别为多少？

通过计算，你能发现什么规律？

【例2-5】 某房间有"220V、40W"的白炽灯6盏。（1）若平均每天使用4h，一年（365天）用电多少千瓦·时？（2）若电价为0.56元/(kW·h)，每年应支付多少电费？（3）如果改用"220V、11W"的节能灯，每天还是使用4h，一年能节约多少千瓦·时电？少付多少电费？

解：（1）根据已知条件 $P = 6 \times 40W = 240W = 0.24kW$，$t = 365 \times 4h = 1460h$

由电功率公式 $P = \frac{W}{t}$ 可得一年所用的电为

$$W = Pt = 0.24 \times 1460kW \cdot h = 350.4kW \cdot h$$

（2）一年应付电费为 350.4×0.56 元 $= 196.22$ 元

（3）当改用"220V、11W"的节能灯时，一年所用的电为

$$W' = P't = 11 \times 6 \times 10^{-3} \times 1460kW \cdot h = 96.36kW \cdot h$$

一年能节约的电能为 $\Delta W = W - W' = (350.4 - 96.36)kW \cdot h = 254.04kW \cdot h$

一年少付的电费 $= 254.04 \times 0.56$ 元 $= 142.26$ 元

【指点迷津】

通过以上计算可知，节约电能可以从两个方面入手：一是减少用电设备的电功率 P，如尽量少用大功率电器；二是减少用电时间 t，如养成人走关灯的好习惯。

三、电能表

计量电能一般用电能表，又称为电度表。图 2-25 所示为一种单相感应式电能表。

电能表的铭牌上都标有一些字母和数字，以图 2-25 为例，DD862-4 是电能表的型号，其中 DD 表示单相电能表，数字 862 为设计序号；220V、50Hz 是电能表的额定电压和额定频率，它必须与电源的规格相符合；5(20)A 表示电能表的标定电流值为 5A，最大电流值为 20A；720r/kW·h 表示每消耗 1kW·h 的电能，电能表的转盘转 720 转。

图 2-25 单相感应式电能表

科技成就

节约用电与节能减排

能源，是一个国家发展的动力，也是民生的基本保障。电能等能源已直接或间接深入我们的生活和生产的各个方面。如果没有了电能，我们的生活将寸步难行。

我国是世界上最大的发展中国家，也是世界上能源第二大生产和消费国，对电能等能源的需求量巨大。能源短缺问题在当前及以后相当长的一段时间里，是我国面临的一大挑战。那么，我们又有哪些措施应对日益严峻的能源问题呢？

一、节约用电

节约用电可以通过管理节电、结构节电和技术节电三种方式来实现。管理节电是通过改善和加强用电管理和考核工作，来挖掘潜在的减少消耗的节电方式；结构节电是通过调整产业结构、工业结构和产品结构来实现节电的方式；技术节电就是通过设备更新、工艺改革、先进技术来实现节电的方式。

通过科技引领实现技术节电是一种非常有效的节约能源的措施。节电行动有助于促进人类、社会、能源的和谐发展，构建一个能源合理利用的和谐社会。

在照明用电中，常用的技术节电方法有：充分利用自然光源，如图 2-26 所示为充分利用自然光源采光的房间；采用绿色高效照明灯具，如图 2-27 所示是上海世博园的 LED 照明工程；采用局部照明方式，如图 2-28 所示是采用 LED 的局部照明灯具；充分利用反射和反光，选择合适的反光材料和器材可提高光照度，如给照明灯配上合适的反光罩，如图 2-29 所示；还可以采用节电控制电路，如使用声光控开关控制照明灯等，如图 2-30 所示。

图 2-26　充分利用自然光源采光的房间

图 2-27　上海世博园采用的 LED 照明工程

图 2-28　采用 LED 的局部照明台灯

图 2-29　灯具反光罩

图 2-30　声光控开关

二、节能减排

改革开放 40 多年来，我国持续加大节能减排力度，将节能减排作为经济社会发展的约束性目标。电力行业持续致力于发输电技术以及污染物控制技术的创新发展，为国家生态文明建设和全国污染物减排、环境质量改善做出了积极贡献，同时也为全球应对气候变化做出了突出贡献。

电力能效水平持续提高。1978 年，我国供电煤耗为 471g/kW·h，电网线损率为 9.64%，厂用电率为 6.61%。改革开放以来，受技术进步，大容量、高参数机组占比提升和煤电改造升级等多种因素影响，供电标准煤耗持续下降。截至 2017 年底，我国 6000kW 及以上火电厂供电标准煤耗为 309g/kW·h，比 1978 年降低 162g/kW·h，煤电机组供电煤耗水平持续保持世界先进水平；电网线损率为 6.48%，比 1978 年降低 3.16 个百分点，居同等供电负荷密度国家先进水平；我国 6000kW 及以上电厂厂用电率为 4.8%，比 1978 年降低 1.81 个百分点。

电力环境保护基础建设与改造全覆盖。改革开放之初，我国以煤为主要燃料的火电厂对环境造成严重污染，1980 年，我国火电厂粉尘排放量为 398.6 万 t，二氧化硫排放量为 245 万 t。1990 年，电力粉尘、二氧化硫和氮氧化物排放量分别为 362.8 万 t、417 万 t、228.7 万 t。改革开放 40 多年来，电力行业严格落实国家环境保护各项法规政策要求，火电脱硫、脱硝、超低排放改造持续推进，截至 2017 年底，全国燃煤电厂 100% 实现脱硫后排放，已投运火电厂机组 92.3% 实现烟气脱硝，全国累计完成燃煤电厂超低排放改造 7 亿 kW，占全国煤电机组容量比重超过 70%。

电力排放绩效显著优化。2017 年，全国电力烟尘、二氧化硫和氮氧化物排放量分别约为 26 万 t、120 万 t 和 114 万 t，分别比 1990 年下降 336 万 t、297 万 t 和 114.7 万 t，在全国火电装机大幅增长的情况下，污染物总排放量显著下降。目前，单位火电发电量烟尘排放量、二氧化硫排放量和氮氧化物排放量分别为 0.06g/kW·h、0.26g/kW·h 和 0.25g/kW·h，已处于世界先进水平。在应对气候变化方面，改革开放以来，碳排放强度不断下降，2017 年，单位火电发电量二氧化碳排放量约为 844g/kW·h，比 2005 年下降了 19.5%。2006—2017 年的 11 年间，通过发展非化石能源、降低供电煤耗和线损率等措施，电力行业累计减少二氧化碳排放量约为 113 亿 t，有效减缓了电力二氧化碳排放总量的增长。

【项目总结】

认识基本电阻电路为学习直流电路的基本定律、定理等电路分析方法奠定了基础。

一、认识基本电路

（1）电路的组成　电路是电流流过的路径。一个完整的电路至少要包含电源、负载（用电设备）、连接导线、控制和保护装置四部分。

（2）电路的工作状态　电路通常有通路、断路（开路）和短路三种状态。电路不允许短路，特别是不允许电源短路。

（3）电路图　电路原理图是用国家标准规定的电气图形符号、文字符号来表示电路连接情况的图，简称为电路图。

二、认识电路的基本物理量

（1）电流　电荷的定向移动形成电流，规定正电荷定向移动的方向为电流方向。电流的大小用单位时间内通过导体横截面的电荷量来表示，即 $I = \dfrac{Q}{t}$，单位是 A。

在电路中电流有确定的方向。为方便计算，可先假设一个电流的方向（电流参考方向）。

（2）电压　电压是衡量电场力做功本领大小的物理量。A、B 两端点间的电压 U_{AB} 在数值上等于电场力把正电荷从 A 点移动到 B 点所做的功 W_{AB} 与被移动电荷量的比值，单位是 V。有

$$U_{AB} = \frac{W_{AB}}{Q}$$

规定电压的方向由高电位指向低电位，即电位降低的方向。

（3）电位　电路中某点的电位就是该点与参考点之间的电压，用字母 V 表示。电路中两点间的电压等于两点的电位差，即 $U_{AB} = V_A - V_B$。

三、认识电阻器

（1）电阻　电阻是反映导体对电流阻碍作用的物理量，用 R 表示，单位是 Ω。

（2）电阻定律　在温度不变时，一定材料制成的导体的电阻与它的长度成正比，与它的横截面积成反比。用公式表示为 $R = \rho \dfrac{L}{S}$。

（3）电阻与温度的关系　导体的电阻与温度有关。纯金属导体的电阻会随着温度的升高而增大；有的合金如康铜和锰铜的电阻与温度变化的关系不大；碳和有些半导体的电阻随着温度的升高而减小。

（4）电阻器的分类　常用电阻器按结构形式的不同可分为固定电阻器、可变电阻器（可调电阻器、电位器）等；按制作材料的不同可分为碳膜电阻器、金属膜电阻器、线绕电阻器等；按用途的不同可分为精密电阻器、高频电阻器、熔断电阻器、敏感电阻器等。

（5）电阻器的主要参数　主要参数有标称阻值、允许偏差和额定功率等。

四、认识部分电路欧姆定律

（1）部分电路欧姆定律　电阻电路中的电流 I 与电阻器两端的电压 U 成正比，与电阻 R 成反比，可以用公式表示为 $I = \dfrac{U}{R}$。

（2）电阻的伏安特性曲线　电阻阻值不随电压、电流变化而改变的电阻器称为线性电阻器；而电阻阻值随电压或电流变化而改变的电阻器称为非线性电阻器。电阻器两端的电压 U 和通过电阻器的电流 I 之间的对应关系，称为电阻的伏安特性，两者之间的变化关系曲线称为伏安特性曲线。

五、认识电能和电功率

（1）电能　在电场力的作用下，电荷定向移动形成的电流所做的功称为电能，用字母 W 表示，单位是 J 或 kW·h。计量电能一般用电能表。

（2）电功率　单位时间内电流所做的功称为电功率，用 P 表示，单位是 W。电功率是反映电流做功快慢的物理量，电功率的大小可用公式 $P = UI = I^2 R = \dfrac{U^2}{R}$ 进行计算。用电器的额定功率与实际功率是两个不同的概念。

【思考与实践】

1. 观察手电筒的结构，说明手电筒电路的基本组成，画出手电筒电路图。
2. 电路有哪几种工作状态？列举实际电路，说明电路不同情况下对应的状态。
3. 在一堆电子元器件中找出电阻器并进行归类。
4. 根据电阻与温度的关系，在网上查找热敏电阻器的特点和作用。
5. 节约用电是每一位公民的责任，请你应用所学的知识列举节约用电的措施。
6. 观察家中（楼道配电箱内）电能表，计算一下你家每天要用多少电能，所需电费是多少。

大国名匠

蔡小东：把工作干到极致的电力运维"工匠"

蔡小东，辽宁庆阳特种化工有限公司动力厂供电车间石变工组标兵班组长，凭借"把工作干到极致"的劲头，成为辽宁省优秀班组长、辽宁省劳动模范，获得辽阳市、辽宁省、全国五一劳动奖章等荣誉称号。

凭借过硬专业技术，处理突发事件保运行

面对已运行 30 多年的变电所供电系统，蔡小东凭借过硬的专业技术，出色地完成了多起重大停电事故的处理和危急故障排查任务。

2017 年 1 月 15 日 9 时，石桥子变电所主控室内电笛声、警铃声响成一片，现场 1#、2# 变压器重瓦斯信号动作，但两台变压器一次、二次断路器开关没有动作跳闸，现象极为特殊。蔡小东快速做出应急反应，迅速将变压器保护压板退出，防止隐性故障演变成真实事故。2017 年 10 月 14 日，石桥子变电站 66kV 电力系统迎石乙线断路器开关突然跳闸，造成 4 个变配电站瞬间全部停电，整个保护装置、信号无任何反应。危急时刻，蔡小东保持清醒头脑，在全面分析的基础上，果敢下达重送迎石乙线开关的决定，仅用 2min 就全面完成了所有事故处理操作，使占庆阳化工 80% 的电力供应在最短时间内得到恢复。

组建劳模创新工作室，成为"金字"招牌

2016 年，辽宁庆阳特种化工有限公司组建了以蔡小东名字命名的劳模创新工作室，以供电系统安全运行为主攻方向，为全公司 4 座高压变、配电所及 30 余个二级开关站提供技术、运行、检修服务。

在工作室建设过程中，蔡小东以解决问题为建立创新工作室的初衷，多次参加和指导公司各二级高压开关站设备的解体维修和整体安装工作，积极为供电系统职工和庆阳化工及各二级单位调度、主管电力负责人进行专业、专项培训授课。通过两年多的建设发展，蔡小东劳模创新工作室累计完成一项重点改造项目和十二项技改、大修项目，为公司节约资金近 100 万元。2018 年年初，蔡小东劳模创新工作室进入辽宁省劳模创新工作室行列。

把工作干到极致，在不断总结完善中成长

波澜壮阔之后必有滴水穿石之恒功，轰轰烈烈之下须有细流涓涓之持久。只要是有利于企业的事，蔡小东都乐于去想、乐于去做。

蔡小东非常注重创新工作的方式方法，坚持动脑和及时总结，根据多年来工作经验和积累，编写了《电容器无功补偿——粗调、细调工作法的应用》《66kV 断路器的无差别传动》，被职工称为"蔡式操作法"，现已转化为实用专业、专利技术，每年带来近 60 万元的经济效益。

"我就是一名普普通通的电力运行工人，工作特点要求我必须扎根一线、服务生产最前沿，我希望公司加快发展过程中能有我的一份贡献，我愿为此而努力。"这是全国五一劳动奖章获得者蔡小东的心声。

项目三 认识与应用简单电阻电路

项目目标

1. 掌握闭合电路欧姆定律，理解电源的外特性。
*2. 了解负载获得最大功率的条件及其在工程技术中的应用。
3. 掌握电阻器串联、并联及混联的连接方式，会计算等效电阻、电压、电流和功率。
4. 了解电路中各点电位的计算方法。

项目导入

本项目在项目二的基础上，对简单电阻电路进行分析，使学生理解简单电阻电路分析的基本方法，并了解其在工程技术和生活中的实际应用，培养电气技术的认知方法及解决实际电气技术问题的能力。

本项目主要有认识闭合电路欧姆定律，认识电阻串联电路，认识电阻并联电路，认识电阻混联电路和计算电路中各点的电位五个学习任务。

项目实施

学习任务一 认识闭合电路欧姆定律

情景引入

在日常生活中，我们常常会遇到这样的情况：用两节 1.5V 的电池给手电筒供电，开始时，手电筒能正常发光；但使用一段时间后，手电筒会逐渐变暗，最后处于不亮状态。又如，家中煤气灶的电子打火装置，在刚装上电池时，能够正常打火，过一段时间后，电子打火装置就会变弱，最后不能打火。其原因是什么？我们常常解释为电池"用完了"。这种解释合理吗？其原理是什么？

通过闭合电路欧姆定律和电源外特性的学习，我们就能得出解释。

一、闭合电路欧姆定律

手电筒或电子打火装置工作时，其实就是一个闭合电路，由电源、开关、导线和小灯泡（打火器件）组成，如图 3-1 所示。电源一般都是有电阻的，称为电源的内电阻，简称内阻，通常用 r 表示，电池也不例外。通常用 E、r 表示电源的电动势和内阻。电池使用一段时间后，最主要的变化是其内阻 r 会逐渐增大，导致闭合电路中的电流 I 逐渐减小，具体表现为小灯泡逐渐变暗，最后完全处于不亮状态。那么闭合电路中的电流 I 究竟与电路中的电阻有怎样的关系呢？利用闭合电路欧姆定律就能找到答案。

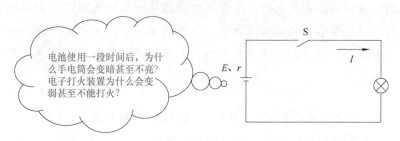

图 3-1　手电筒、电子打火装置的闭合电路

实际电路是由电源和负载组成的闭合电路。闭合电路由两部分组成，一部分是电源外部的电路，称为外电路；另一部分是电源内部的电路，称为内电路。外电路的电阻称为外电阻，内电路也有电阻，通常称为内电阻，简称内阻。

图 3-2 所示是最简单的闭合电路，其中，E 为电源电动势，r 为电源内阻，R 为负载电阻，I 为电路中的电流。则闭合电路中的电流 I 与电源的电动势 E 成正比，与电路的总电阻（外电路的电阻 R 和内电路的电阻 r 之和）成反比，这就是闭合电路欧姆定律，即

$$I = \frac{E}{R+r}$$

式中　I——电路中的电流，单位为 A（安［培］）；

　　　E——电源的电动势，单位为 V（伏［特］）；

　　　R——外电路电阻，单位为 Ω（欧［姆］）；

　　　r——电源内阻，单位为 Ω（欧［姆］）。

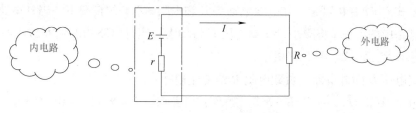

图 3-2　闭合电路

由闭合电路欧姆定律公式可得

$$E = IR + Ir = U + Ir$$
$$E = U + U_0$$

式中　U——外电路的电压降，即电源两端的电压，$U = IR$；

　　　U_0——电源内部的电压降，即电源内阻的电压降，$U_0 = Ir$。

这就是说，电源的电动势等于内、外电路电压降之和。

【指点迷津】

将电阻值不随电压、电流变化而改变的电阻器称为线性电阻器，由线性电阻器组成的电路称为线性电路。电阻值随电压、电流的变化而改变的电阻器称为非线性电阻器，含有非线性电阻器的电路称为非线性电路。全电路欧姆定律只适用于线性电路。

【例3-1】 有一电源电动势 $E = 3V$，内阻 $r = 0.5\Omega$，外接负载 $R = 9.5\Omega$，求：（1）电路中的电流；（2）电源的端电压；（3）负载两端的电压；（4）电源内阻上的电压降。

解：（1）电路中的电流　$I = \dfrac{E}{R+r} = \dfrac{3}{9.5+0.5}A = 0.3A$

（2）电源的端电压　$U = E - Ir = (3 - 0.3 \times 0.5)V = 2.85V$

（3）负载两端的电压　$U = IR = 0.3 \times 9.5V = 2.85V$

（4）电源内阻上的电压降　$U_0 = Ir = 0.3 \times 0.5V = 0.15V$

【指点迷津】

负载两端的电压等于电源的端电压，也等于电源的电动势减去电源内部的电压降，即 $U = E - Ir$。

二、电源的外特性

一般情况下，电源的电动势 E 是不随外电路的电阻变化而改变的，但电源加在外电路两端的电压——电源的端电压 U 却不是这样的。

根据公式 $U = E - Ir$ 可知，在电源电动势 E 和内阻 r 不变的情况下，当外电路的电阻 R 增大时，电路中的电流 I 将减小，而端电压 U 将增大；当外电路的电阻 R 减小时，电路中的电流 I 将增大，而端电压 U 将减小。

电源端电压 U 随外电路上负载电阻 R 的变化规律：

$R\uparrow \rightarrow I\downarrow \rightarrow U_0 = Ir\downarrow \rightarrow U = E - Ir\uparrow$　特例：开路时（$R = \infty$），$I = 0$，$U = E$

$R\downarrow \rightarrow I\uparrow \rightarrow U_0 = Ir\uparrow \rightarrow U = E - Ir\downarrow$　特例：短路时（$R = 0$），$I = E/r$，$U = 0$

【指点迷津】

在闭合电路中，电源端电压 U 随外电阻 R 的增大而增大，减小而减小。当外电路开路时，端电压 U 等于电源电动势 E；当外电路短路时，端电压 $U = 0$，这时电路中的电流 $I = E/r$，由于 r 很小，所以短路电流 I 会很大，可能烧毁电源，甚至引起火灾，为此电路中必须有短路保护装置。

电源的端电压 U 随负载电流 I 变化的规律称为电源的外特性，由此绘制的曲线称为电源的外特性曲线，如图 3-3 所示。

从外特性曲线可以看出，当 $I = 0$（电路开路）时，电源的端电压最大，等于电源的电动势，即 $U = E$；当电路闭合时，电路中有电流 I，电源的端电压小于电动势，即 $U < E$，并随着电路中电流 I 的增大而减小。电源端电压的稳定性取决于电源内阻的大小，在相同的负载电流下，电源内阻越大，电源端电压下降得越多，外特性就越差。

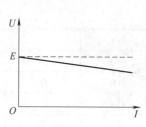

图 3-3 电源的外特性曲线

【想一想 做一做】

用万用表分别检测新、旧电池给手电筒供电时的端电压 U 与电路中的电流 I，对测量值进行比较，解释新、旧电池给手电筒供电时小灯泡亮度不一样的原因。

【例 3-2】 在图 3-4 所示的电路中，已知电源的电动势 $E = 24V$，内阻 $r_0 = 2\Omega$，负载电阻 $R = 10\Omega$。求：（1）电路中的电流；（2）电源的端电压；（3）负载电阻 R 两端的电压；（4）电源内阻 r_0 上的电压降。

解：（1）电路中的电流 $I = \dfrac{E}{R + r_0} = \dfrac{24}{10 + 2}A = 2A$

（2）电源的端电压 $U = E - Ir_0 = (24 - 2 \times 2)V = 20V$

（3）负载电阻 R 两端的电压 $U = IR = 2 \times 10V = 20V$

（4）电源内阻 r_0 上的电压降 $U_0 = Ir_0 = 2 \times 2V = 4V$

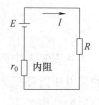

图 3-4 例 3-2 图

*三、负载获得最大功率的条件

由闭合电路欧姆定律可知，电源的电动势等于内、外电路电压降之和，即

$$E = U + U_0 = U + Ir$$

将上式两边同时乘以 I，得 $\qquad EI = UI + I^2 r$

式中 EI——电源产生的功率；

UI——电源向负载输出的功率（负载消耗的功率）；

I^2r——电源内部消耗的功率。

即电源产生的功率等于负载获得的功率与电源内部消耗的功率之和。这个关系式称为功率平衡方程式，即

$$P_E = P_R + P_r$$

在电源一定的情况下，负载电阻的大小与电源提供的功率有无关系呢？或者说什么条件下电源才能提供最大功率、负载才能获得最大功率呢？

下面我们通过一个实例进行分析，设电源电动势 $E = 5\text{V}$，内阻 $r = 2\Omega$，当外接负载电阻 R 分别为 0、1Ω、2Ω、3Ω、4Ω、5Ω 时，通过公式计算负载获得的功率见表 3-1。

表 3-1　同一电源接不同负载电阻 R 时的负载功率

E/V	5					
r/Ω	2					
R/Ω	0	1	2	3	4	5
I/A	2.5	1.67	1.25	1	0.83	0.71
U/V	0	1.67	2.5	3	3.33	3.57
P/W	0	2.79	3.13	3	2.78	2.55

根据表 3-1 中的数据，作负载功率 P 随负载电阻 R 变化的曲线，如图 3-5 所示。

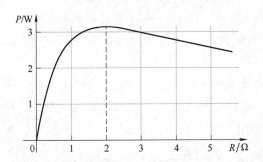

图 3-5　负载功率 P 随负载电阻 R 变化的曲线

从表 3-1 中所列的数据和图 3-5 可见，用一定的电源向负载供电，电流增大，则负载的端电压就降低。但电流增大时，负载所消耗的功率不一定增大，只有当 $R = r$ 时，负载获得的功率最大，电源输出的功率也最大。

那么，上述情况是否具有一般性呢？我们从负载功率的计算式来推导负载获得最大功率的条件：

$$P = I^2R = \left(\frac{E}{R+r}\right)^2 R = \frac{E^2 R}{(R+r)^2} = \frac{E^2 R}{R^2 + 2Rr + r^2} = \frac{E^2 R}{R^2 - 2Rr + r^2 + 4Rr} = \frac{E^2}{(R-r)^2/R + 4r}$$

对于一定的电源，E 和 r 都可以看作是恒量，那么只有当分母为最小值，即 $R = r$ 时，P 才能达到最大值。因此，当 $R = r$ 时，电源输出最大功率，负载获得最大功率。所以，$R = r$ 是电源输出最大功率和负载获得最大功率的条件。电源输出最大功率（或负载获得

最大功率）为 $P_{max} = \dfrac{E^2}{4R} = \dfrac{E^2}{4r}$。

【指点迷津】

当电源输出最大功率时，如果负载获得最大功率，这种情况称为电源与负载匹配。电源与负载匹配时，电源内阻消耗的功率等于负载消耗的功率，故此时电路的效率只有50%。

在电子技术中，有些电路主要考虑负载获得最大功率，效率高低是次要问题，因而电路总是工作在 $R = r$ 附近，这种工作状态一般称为"阻抗匹配状态"。而在电力系统中，希望尽可能减少内部损耗，提高供电效率，故要求 $R \gg r$。

【例3-3】 在图3-6所示的电路中，电源电动势 $E = 6\text{V}$，内阻 $r = 0.5\Omega$，$R_1 = 2.5\Omega$，R_2 为变阻器，要使变阻器 R_2 获得最大功率，R_2 应为多大？R_2 获得的最大功率是多少？

[分析] 可以把 R_1 视作电源内阻的一部分，这样电源内阻就是 $r + R_1$。

解：使 R_2 获得最大功率的条件是

$$R_2 = r + R_1 = (0.5 + 2.5)\Omega = 3\Omega$$

此时，R_2 获得的最大功率是 $P_{max} = \dfrac{E^2}{4R_2} = \dfrac{6^2}{4 \times 3}\text{W} = 3\text{W}$。

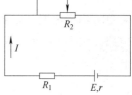

图3-6 例3-3图

学习任务二 认识电阻串联电路

情景引入

小王同学在做电路实验时，遇到了一个问题：他想让一个额定值为"3V、0.1A"的小灯泡正常工作，可实验室只有12V的直流电源。他知道如果直接将这个小灯泡接到12V的直流电源上，小灯泡两端的电压会远远超过其额定电压，使小灯泡烧毁，这可怎么办呢？你能解决这个问题吗？

一般的用电器上都标有额定电压、额定电流和额定功率等参数，用电器必须在额定电压下才能正常工作。如果用电器两端的电压超过额定电压，就会使用电器受损。因此，我们在实际使用时，如果电源电压高于用电器的额定电压，就不可以把用电器直接接到电源上。这时，我们可以给用电器串联一个阻值合适的电阻，通过电阻的分压作用，使用电器两端的电压为额定电压，从而使用电器能够正常工作。

小王同学设计了如图 3-7 所示的小灯泡工作电路，他在电路中"串接"了一个合适的分压电阻 R 后，额定电压为 3V 的小灯泡就可以接到电源电压为 12V 的直流电源上，且小灯泡正常工作。那么这个分压电阻 R 的阻值应为多少呢？

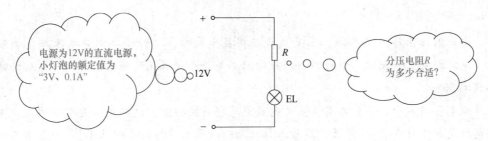

图 3-7　小灯泡实验电路

本学习任务主要学习串联电路的概念、特点和应用。

一、串联电路

电阻串联电路，顾名思义，就是将若干个电阻依次首尾顺序连接，中间没有其他分支的电路。图 3-8a 所示就是由电阻 R_1、R_2、R_3 依次连接而成的串联电路，再连接到电源 U 上。

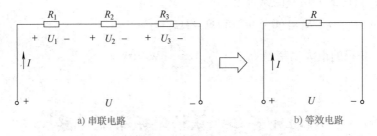

图 3-8　电阻串联电路及其等效电路

二、串联电路的特点

1. 电流特点

当电阻串联电路接通电源后，整个闭合电路中都有电流通过，由于电阻串联电路中没有分支，电荷也不可能积累在电路中任何一个地方，所以在相同的时间内，通过电路任一横截面的电荷数必然相同，即串联电路中电流处处相同。当 n 个电阻串联时，则有

$$I = I_1 = I_2 = I_3 = \cdots = I_n$$

2. 电压特点

串联电路两端的总电压等于各电阻两端的电压之和。当 n 个电阻串联时，则有

$$U = U_1 + U_2 + U_3 + \cdots + U_n$$

3. 电阻特点

串联电路的总电阻即等效电阻，等于各串联电阻之和，即

$$R = R_1 + R_2 + \cdots + R_n$$

在分析串联电路时，为了方便，常用一个电阻来表示几个串联电阻的总电阻，这个电阻称为等效电阻。图3-8b 就是图3-8a 的等效电路。

【小技巧】

电阻串联越多，总电阻就越大。当 n 个阻值相同的电阻串联时，其总电阻（等效电阻）为 $R_总 = nR$。

在工程技术中，我们可以通过串联电阻的方法来获得阻值较大的电阻。

4. 电压分配

串联电路中各电阻两端的电压与各电阻的阻值成正比，即

$$\frac{U_1}{R_1} = \frac{U_2}{R_2} = \cdots = \frac{U_n}{R_n} = I$$

【小技巧】

当只有两个电阻 R_1、R_2 串联时，可得 R_1、R_2 两端的分电压 U_1、U_2 与总电压 U 之间的关系分别为

$$U_1 = \frac{R_1}{R_1 + R_2} U, \quad U_2 = \frac{R_2}{R_1 + R_2} U$$

【想一想　做一做】

把一个 2Ω 和一个 10Ω 的电阻串联后接到一电源上，用万用表测得 2Ω 电阻两端的电压为 3V，则 10Ω 电阻两端的电压为多少？如果把一个 1Ω 和一个 $1k\Omega$ 的电阻串联后，接到电压为 3V 的电源上，则两个电阻两端的电压分别为多少？

通过计算，你能发现一个阻值很小的电阻和一个阻值很大的电阻串联后的电压分配规律吗？

5. 功率分配

串联电路中各电阻消耗的功率与各电阻的阻值成正比，即

$$\frac{P_1}{R_1} = \frac{P_2}{R_2} = \cdots = \frac{P_n}{R_n}$$

在串联电路中，电路的总功率等于消耗在各个串联电阻上的功率之和，即

$$P = P_1 + P_2 + \cdots + P_n$$

三、串联电路的应用

电阻串联电路的应用非常广泛。在工程技术应用中，常利用几个电阻串联构成分压器，使同一电源可以供给不同的电压；可以利用串联电阻的方法来限制、调节电路中的电流，如在电子电路中的二极管限流电阻；可以利用小阻值的电阻串联来获得较大的电阻；可以利用串联电阻的方法来扩大电压表的量程等。

1. 分压器

利用电阻串联电路的分压原理可以构成分压器，如图 3-9 所示。

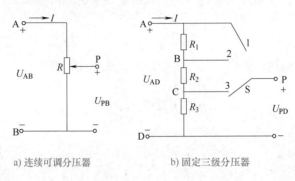

a) 连续可调分压器　　　　b) 固定三级分压器

图 3-9　分压器

图 3-9a 为连续可调分压器，若 P 点将 R 分为 R_1、R_2（上为 R_1，下为 R_2）两部分，则 $U_{PB} = IR_2$，根据欧姆定律，$I = \dfrac{U_{AB}}{R_1 + R_2}$，$U_{PB} = \dfrac{U_{AB}}{R_1 + R_2}R_2 = \dfrac{R_2}{R}U_{AB}$。由于触点 P 可在 R 上移动，所以 U_{PB} 可在 $0 \sim U_{AB}$ 之间连续可调。

图 3-9b 为固定三级分压器。电路中电流 $I = \dfrac{U_{AD}}{R_1 + R_2 + R_3}$，若开关 S 接在 1 处，则 $U_{PD} = U_{AD}$；若开关 S 接在 2 处，由分压公式 $U_{PD} = \dfrac{R_2 + R_3}{R_1 + R_2 + R_3}U_{AD}$；若开关 S 接在 3 处，则 $U_{PD} = \dfrac{R_3}{R_1 + R_2 + R_3}U_{AD}$。开关 S 接在不同位置时，得到三个不同数值的输出电压。

2. 电压表扩大量程

电压表的表头是灵敏电流计，它由永久磁铁和可转动的线圈组成。当灵敏电流计的线圈通电后，线圈在磁场力的作用下带动指针偏转，指针的偏转角度与通过线圈的电流成正比。

线圈的电阻就是灵敏电流计的内阻，用 R_g 表示，一般为几百到几千欧。线圈中能通过的最大电流称为灵敏电流计的满偏电流，用 I_g 表示，满偏电流一般为几十微安到几毫安。由欧姆定律可知，灵敏电流计满偏时，其两端的电压为 $U_g = R_g I_g$，这个电压比较小，如何将灵敏电流计改装成可以检测较大电压的电压表呢？

利用电阻串联电路的特点，我们可以给灵敏电流计串联一个电阻 R，分担一部分电压，这样就可以检测较大的电压，这个电阻 R 称为分压电阻。图 3-10 所示为灵敏电流计改装成电压表的原理图。

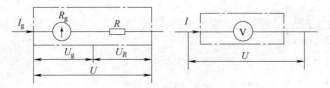

图 3-10 灵敏电流计改装成电压表原理图

由串联电路的特点得

$$\frac{U_g}{R_g} = \frac{U}{R + R_g}, \quad 即 R = \left(\frac{U}{U_g} - 1\right)R_g$$

电压扩大量程的倍数为

$$n = \frac{U}{U_g}$$

则需要与灵敏电流串联的电阻 R 为

$$R = (n - 1)R_g$$

【想一想 做一做】

改装后电压表的内阻为 $R_V = R + R_g$，且电压表量程越大，电压表内阻越大。2 改装后的电压表读数是测量电路的电压，表头的实际电压为 R_g 分得的电压。

【例 3-4】 如图 3-11 所示，表头内阻 $R_g = 1\mathrm{k\Omega}$，满偏电流 $I_g = 200\mathrm{\mu A}$，若要改装成量程为 6V 的电压表，应串联多大的电阻？

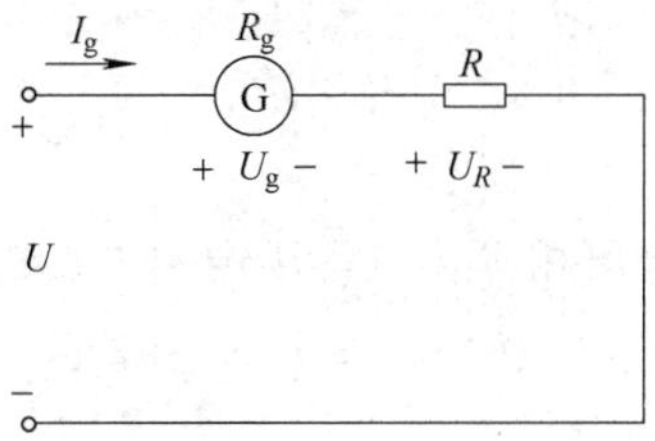

图 3-11 例 3-4 图

解：表头的满偏电压 $U_g = R_g I_g = 1 \times 10^3 \times 200 \times 10^{-6}\mathrm{V} = 0.2\mathrm{V}$

串联电阻分担的电压 $U_R = U - U_g = (6 - 0.2)\mathrm{V} = 5.8\mathrm{V}$

串联电阻阻值

$$R = \frac{U_R}{I_R} = \frac{U_R}{I_g} = \frac{5.8}{200 \times 10^{-16}}\Omega = 29 \times 10^3\Omega = 29\mathrm{k\Omega}$$

学习任务三　认识电阻并联电路

情景引入

我们在检修电子设备时，常常遇到这样的情况：需要一只 5Ω 的电阻，但手头只有 10Ω、20Ω 等阻值较大的电阻。这时该怎么办呢？

其实，我们只需要把两只 10Ω 的电阻或 4 只 20Ω 的电阻并联，就可以得到 5Ω 的电阻。

本学习任务学习电阻并联电路的概念、特点和应用。

一、并联电路

将若干个电阻的一端共同连接在电路的一点上，另一端共同连接在电路的另一点上，这种连接方式的电路称为并联电路，如图 3-12a 所示，图 3-12b 为其等效电路。

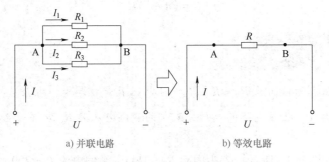

a) 并联电路　　　　　　　　　　b) 等效电路

图 3-12　电阻并联电路及其等效电路

二、并联电路的特点

1. 电压特点

并联电路中各电阻两端的电压相等，且等于电路两端的总电压，即

$$U = U_1 = U_2 = U_3 = \cdots = U_n$$

2. 电流特点

并联电路的总电流等于通过各电阻的分电流之和，即

$$I = I_1 + I_2 + I_3 + \cdots + I_n$$

3. 电阻特点

并联电路的等效总电阻的倒数等于各电阻的倒数之和，即

$$\frac{1}{R} = \frac{1}{R_1} + \frac{1}{R_2} + \frac{1}{R_3} + \cdots + \frac{1}{R_n}$$

💡【小技巧】

两个电阻并联时，其总电阻（等效电阻）$R = \dfrac{R_1 R_2}{R_1 + R_2}$。

电阻并联的总电阻始终小于所并联的每一个电阻。当 n 个相同阻值的电阻并联时，其总电阻 $R_{总} = \dfrac{R}{n}$。

4. 功率特点

并联电路的总功率 P 等于消耗在各并联电阻上的功率之和，即
$$P = P_1 + P_2 + \cdots + P_n$$

5. 电流分配

并联电路中通过各个电阻的电流与各个电阻的阻值成反比，即
$$U = R_1 I_1 = R_2 I_2 = R_3 I_3 = \cdots = R_n I_n$$

💡【小技巧】

当只有两个电阻 R_1、R_2 并联时，通过 R_1、R_2 的电流 I_1、I_2 与总电流 I 之间的关系分别为 $I_1 = \dfrac{R_2}{R_1 + R_2} I$，$I_2 = \dfrac{R_1}{R_1 + R_2} I$。

👤【想一想　做一做】

一个 4Ω 和一个 6Ω 的电阻并联后，两端接 12V 的直流电源，这时，6Ω 电阻两端的电压为多少？电路中的总电阻为多少？通过每个电阻的电流为多少？

6. 功率分配

并联电路中各个电阻消耗的功率与各个电阻的阻值成反比，即
$$U^2 = R_1 P_1 = R_2 P_2 = R_3 P_3 = \cdots = R_n P_n$$

三、并联电路的应用

电阻并联电路的应用非常广泛。在工程技术中，常利用并联电阻的分流作用来扩大电流表的量程；实际上，额定电压相同的用电器（如各种电动机、照明灯具）几乎都采用并联，这样既可以保证用电器在额定电压下正常工作，又能在断开或闭合某个用电器开关时不影响其他用电器的正常工作；利用大阻值的电阻并联来获得较小电阻等。

图 3-13 所示为将灵敏电流计改装成电流表的原理图。我们可以给灵敏电流计并联一个分流电阻 R，这样就扩大了灵敏电流计的量程。

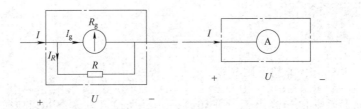

图 3-13 灵敏电流计改装成电流表原理图

由并联电路特点得

$$(I - I_g)R = I_g R_g$$

即

$$R = \frac{I_g}{I - I_g}R_g = \frac{1}{\dfrac{I}{I_g} - 1}R_g$$

灵敏电流计扩大量程的倍数为 $n = \dfrac{I}{I_g}$，则 $R = \dfrac{1}{n-1}R_g$。

【指点迷津】

改装后电流表的内阻 $R_A = \dfrac{R_g R}{R + R_g} = \dfrac{1}{n-1}R_g$，且电流表量程越大，电流表内阻越小。改装后的电流表读数是测量电路的电流，而不是通过表头的电流。

【例 3-5】 如图 3-14 所示，表头内阻 $R_g = 1\text{k}\Omega$，满偏电流 $I_g = 200\mu\text{A}$，若要改装成量程为 1A 的电流表，应并联多大的电阻？

解：表头的满偏电压 $U_g = R_g I_g = 1 \times 10^3 \times 200 \times 10^{-6}\text{V} = 0.2\text{V}$

并联电阻分担的电流 $I_R = I - I_g = (1 - 200 \times 10^{-6})\text{A} = 0.9998\text{A}$

并联电阻阻值 $R = \dfrac{U_R}{I_R} = \dfrac{0.2}{0.9998}\Omega \approx 0.2\Omega$

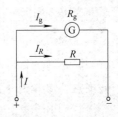

图 3-14 例 3-5 图

学习任务四 认识电阻混联电路

情景引入

通过前面的学习，我们知道通过电阻串联的方法可以获得电阻值较大的电阻，通过电阻并联的方法可以获得电阻值较小的电阻。那么，如果既有电阻串联又有电阻并联，所获得的电阻阻值又会如何呢？

本学习任务主要学习电阻混联电路的概念、一般分析方法和等效电阻的求法。

一、电阻混联电路

在实际工作和生活中，单纯的串联或并联电路是很少见的，而最为常见的是混联电路。既有电阻串联又有电阻并联的电路称为电阻混联电路，如图 3-15 所示。

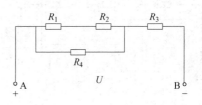

图 3-15　电阻混联电路

在图 3-15 中，4 个电阻的连接关系是：电阻 R_1、R_2 串联后与电阻 R_4 并联，再与电阻 R_3 串联。

二、电阻混联电路等效电阻的求法

解电阻混联电路的关键是将不规范的串联、并联电路加以规范（使所画电路的串联、并联关系更加清晰），按电阻串联、并联关系，逐一将电路化简。常用的分析方法为等电位分析法，其步骤为：

（1）确定等电位点，用相应的符号标出　导线的电阻和理想电流表的电阻可以忽略不计，可以认为导线和电流表连接的两点是等电位点，用相应的符号标出等电位点。

（2）画出串联、并联关系清晰的等效电路图　先由等电位点确定电阻的连接关系，再画出等效电路图。根据支路多少，由简至繁，从电路的一端画到另一端。

（3）求解等效电阻　根据电阻串联、并联的特点求出等效电阻。

【例 3-6】　图 3-16a 所示为电阻混联电路，已知 $R_1 = R_4 = 4\Omega$，$R_2 = R_3 = 1\Omega$，$R_5 = 4\Omega$，求等效电阻 R。

解：（1）R_1 与 R_4 为并联，其等效电阻 $R' = \dfrac{R_1 R_4}{R_1 + R_4}$，则 $R' = 2\Omega$；R_2 与 R_3 为串联，其等效电阻 $R'' = R_2 + R_3$，则 $R'' = (1 + 1)\Omega = 2\Omega$。

（2）R' 与 R'' 为串联，其等效电阻为 $R''' = R' + R'' = (2 + 2)\Omega = 4\Omega$。

（3）R_5 与 R''' 为并联，则总的等效电阻为 $R = \dfrac{R''' R_5}{R''' + R_5}$，计算可得 $R = 2\Omega$。

三、混联电路的一般分析方法

对于复杂的混联电路，其分析方法如下：

（1）求混联电路的等效电阻　先计算各串联电阻和并联电阻的等效电阻，再计算电路的总电阻。

（2）求混联电路的总电流　由电路总的等效电阻和电路的端电压计算电路的总电流。

（3）求各部分的电压、电流和功率　根据欧姆定律、电阻的串联、并联特点和功率的计算公式分别求出电路各部分的电压、电流和功率。

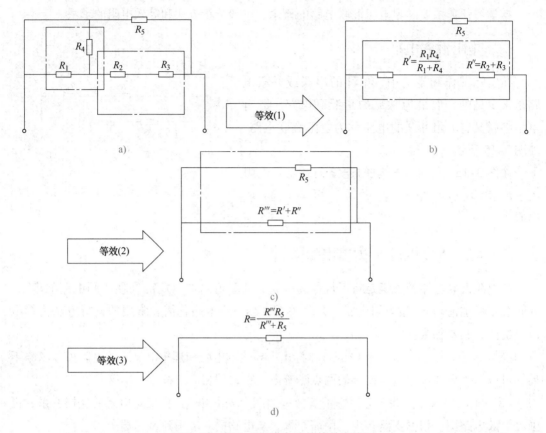

图 3-16 例 3-6 混联电路的等效变换图

【例 3-7】 如图 3-17 所示，电源电压为 400V，输电线上的等效电阻 $R_1 = R_2 = 10\Omega$，外电路的负载 $R_3 = R_4 = 760\Omega$。求：（1）电路的等效电阻；（2）电路的总电流；（3）负载两端的电压；（4）负载 R_3 消耗的功率。

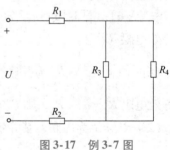

图 3-17 例 3-7 图

解：（1）电路的等效电阻

$$R = R_1 + \frac{R_3 R_4}{R_3 + R_4} + R_2 = (10 + 380 + 10)\Omega = 400\Omega$$

（2）电路的总电流

$$I = \frac{U}{R} = \frac{400}{400}\text{A} = 1\text{A}$$

（3）负载两端的电压

$$U_{34} = U - I(R_1 + R_2) = [400 - 1 \times (10 + 10)]\text{V} = 380\text{V}$$

（4）负载 R_3 消耗的功率

$$P_3 = \frac{U_{34}^2}{R_3} = \frac{380^2}{760}\text{W} = 190\text{W}$$

知识拓展

电池的连接

电池是日常生产、生活中广泛应用的一种直流电源。单个电池提供的电压是一定的，最大允许电流也是一定的。在实际应用中，常需要较高电压和较大电流的电池，这就需要将电池按一定的规律连接起来，组成电池组，以便提高供电电压或增大供电电流。电池组一般由相同的电池连接而成。例如，额定电压为48V的电动自行车电池就是由4个完全相同的12V蓄电池串联而成，如图3-18所示。

图3-18　电动自行车蓄电池组

一、电池的串联

将多个电池的正极负极依次相连，就构成了串联电池组，如图3-19所示。若有 n 个相同的电池，电动势为 E，内阻为 r，则串联后电池组的电动势 $E_串 = nE$，内阻为 nr。当负载电阻为 R 时，串联电池组输出的总电流为

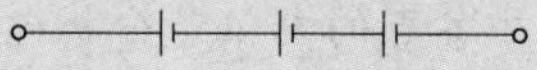

图3-19　串联电池组

$$I = \frac{E_串}{R + r_串} = \frac{nE}{R + nr}$$

因为串联电池组的电动势高于单个电池的电动势 E，所以当用电器的额定电压高于电池的电动势 E 时，就可用串联电池组供电。应当指出的是，用电器的额定电流必须小于电池允许通过的最大电流，并且电池的极性不能接反。

二、电池的并联

将多个电池的正极接在一起作为电池组的正极，负极接在一起作为电池组的负极，这样连接而成的电池组称为并联电池组，如图3-20所示。若有 n 个相同的电池，电动势为 E，内阻为 r，则并联后的电动势 $E_并 = E$，内阻 $r_并 = \dfrac{r}{n}$，并联电池组对负载 R 输出的总电流为

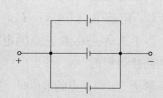

图3-20　并联电池组

$$I = \frac{E_并}{R + r_并} = \frac{E}{R + \dfrac{r}{n}}$$

并联电池组的额定电流为各电池的额定电流之和，电池组可提供较大的电流。当用电器的额定电流大于单个电池的额定电流时，则可用并联电池组供电。应当指出的是，单个电池的电动势应满足用电器额定电压的要求。

三、电池的混联

当用电器的额定电压高于单个电池的电动势，额定电流大于单个电池的额定电流

时，可采用混联电池组供电。先将多个电池串联起来满足用电器对额定电压的要求，再将多个这样的串联电池组并联起来，满足用电器对额定电流的要求，如图3-21所示。

图3-21　混联电池组

*学习任务五　计算电路中各点的电位

情景引入

电路中的每一点均有一定的电位，电位的变化反映电路工作状态的变化，检测电路中各点的电位是分析电路与维修电器设备的重要手段。要确定电路中某点电位，必须先确定零电位点（参考点），电路中任一点与零电位点之间的电压就是该点的电位。

下面通过对例题的分析、归纳，总结出电路中各点电位的计算方法和步骤。

【例3-8】　在图3-22所示电路中，$V_D = 0$，电路中 E_1、E_2、R_1、R_2、R_3 及 I_1、I_2 和 I_3 均为已知量，试求 A、B、C 三点的电位。

解：解法一：

由于 $V_D = 0$，$U_{AD} = E_1$，$U_{AD} = V_A - V_D$。所以

A 点电位 $V_A = U_{AD} = E_1$

B 点电位 $V_B = U_{BD} = R_3 I_3$

C 点电位 $V_C = U_{CD} = -E_2$

以上求 A、B、C 三点的电位是分别通过三条最简单的路径得到的。

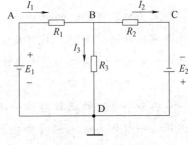

图3-22　例3-8图

解法二：求某点的电位时，路径的选择可以是随意的。下面以求 B 点电位为例进行分析。

当沿路径 BAD 时，$V_B = U_{BA} + U_{AD} = -R_1 I_1 + E_1$

当沿路径 BCD 时，$V_B = U_{BC} + U_{CD} = R_2 I_2 - E_2$

注意：两个路径虽然表达式不同，但其结果是相同的。

【小技巧】

电路中各点电位的计算方法和步骤：

1）确定电路中的零电位点即参考点。通常规定大地电位为零。一般选择机壳或许多元件汇集的公共点为参考点。

2）根据图 3-22，当计算电路中 A 点的电位时，即计算 A 点与参考点 D 之间的电压 U_{AD}，在 A 点和 D 点之间选择一条元件最少的路径，A 点电位即为此路径上全部电压之和。

3）列出选定路径上全部电压代数和的公式，确定该点电位。

【指点迷津】

应当特别注意的是，当选定的电压参考方向与电阻中的电流方向一致时，电阻上的电压为正，反之为负，如图 3-23a 所示；当选定的电压参考方向是从电源正极到负极，电源电压取正值，反之取负值，如图 3-23b 所示。

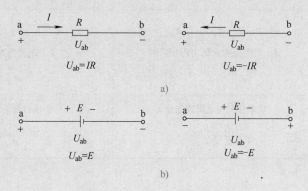

图 3-23　电压正负号的确定

【项目总结】

一、闭合电路欧姆定律

（1）闭合电路欧姆定律　闭合电路中的电流 I 与电源的电动势 E 成正比，与电路的总电阻成反比，这就是闭合电路的欧姆定律，即 $I = \dfrac{E}{r + R}$。

外电路结构发生变化时，R 随之发生变化，与之相应的电路中的电流、电压分配关系以及功率的消耗等都要发生变化。

（2）电源的外特性　在闭合电路中，电源的端电压随负载电流变化的规律，$U = E - Ir$，称为电源的外特性。电源的端电压 U 会随着外电路上负载 R 的变化而变化。

二、负载获得最大功率的条件

负载电阻等于电源内阻时，负载能够获得最大功率，即 $R = r$ 时，有

$$P_{max} = \frac{E^2}{4r}$$

三、电阻串联、并联电路

电阻串联、并联电路的特点见表3-2。

表 3-2　电阻串联、并联电路的特点

比较项目	串　联	并　联
电流	$I = I_1 = I_2 = I_3 = \cdots = I_n$	$I = I_1 + I_2 + I_3 + \cdots + I_n$ 两个电阻并联时的分流公式为 $I_1 = \dfrac{R_2}{R_1 + R_2} I, \quad I_2 = \dfrac{R_1}{R_1 + R_2} I$
电压	$U = U_1 + U_2 + U_3 + \cdots + U_n$ 两个电阻串联时的分压公式为 $U_1 = \dfrac{R_1}{R_1 + R_2} U, \quad U_2 = \dfrac{R_2}{R_1 + R_2} U$	$U = U_1 = U_2 = U_3 = \cdots = U_n$
电阻	$R = R_1 + R_2 + \cdots + R_n$ 当 n 个阻值为 R 的电阻串联时 $R_{总} = nR$	$\dfrac{1}{R} = \dfrac{1}{R_1} + \dfrac{1}{R_2} + \dfrac{1}{R_3} + \cdots + \dfrac{1}{R_n}$ 当 n 个阻值为 R 的电阻并联时 $R_{总} = \dfrac{R}{n}$
电功率	功率分配与电阻成正比 $\dfrac{P_1}{P_2} = \dfrac{R_1}{R_2}$	功率分配与电阻成反比 $\dfrac{P_1}{P_2} = \dfrac{R_2}{R_1}$

四、混联电路

混联电路的求解需要将串联、并联关系复杂的电路通过一步一步地等效变换，按电阻串联、并联关系，逐一将电路化简。

五、电路中各点电位的计算

电路中某点的电位，就是该点与零电位之间的电压。计算某点的电位，可以从这点出发通过一定的路径绕到零电位点，该点的电位即等于此路径上全部电压降的代数和。

【思考与实践】

1. 发生闪电时，强大的电流在天空中产生耀眼的闪光，但它只存在极短的时间，而手电筒中的电池却可以让小灯泡持续发光，这是什么原因呢？

2. 你知道电流、端电压、电动势三个物理量的方向有哪些联系吗？

3. 如果家中配电箱内的熔断器熔丝熔断后，所有用电器都断电无法工作，想一想熔断器是以什么方式接入电路的。

4. 如果家中的用电器其中一个损坏了，其他用电器不会因此断电并停止工作，想一想这些用电器是如何连接的。

5. 在家庭电路中，一般情况下，开关和灯泡采取哪种接法？而插座和电灯采用哪种接法？

6. 新旧蓄电池为什么不能混搭使用？

大国名匠

崔广游：首钢电工维修的高才生

崔广游，中共党员，大专学历，首钢集团矿业公司维修电工，高级技师，曾获"北京市工人高级技术能手""北京市工人高级操作技术能手""北京市工业高级技术能手""北京市劳动技术能手""北京市青年岗位能手"等称号。

他在工作中始终坚持学习，从电工基础知识学起，参加了首钢职工大学"机电设备运行与维修"大专班并修完教学规定的全部课程，通过培训先后取得"中级维修电工职业资格证书"和"中级音响调音员职业资格证书"。

他在工作中善于钻研，能够用新知识及时发现和解决问题，主持和参与了首钢矿业公司俱乐部灯具改造、首钢矿业公司工人俱乐部供电系统扩容改造等工程。

几年来，崔广游参与并处理了各种电气故障 1000 多项，及时准确处理疑难故障 60 多项，在首届和第二届"振兴杯"全国青年职业技能大赛中分别取得第七名和第六名的好成绩。

项目四　认识与分析复杂直流电路

项目目标

1. 掌握节点、支路、回路和网孔的概念。
2. 掌握基尔霍夫定律，会用基尔霍夫定律求解复杂直流电路。
*3. 知道电压源、电流源的概念，了解电压源与电流源等效变换方法。
4. 掌握叠加定理，熟悉其在复杂电路分析中的应用。
*5. 知道戴维南定理及其在工程技术中的应用。

项目导入

　　在前面项目的学习中，我们对简单直流电路进行了分析，熟悉了简单直流电路的特点和分析方法，并了解了其在生产生活中的应用。本项目主要学习分析复杂直流电路的基本定律和定理，掌握运用基本定律和定理求解复杂电路的方法。

　　本项目主要有认识与运用基尔霍夫定律，认识与分析两种电源模型，认识与运用叠加定理，认识与运用戴维南定理四个学习任务。

项目实施

学习任务一　认识与运用基尔霍夫定律

情景引入

　　图 4-1a 是一个电阻混联电路，在电路中，电阻 R_2 与 R_3 并联后与电阻 R_1 串联，对于这样的电路，我们可以通过电阻串联、并联特性和欧姆定律对其进行求解；图 4-1b 是一个由两个蓄电池（电动势分别为 E_1、E_2，内阻分别为 R_1、R_2）并联后给直流电动

机（负载电阻为 R_3）供电的电路，对于这样的电路，你还能通过电阻串联、并联特性及欧姆定律对该电路进行求解吗？

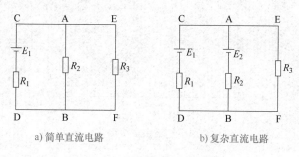

a) 简单直流电路　　　　　　b) 复杂直流电路

图 4-1　简单直流电路与复杂直流电路

图 4-1a 所示的电路能用电阻的串联、并联分析方法并对其进行简化，使之成为一个单回路电路，这样的电路称为简单直流电路。求解简单直流电路可运用电阻串联、并联特性及欧姆定律。在图 4-1b 所示的电路中，电阻 R_1、R_2、R_3 之间既不是串联，也不是并联关系，不能用电阻的串联、并联分析方法对其进行简化，这样的电路称为复杂直流电路。求解复杂直流电路除了运用欧姆定律外，还需要学习新的方法，如基尔霍夫定律、戴维南定理等。

本学习任务在了解复杂直流电路中支路、节点、回路和网孔等基本概念的基础上，学习基尔霍夫电流定律和电压定律，并能运用基尔霍夫定律分析和计算复杂直流电路。

一、支路、节点和回路

1. 支路

由一个或几个元件首尾相接构成的无分支电路称为支路。在同一支路中，流过各元件的电流处处相等。图 4-1b 中有三条支路，由 R_1、E_1 构成一条支路，R_2、E_2 构成一条支路，而 R_3 是另一条支路。

2. 节点

节点是三条或三条以上支路的交汇点。图 4-1b 中有 A、B 两个节点。

3. 回路

电路中任何一个闭合路径称为回路。图 4-1b 中有三个回路，回路 AEFB、回路 CABD 和回路 CEFD。

4. 网孔

内部不包含支路的回路称为网孔。图 4-1b 中有两个网孔，网孔 AEFB 和网孔 CABD。

【想一想　做一做】

在图 4-2 所示的电路中，你能分析出有几个节点、几条支路、几个回路和几个网孔吗？

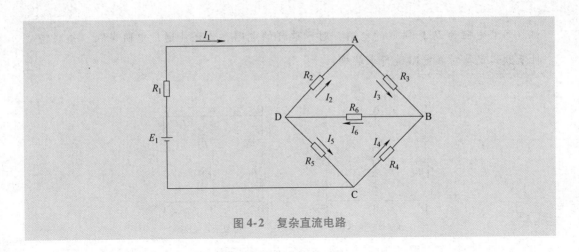

图 4-2　复杂直流电路

二、基尔霍夫电流定律

基尔霍夫
电流定律

基尔霍夫电流定律又称为基尔霍夫第一定律、节点电流定律，它研究的对象是节点，研究的问题是通过节点的各支路电流之间的关系。

1. 基尔霍夫电流定律

基尔霍夫电流定律（简称 KCL），它是用来确定连接在电路中同一节点上各条支路电流间关系的。根据电流的连续性原理，电路中任一点（包括节点在内）的电流均不能堆积。因此，在任一瞬间，流入某一节点的电流之和等于流出该节点的电流之和，即

$$\sum I_{入} = \sum I_{出}$$

式中　$\sum I_{入}$——流入节点的电流之和，单位是 A（安 [培]）；

$\sum I_{出}$——流出节点的电流之和，单位是 A（安 [培]）。

在图 4-3 所示电路中，有 5 条支路交会于节点 A，流入节点 A 的电流为 I_1、I_3，流出节点 A 的电流为 I_2、I_4、I_5。因此，对于节点 A，可列节点电流方程为

$$I_1 + I_3 = I_2 + I_4 + I_5$$

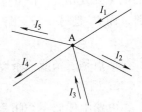

图 4-3　电路中的节点 A

通常规定流入节点的电流为正值，流出节点的电流为负值，因此，基尔霍夫电流定律的内容也可以表述为：在任一时刻，通过电路中任一节点的电流代数和恒等于零，即

$$\sum I = 0$$

则对于图 4-3 所示电路中的节点 A，节点电流方程也可以写成

$$I_1 + (-I_2) + I_3 + (-I_4) + (-I_5) = 0$$

2. 基尔霍夫电流定律的推广

基尔霍夫电流定律不仅适用于节点，也可推广应用于任一假想的封闭面 S，S 称为广义节点，如图 4-4 所示。通过广义节点的各支路电流代数和恒等于零。在图 4-4 所示电路中，假定一个封闭面 S 把电阻 R_3、R_4、R_5 所构成的三角形全部包围起来成为一个广义节

点，则流入广义节点的电流应等于从广义节点流出的电流，即

$$I_1 + I_3 = I_2$$

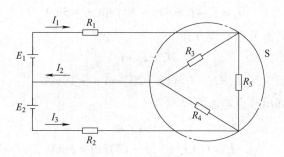

图 4-4　广义节点

【想一想　做一做】

1. 图 4-5 所示是晶体管的图形符号，它有三个电极，即集电极 c、基极 b 和发射极 e，可以把三个电极看作为一个广义节点，你能列出这个广义节点的电流方程吗？

2. 在图 4-6 所示电路中，你能求出通过 2Ω 电阻的电流 I 吗？

结论：基尔霍夫电流定律说明了电流在电路中任一处都是连续的，电流只能在闭合电路中流动，当一个电路与另一个电路仅有一条支路相连时，该支路中就没有电流。

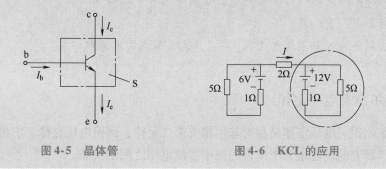

图 4-5　晶体管　　　　　　　　　图 4-6　KCL 的应用

【例 4-1】　在图 4-7 所示电路中，已知 $I_1 = 20\text{mA}$，$I_3 = 15\text{mA}$，$I_5 = 8\text{mA}$，求其余各支路电流。

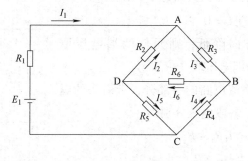

图 4-7　例 4-1 图

解：对于节点 A，可列出节点电流方程

$$I_1 + I_2 = I_3$$

则
$$I_2 = I_3 - I_1 = (15 - 20)\text{mA} = -5\text{mA}$$

对于节点 C，可列出节点电流方程

$$I_5 = I_1 + I_4$$

则
$$I_4 = I_5 - I_1 = (8 - 20)\text{mA} = -12\text{mA}$$

对于节点 B，可列出节点电流方程

$$I_3 + I_4 = I_6$$

则
$$I_6 = I_3 + I_4 = (15 - 12)\text{mA} = 3\text{mA}$$

【指点迷津】

需要注意的是，只能对流过同一节点（广义节点）的各支路电流列节点电流方程。列节点电流方程时，首先应假定未知电流的参考方向，如果计算结果为正值，说明该支路电流实际方向与参考方向相同；如果计算结果为负值，说明该支路电流实际方向与参考方向相反。

基尔霍夫电流定律有两种表示形式。

第一种形式：$\sum I_入 = \sum I_出$

$\sum I_入$ 表示流入节点的电流之和；$\sum I_出$ 表示流出节点的电流之和。

第二种形式：$\sum I = 0$

符号法则是流入节点的电流取"＋"，流出节点的电流取"－"。

三、基尔霍夫电压定律

基尔霍夫电压定律又称为基尔霍夫第二定律、回路电压定律，它的研究对象是回路，研究的问题是某个闭合回路中各段电压之间的关系。

1. 基尔霍夫电压定律

基尔霍夫电压定律（简称 KVL），其内容是：对电路中任一闭合回路，沿回路绕行方向上各段电压的代数和为零，即

$$\sum U = 0$$

基尔霍夫
电压定律

规定电位沿绕行方向降低，则元件两端电压取"＋"号；否则，元件两端电压取"－"号。

图 4-8 所示为复杂直流电路的一部分，带箭头的虚线表示回路的绕行方向，各段电压分别为

$$U_{AB} = I_1 R_1 - E_1$$

$$U_{BC} = -I_2 R_2$$

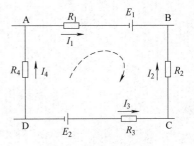

图 4-8　复杂直流电路的一部分

$$U_{CD} = -I_3R_3 + E_2$$
$$U_{DA} = I_4R_4$$

根据基尔霍夫电压定律，可得

$$U_{AB} + U_{BC} + U_{CD} + U_{DA} = 0$$

即

$$I_1R_1 - E_1 - I_2R_2 - I_3R_3 + E_2 + I_4R_4 = 0$$

整理后得

$$I_1R_1 - I_2R_2 - I_3R_3 + I_4R_4 = E_1 - E_2$$

因此，基尔霍夫电压定律也可以表述为：对电路中任一闭合回路，各电阻上电压降的代数和等于各电源电动势的代数和，即

$$\sum IR = \sum E$$

【指点迷津】

在运用基尔霍夫电压定律列方程时，电压和电动势都是指代数和，因此必须注意其正、负号。

在运用公式 $\sum IR = \sum E$ 列方程时，其步骤如下：

1）假设各支路电流的参考方向和回路的绕行方向。

2）将回路中各电阻上的电压写在等式左边，若通过电阻的电流方向与回路的绕行方向一致，则该电阻上的电压取正，反之取负。

3）将回路中全部电动势 E 写在等式右边，若电动势的方向（由电源负极指向电源正极）与回路的绕行方向一致，则该电动势取正，反之取负。

在运用公式 $\sum U = 0$ 列方程时，各电阻上的电压和各电源的电动势均写在等式左边，要把电动势看作电压来处理，因此，有关电动势的正负号的规定恰好相反，即当电动势的方向与回路的绕行方向相反时，该电动势取正，反之取负。

【例4-2】　图4-9所示为复杂直流电路中的一部分，已知 $E_1 = 12V$，$E_2 = 6V$，$R_1 = 2\Omega$，$R_2 = 5\Omega$，$R_3 = 3\Omega$，$I_1 = 2A$，$I_3 = 1A$，求 R_2 支路电流 I_2。

解：假设回路的绕行方向如图4-9所示，由基尔霍夫电压定律可得

$$I_3R_3 - I_2R_2 + I_1R_1 = E_1 - E_2$$

整理后可得

$$
\begin{aligned}
I_2 &= \frac{I_3R_3 + I_1R_1 + E_2 - E_1}{R_2} \\
&= \frac{1 \times 3 + 2 \times 2 + 6 - 12}{5} A \\
&= 0.2A
\end{aligned}
$$

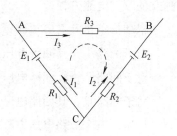

图4-9　例4-2图

2. 基尔霍夫电压定律的推广

基尔霍夫电压定律不仅适用于闭合回路，也可推广应用于不闭合的假想回路，现以图 4-10 所示电路加以说明。

图中 A、B 之间无支路直接相连，但可设想有一条支路连接，构成假想回路 ABCDA，其中，A、B 两点之间的电压可用 U_{AB} 表示，则根据 $\sum U = 0$，列出回路电压方程为

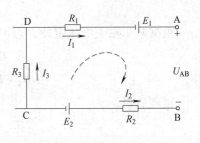

图 4-10　假想回路

$$U_{AB} - I_2R_2 + E_2 + I_3R_3 + I_1R_1 - E_1 = 0$$

【想一想　做一做】

图 4-10 所示的假想回路中，若选定的回路绕行方向为逆时针方向，则列出的回路电压方程又会如何？你能得出什么结论？

四、基尔霍夫定律的应用

对于复杂直流电路，如果知道了各支路的电流，就可以求出各支路的电压、电功率，从而掌握电路的工作状态。以支路电流为未知量，应用基尔霍夫定律列出节点电流方程和回路电压方程，组成方程组解出各支路电流的方法称为支路电流法，它是应用基尔霍夫定律解题的基本方法。

对于图 4-11 所示的两个网孔的复杂直流电路，因为其有三条支路、两个节点、两个网孔，可以根据基尔霍夫定律列出三个独立的方程。

根据基尔霍夫电流定律可列出节点电流方程。

对节点 A，电流方程为 $I_1 + I_2 = I_3$。

对节点 B，电流方程为 $I_3 = I_1 + I_2$。

可见，两个节点电流方程中只有一个独立方程。对于有 n 个节点的复杂直流，只能列出 $(n-1)$ 个独立的节点电流方程。

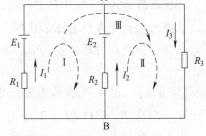

图 4-11　两个网孔的复杂直流电路

根据基尔霍夫电压定律可列出回路电压方程。

对于回路 I，其回路电压方程为 $I_1R_1 - E_1 + E_2 - I_2R_2 = 0$。

对于回路 II，其回路电压方程为 $I_2R_2 - E_2 + I_3R_3 = 0$。

对于回路 III，其回路电压方程为 $I_1R_1 - E_1 + I_3R_3 = 0$。

可见，三个回路电压方程只有两个是独立方程。回路的独立电压方程数就等于网孔数。为保证回路电压方程的独立性，一般选择网孔来列方程。

则该复杂直流电路所列的三个独立方程为

$$I_1 + I_2 = I_3$$

$$I_1R_1 - E_1 + E_2 - I_2R_2 = 0$$
$$I_2R_2 - E_2 + I_3R_3 = 0$$

【指点迷津】

若复杂直流电路有 m 条支路，n 个节点，则可以列出 $(n-1)$ 个独立的节点电流方程和 $m-(n-1)$ 个独立的回路电压方程，而独立方程的总数为 m 个。

【例 4-3】 在图 4-12 所示的电路中，已知 $E_1 = 18V$，$E_2 = 28V$，$R_1 = 1\Omega$，$R_2 = 2\Omega$，$R_3 = 10\Omega$，求各支路电流。

[分析] 这个复杂直流电路有三条支路，要求各支路的电流，需要列出三个独立方程，其中一个是独立的节点电流方程，根据网孔数还可列出两个独立的回路电压方程。

解：设各支路的电流方向和回路的绕行方向如图 4-12 所示，由基尔霍夫定律可列出节点电流方程和回路电压方程

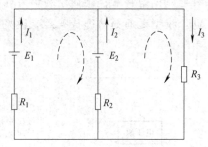

图 4-12 例 4-3 图

$$I_1 + I_2 = I_3$$
$$I_1R_1 - E_1 + E_2 - I_2R_2 = 0$$
$$I_2R_2 - E_2 + I_3R_3 = 0$$

代入已知数可得

$$I_1 + I_2 = I_3$$
$$I_1 - 18 + 28 - 2I_2 = 0$$
$$2I_2 - 28 + 10I_3 = 0$$

解得

$$I_1 = -2A \qquad I_2 = 4A \qquad I_3 = 2A$$

I_2 和 I_3 为正值，说明电流的实际方向与假设方向相同；I_1 为负值，说明电流的实际方向与假设方向相反。

【指点迷津】

用支路电流法求解复杂直流电路的步骤如下：
1）假设各支路电流的参考方向和回路的绕行方向。
2）用基尔霍夫电流定律列出独立节点电流方程。
3）用基尔霍夫电压定律列出独立回路电压方程。
4）代入已知数，解联立方程组，求出各支路电流。

*学习任务二　认识与分析两种电源模型

情景引入

在电路中，电源是向负载提供电能的装置。大多数电源是以输出电压的形式向负载供电的，如干电池、蓄电池、发电机等，如图4-13a所示；也有一些电源是以输出电流的形式向负载供电的，如稳压电源、光电池等，如图4-13b所示。这样，就有两种电源模型存在，我们分别称为电压源和电流源。这两种电源模型各有何特点，两种电源模型之间如何进行等效变换呢？

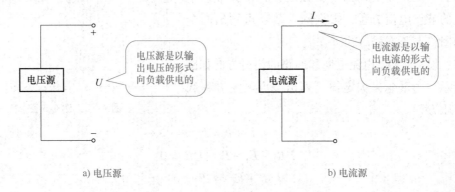

a) 电压源　　　　　　　　b) 电流源

电压源是以输出电压的形式向负载供电的

电流源是以输出电流的形式向负载供电的

图4-13　电源的两种供电方式

本学习任务主要学习电压源、电流源的概念，电压源与电流源的等效变换方法及其应用。

一、电压源

能为电路提供一定电压的电源称为电压源。实际的电压源可以用一个恒定的电动势 E 和内阻 r 串联起来的模型表示，如图4-14所示。它的输出电压（即电源的端电压）的大小为

$$U = E - Ir$$

如果输出电流 I 增大，则内阻上的电压降会增大，输出电压就会降低，实际应用中希望 U 尽可能接近 E，因此，要求电压源的内阻越小越好。

若电源的内阻 $r = 0$，输出电压 $U = E$，与输出电流 I 无关，电压源始终输出恒定的电压 E。称这样的电压源为理想电压源或恒压源，其电路模型如图4-15所示。如果电压源的内阻极小，可近似看成理想电压源，如稳压电源。实际上，理想电压源是不存在的，因为电源内部总是存在电阻。

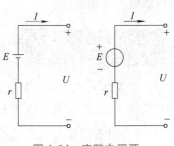

图4-14　实际电压源

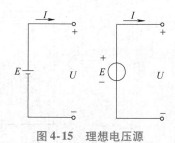

图 4-15　理想电压源

二、电流源

能为电路提供一定电流的电源称为电流源。实际的电流源可以用一个恒定的电流 I_S 和内阻 r 并联起来的模型表示，如图 4-16a 所示。它的输出电流 I 总是小于恒定电流 I_S。电流源的输出电流大小为

$$I = I_S - I_0$$

式中　I_0——通过电流源内阻的电流。

电流源的内阻 r 越大，负载变化引起的输出电流变化就越小，输出电流就越稳定。因此，要求电流源的内阻越大越好。

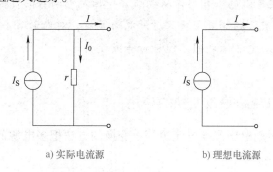

a) 实际电流源　　　　　　　　　b) 理想电流源

图 4-16　实际电流源与理想电流源

若电源的内阻 $r = \infty$，输出电流 $I = I_S$，电流源始终输出恒定的电流 I_S。称这样的电流源为理想电流源或恒流源，其电路模型如图 4-16b 所示。实际上，理想电流源是不存在的，因为电源内阻不可能无穷大。

三、电压源与电流源的等效变换

电压源是以输出电压的形式向负载供电，电流源是以输出电流的形式向负载供电。在满足一定的条件下，电压源与电流源可以等效变换。等效变换是指对外电路等效，即把它们与相同的负载连接，负载两端的电压、流过负载的电流、负载所消耗的功率都相同，如图 4-17 所示。

电压源与电流源等效变换的关系式为

$$I_S = \frac{E}{r}$$

$$E = rI_S$$

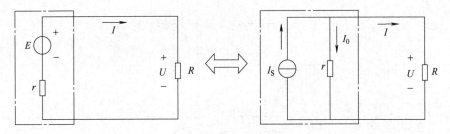

图 4-17　电压源与电流源的等效变换

【指点迷津】

1）应用式 $I_S = \dfrac{E}{r}$ 可将电压源等效变换成电流源，内阻 r 阻值不变，要注意将其改为并联；应用式 $E = rI_S$ 可将电流源等效变换成电压源，内阻 r 阻值不变，要注意将其改为串联。

2）电压源与电流源等效变换后，电流源的电流方向必须与电压源的极性保持一致，即电流源中恒定电流的方向总是从电压源中恒定电动势的负极指向正极。

3）电压源与电流源的等效变换只对外电路等效，对内电路不等效。

4）理想电压源与电流源之间不能进行等效变换。

四、电压源与电流源等效变换的应用

在实际中，通常运用电压源与电流源等效变换的方法把多电源的复杂电路等效变换成简单电路，然后再进行求解。

【例 4-4】　图 4-18a 所示电路为一个实际的电压源模型，已知 $E = 6\text{V}$，$r = 2\Omega$，试通过等效变换的方法将其转换成相应的电流源模型，并标出相应的参数 I_S 和 r。

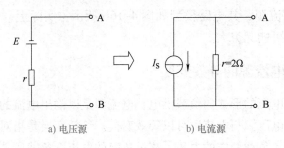

a）电压源　　　　　　　b）电流源

图 4-18　例 4-4 图

［分析］　等效变换的关键是求出电流源的参数 I_S 和 r。

解：电流源的恒定电流

$$I_S = \frac{E}{r} = \frac{6}{2}\text{A} = 3\text{A}$$

电流源的内阻 $r = 2\Omega$

恒定电流的方向为电动势的负极指向正极，即图 4-18a 中从 A 指向 B，则画出的等效电流源如图 4-18b 所示。

学习任务三　认识与运用叠加定理

情景引入

在日常生活中，有很多关于叠加的实例，我们可以用叠加的思路和方法分析一些日常现象。例如，多人同时拉小车时，可以把小车受到的拉力看作每个人拉力的叠加；多人搬运器材的总数，可以看作每个人搬动器材数量的叠加；一个教室同时点亮 n 只荧光灯，可以把教室的亮度看作每只灯点亮时亮度的叠加。在电路中，当有多个电源同时作用时，是否也可用叠加的思路和方法进行分析呢？

本学习任务首先认识叠加定理，然后运用叠加定理来分析和计算复杂直流电路。

一、叠加定理

对于由多个电源组成的线性电路，可以运用叠加定理来进行分析。图 4-19a 所示的复杂直流电路是由多个线性电阻和 E_1、E_2 两个电源组成的线性电路。我们可以运用叠加定理对其进行分析。

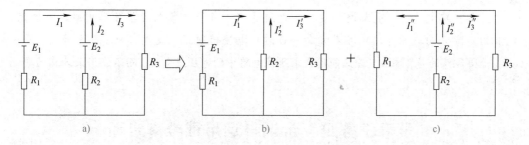

图 4-19　两个电源组成的线性电路

叠加定理是线性电路的一种重要分析方法。它的内容是：由线性电阻和多个电源组成的线性电路中，任何一个支路中的电流（或电压）等于各个电源单独作用时在此支路中所产生的电流（或电压）的代数和。

运用叠加定理求解复杂电路的总体思路：把一个复杂电路分解成几个简单电路进行求解，然后将计算结果进行叠加，从而求得原来电路中的电流（或电压）。当假设某一个电源单独作用时，要保持电路中的所有电阻（包括电源内阻）不变，其余电源不起作用，即把电压源作短路处理，电流源作开路处理。

二、叠加定理的应用

运用叠加定理解题的一般步骤如下：

1）在原电路中标出各支路电流的参考方向。

2）分别求出各电源单独作用时各支路电流的大小和实际方向。

3）对各支路电流进行叠加，求出最后结果。

【例 4-5】 在图 4-19 所示的电路中，已知 E_1、E_2 和 R_1、R_2、R_3，试用叠加定理求各支路电流。

解：（1）在图 4-19a 所示电路中，标出各支路电流 I_1、I_2、I_3 的参考方向如图中所示。

（2）画出当 E_1 单独作用时的等效电路，如图 4-19b 所示，此电路其实是一个由电阻 R_2、R_3 并联，然后再与 R_1 串联的简单电路，我们可以运用电阻的串联、并联特点及欧姆定律求出各支路电流 I_1'、I_2'、I_3' 的大小，图中所标出的方向即为其实际电流方向。

（3）画出当 E_2 单独作用时的等效电路，如图 4-19c 所示，此电路其实是一个由电阻 R_1、R_3 并联，然后再与 R_2 串联的简单电路，我们同样可以运用电路的串、并联特点及欧姆定律求出各支路电流 I_1''、I_2''、I_3'' 的大小，图中所标出的方向即为其实际电流方向。

（4）对各支路电流进行叠加（即求代数和）。

$I_1 = I_1' - I_1''$（I_1' 方向与 I_1 相同，I_1'' 方向与 I_1 相反）

$I_2 = I_2' + I_2''$（I_2'、I_2'' 方向均与 I_2 相同）

$I_3 = I_3' + I_3''$（I_3'、I_3'' 方向均与 I_3 相同）

【指点迷津】

对各支路电流进行叠加时，要注意电流的正、负号。各电源单独作用时，当支路电流的实际方向与原电路中参考方向一致时，电流值取正；反之，电流值取负。

值得注意的是，叠加定理只能用来求线性电路中的电压或电流，而不能用来计算功率。

*学习任务四 认识与运用戴维南定理

情景引入

在汽车发动机工作时，汽车中的音响设备靠发电机发出的直流电经稳压后供电；在汽车发动机不工作时，它靠汽车中的蓄电池供电。不管是用蓄电池供电还是用发电机供电，它们的效果是一样的。也就是说，对负载（音响设备）来说，从发电机发出的直流电经稳压后供电的电源，其实是一个很复杂的电路，但它可以等效成一个简单的蓄电池电源。

本学习任务主要学习如何使一个有源二端网络等效成为一个电源，即戴维南定理。

一、二端网络

电路也称为电网络或网络。任何一个具有两个引出端与外电路相连的网络，不管其内部结构如何，都可以称为二端网络。按网络内部是否含有电源，二端网络又可以分为有源二端网络和无源二端网络，如图 4-20 所示。

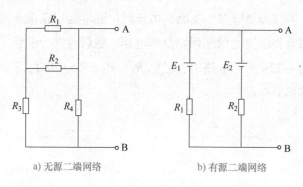

a) 无源二端网络　　　　　　b) 有源二端网络

图 4-20　二端网络

当一个网络是由若干个电阻组成的无源二端网络时，可以将它等效成一个电阻，即二端网络的等效电阻，在电子技术中通常称为输入电阻。

一个有源二端网络两端口之间开路时的电压称为该二端网络的开路电压。

二、戴维南定理

任何一个线性有源二端网络对外电路而言都可以用一个理想电压源和内电阻串联的电压源来代替。理想电压源的电动势等于有源二端网络两端点间的开路电压；内电阻等于有源二端网络中所有电源不作用、仅保留内阻时网络两端的等效电阻，如图 4-21 所示，这就是戴维南定理。

戴维南
定理

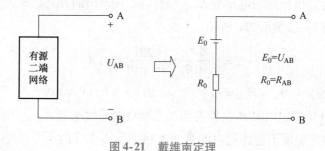

图 4-21　戴维南定理

【指点迷津】

1）戴维南定理中的"所有电源不作用"是指把所有电压源用短路线代替，所有电流源用开路代替，且均保留其内阻。

2）利用戴维南定理等效出的等效电源只对外电路等效，对内电路不等效。

3）等效电源的电动势方向与有源二端网络开路时的端电压方向一致。

三、戴维南定理的应用

在实际电路中，若仅需要求某一支路的电流时，通常运用戴维南定理，把多电源组成的复杂电路等效成包含待求支路的单回路简单电路，然后再进行求解。

【例4-6】 在图4-22a所示电路中，已知 $R_1 = R_2 = R_3 = 10\Omega$，$E_1 = E_2 = 20\text{V}$，求该有源二端网络的戴维南等效电路。

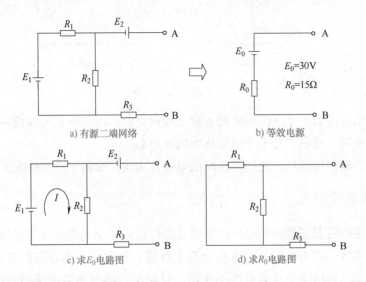

a) 有源二端网络   b) 等效电源

c) 求 E_0 电路图   d) 求 R_0 电路图

图4-22 例4-6图

解：（1）求等效电压源的电动势 E_0，即有源二端网络的开路电压 U_{AB}。

先求回路电流 I，如图4-22c所示。

$$I = \frac{E_1}{R_1 + R_2} = \frac{20}{10 + 10}\text{A} = 1\text{A}$$

则 $$E_0 = U_{AB} = E_2 + IR_2 = (20 + 1 \times 10)\text{V} = 30\text{V}$$

（2）求等效电压源的内阻 R_0，即有源二端网络的等效电阻 R_{AB}。

当二端网络中的电源不起作用时的等效电路如图4-22d所示，即把电动势 E_1、E_2 用短路线代替，则有

$$R_0 = R_{AB} = \frac{R_1 R_2}{R_1 + R_2} + R_3 = \left(\frac{10 \times 10}{10 + 10} + 10\right)\Omega = 15\Omega$$

（3）画出有源二端网络的等效电路，如图4-22b所示。

【指点迷津】

通过上例分析，可以总结出应用戴维南定理求某一支路的电流或电压的方法与步骤如下。

1）断开待求支路，将电路分为待求支路和有源二端网络两部分。

2）求出有源二端网络两端点间的开路电压 U_{AB}，即为等效电源的电动势 E_0。

3）将有源二端网络中各电源置零后，即将电动势用短路线代替，计算无源二端网络的等效电阻，即为等效电源的内阻 R_0。

4）将等效电源的 E_0、R_0 与待求支路连接，形成等效简化电路，根据已知条件求解。

【项目总结】

一、基尔霍夫定律

1. 基尔霍夫电流定律（节点电流定律）

对电路中任意一个节点，在任一时刻，流入节点的电流之和等于流出节点的电流之和，即

$$\sum I_{\text{入}} = \sum I_{\text{出}}$$

2. 基尔霍夫电压定律（回路电压定律）

对电路中的任一闭合回路，沿回路绕行方向上各段电压的代数和等于零，即

$$\sum U = 0$$

二、电源模型

实际电源有两种模型：一种是理想电压源与电阻串联组合，为电路提供一定电压的电源，称为电压源；另一种是理想电流源与电阻并联组合，为电路提供一定电流的电源，称为电流源。

实际的电压源与电流源之间可以进行等效变换，等效变换的关系式为

$$I_S = \frac{E}{r}, \quad E = rI_S$$

应用关系式 $I_S = \frac{E}{r}$ 可将电压源等效变换成电流源，内阻 r 阻值不变，要注意将其改为并联；应用关系式 $E = rI_S$ 可将电流源等效变换成电压源，内阻 r 阻值不变，要注意将其改为串联。

三、叠加定理

叠加定理是线性电路普遍适用的重要定理，它的内容是：由线性电阻和多个电源组成的线性电路中，任何一个支路中的电流（或电压）等于各个电源单独作用时在此支路中所产生的电流（或电压）的代数和。

四、戴维南定理

戴维南定理是计算复杂电路常用的一个定理，适用于求电路中某一支路的电流。它的内容是：任何一个线性有源二端网络对外电路而言都可以用一个等效电压源来代替。电压源的电动势等于网络的开路电压，电压源的内阻等于网络的输入电阻。

【思考与实践】

1. 在图 4-23 所示电路中，已知 $E_1 = 16V$，$E_2 = 12V$，$R_1 = 2\Omega$，$R_2 = 6\Omega$，$R_3 = 3\Omega$。求：

（1）各支路电流 I_1、I_2、I_3；

（2）E_1、E_2 和 R_2 的功率，并说明是吸收电能还是发出电能。

2. 在图 4-23 所示电路中，设 R_1 为电源 E_1 的内阻，R_2 为电源 E_2 的内阻，请将这两个电源等效变换成电流源，然后求出电阻 R_3 中的电流。与第 1 题中求出的电流进行比较，说明电源等效变换对外电路是否等效。

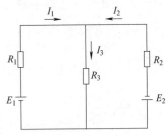

图 4-23　思考与实践图

3. 在图 4-23 所示电路中，运用叠加定理求各支路电流 I_1、I_2、I_3。

4. 在图 4-23 所示电路中，运用戴维南定理求各支路电流 I_1、I_2、I_3。

大国名匠

梁泽庆：痴迷学习成就"靠谱"首席技师

梁泽庆，就职于广州港股份有限公司黄埔分公司，获评"南粤工匠"。从一名学徒到维修工，再晋升为首席技师，他在普通的维修岗位上一干就是 41 年，被大家亲切地称为"庆师傅"。他痴迷学习并学以致用，带头完成的技术改造项目有 50 多项，为公司节约成本 500 多万元。

1979 年，庆师傅来到黄埔港码头，从一名电气维修工学徒做起。由于当时我国电气工业发展滞后，技术人员匮乏，庆师傅的师父也只是一名普通的电气工人，很多技术问题无法解决。他决定从基础理论开始自学，他找来电气专业的书籍——《电工基础》《电子电路》《电子电路基础》等。在看书的同时，庆师傅不断地观察身边的事物，只要是跟电气相关的，他都去留意、去摸索。通过多种渠道学习理论知识到了一定程度后，庆师傅愈发觉得"纸上得来终觉浅"。于是，他决定自己组装一台半导体收音机，从旧货市场搜罗旧收音机上的零部件，根据书上的指示和方法，一步一步地精心安装。庆师傅说："第一台收音机组装完毕后，无法使用，搜不到台，但第二台就成功了。"

庆师傅的学习劲头影响了许多年轻人。在每一次完成故障维修后，庆师傅都会将学到的新东西以及心得整理到笔记中。庆师傅还通过微信等社交工具与同事们分享自己的笔记。他的徒弟徐智健说："年轻人刚刚参加工作时，完成工作后总想马上打会儿游戏放松。后来看到师傅做完检修却是先忙着做好总结归纳，大家也潜移默化地受到影响，养成了整理笔记的好习惯。"

项目五 认识与应用电容器

项目目标

1. 了解电容器的种类、外形、结构与符号，理解电容的概念。
2. 熟悉常用电容器的功能和典型应用。
3. 理解电容器主要参数的含义。
4. 掌握电容器串联、并联电路的特点及其应用。
5. 理解电容器充放电的特点及其应用。

项目导入

    电阻器、电容器、电感器是组成电路的三大基本元件。电容器作为一种储能元件，具有充、放电的特点，在电路中有着非常广泛的应用。

    本项目主要有认识电容器的分类与参数，分析电容器电路，认识及分析电容器的充电与放电三个学习任务。

项目实施

学习任务一 认识电容器的分类与参数

情景引入

    走进电子市场、电子产品维修部或打开电子产品外壳，我们会发现电子产品电路板上除了有电阻器、电位器等元件外，还有很多电容器，如图5-1所示。电容器在电子技术中常用于滤波、移相、选频等；在电力系统中，电容器可用来提高电力系统的功率因数。

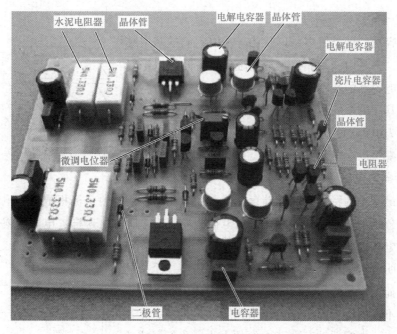

图 5-1 电子线路板

本学习任务通过电容器与电容、电容器的分类、电容器的参数和电容器的选用等内容的学习，理解电容器的基本概念、分类与参数等相关知识。

一、电容器与电容概述

1. 电容器的外形

电容器简称为电容，常见的电容器有电解电容器、瓷片电容器、涤纶电容器、可变电容器、贴片电容器、电力电容器等，它们的外形如图 5-2 所示。

常用电容器外形

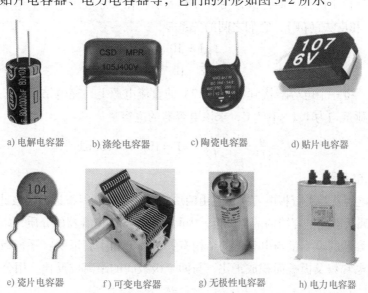

a) 电解电容器   b) 涤纶电容器   c) 陶瓷电容器   d) 贴片电容器

e) 瓷片电容器   f) 可变电容器   g) 无极性电容器   h) 电力电容器

图 5-2 常见电容器外形

2. 电容器的结构与符号

尽管电容器的种类繁多，形状各异，但它们的基本结构是一样的，都是由两片靠得很近的金属板中间隔以绝缘物质组成。电容器的基本结构与符号如图 5-3 所示。

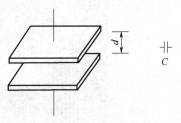

我们把其中的金属板称为电容器的两个极板，中间的绝缘物质称为电容器的介质。任何两个相互靠近又彼此绝缘的导体，都可以看成一个电容器。

图 5-3　电容器的基本结构与符号

3. 电容器与电容

电容器最基本的特性是能够储存电荷。如果在电容器的两个极板上加上电压，则在两个极板上将分别出现数量相等的正、负电荷，如图 5-4 所示。这样，电容器就储存了一定量的电荷和电场能。

实验证明，对某一个电容器而言，其中任何一个极板所储存的电荷量 q 与两个极板间的电压 U 的比值是一个常数，但对于不同的电容器，这个比值则不同。因此，常用这一比值来表示电容器储存电荷本领的大小，我们称之为电容器的电容量，简称电容，用字母 C 表示。用公式表示为

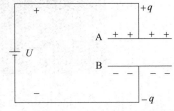

图 5-4　电容器储存电荷

$$C = \frac{q}{U}$$

式中　C——电容量（或电容），单位是 F（法［拉］）；

　　　q——一个极板上的电荷量，单位是 C（库［仑］）；

　　　U——两个极板间的电压，单位是 V（伏［特］）。

电容器的单位是法拉，简称法，用符号 F 表示。在实际应用中这个单位太大，通常使用微法（μF）和皮法（pF），它们之间的关系是

$$1\mu F = 10^{-6}F$$
$$1pF = 10^{-12}F$$

【例 5-1】　将一个电容器接到电压为 12V 的直流电源上，充电结束后，电容器两个极板上所带的电荷量均为 $1.2 \times 10^{-3}C$，求该电容器的电容量。

解：　　　　$C = \frac{q}{U} = \frac{1.2 \times 10^{-3}}{12}F = 10^{-4}F = 100\mu F$

4. 平行板电容器

最简单的电容器是平行板电容器，它由两块相互平行且靠得很近而又彼此绝缘的金属板组成，两块金属板就是电容器的两个极板，中间的空气即为电容器的介质，如图 5-5 所示。

平行板电容器的电容量与电容器的结构有关。理论和实验证明：平行板电容器的电容量与介质的介电常数及极板面积成正比，与两个极板间的距离成反比，用公式表示为

$$C = \frac{\varepsilon A}{d}$$

式中　　C——电容，单位是 F（法［拉］）；

　　　　ε——介质的介电常数，单位是 F/m（法［拉］/米）；

　　　　A——每个极板的有效面积，单位是 m^2（平方米）；

　　　　d——两个极板间的距离，单位是 m（米）。

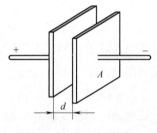

图 5-5　平行板电容器

上式说明：对某一个平行板电容器而言，它的电容是一个确定值，其大小仅与电容器的极板面积、相对位置以及极板间的介质有关；与两个极板间的电压、极板所带电荷量无关。

【指点迷津】

应当指出，并不是只有电容器才有电容，实际上任何两个导体之间都存在着电容。例如，输电线之间、输电线与大地之间都存在着电容；晶体管各极之间也存在着电容。因其电容量很小，可以忽略不计。此外，要注意电容器是储存电荷的元件，而电容量是衡量电容器在一定外加电压作用下储存电荷能力大小的物理量，两者不可混淆。

二、电容器的分类

电容器的种类很多，其分类如下：

1）按结构形式的不同可分为固定电容器、可变电容器和微调电容器。

2）按有无极性可分为无极性电容器、有极性电容器。

3）按介质材料的不同可分为纸介电容器、瓷片电容器、云母电容器、涤纶电容器、聚苯乙烯电容器及玻璃釉电容器等。

1. 固定电容器

固定电容器的电容量是固定不变的，它的性能和用途与两个极板间的介质有密切关系。一般常用的介质有纸、陶瓷、涤纶、金属氧化膜、云母、铝电解质等，如图 5-6 所示。

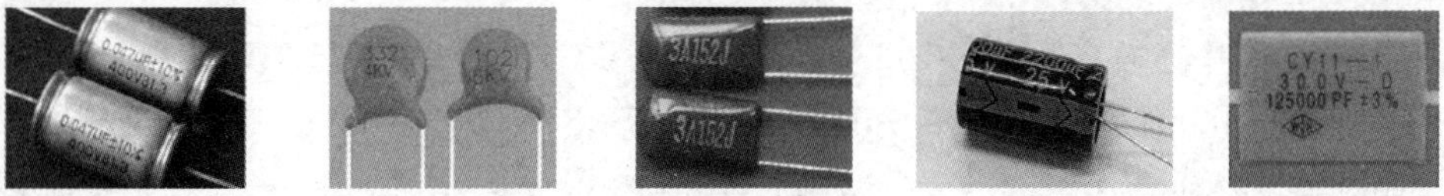

a) 纸介电容器　　b) 陶瓷电容器　　c) 涤纶电容器　　d) 铝电解电容器　　e) 云母电容器

图 5-6　固定电容器

【指点迷津】

在固定电容器中的电解电容器的两极有正、负极之分，使时切记不可将极性接反，不可接到交流电路中，否则电解电容器会被击穿。电解电容器的图形符号如图 5-7 所示。

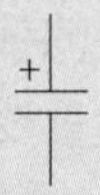

图 5-7　电解电容器的图形符号

2. 可变电容器

可变电容器是电容量能在较大范围内随意调节的电容器，分为单联可变电容器和双联可变电容器等，如图5-8所示。这种电容器一般用在电子电路中作调谐元件，可以改变谐振回路的频率。

3. 微调电容器

微调电容器又称为半可变电容器，是电容量在某一小范围内可以调节的电容器，如图5-9所示。微调电容器主要用在调谐回路中作微调频率之用。

图 5-8　可变电容器　　　　　　　　图 5-9　微调电容器

三、电容器的参数

电容器的参数主要有额定电压、标称容量和允许误差，通常都标在电容器的外壳上。

1. 额定电压

电容器的额定电压一般称为耐压，是指在规定的温度范围内可以连续加在电容器上而不损坏电容器的最大电压值。电容器的外壳上所标的电压就是该电容器的额定电压，如图5-10所示，电容器上标有"25V"，即该电容器的额定电压为25V。

图 5-10　电容器的主要参数

> **【指点迷津】**
>
> 电容器常用的额定电压有6.3V、10V、16V、25V、63V、100V、160V、250V、400V、630V、1000V、1600V和2500V等。
>
> 电容器上标的额定电压通常指的是直流工作电压，如果该电容器用在交流电路中，应使交流电压的最大值不超过它的额定电压，否则电容器就会被击穿。

2. 标称容量

电容器的标称容量是指电容器表面所标的电容量，它表征了电容器储存电荷的能力，是电容器的重要参数。常用的有E6、E12、E24等标称系列，见表5-1。

3. 允许误差

电容器的允许误差是指电容器实际容量与标称容量之间的误差，电容器的误差一般直接标在电容器上。常用固定电容器的允许误差等级见表5-2。

表 5-1　电容器的标称系列

标 称 系 列	允 许 误 差	标　称　值
E6	±20%	1.0、1.5、2.2、3.3、4.7、6.8
E12	±10%	1.0、1.2、1.5、1.8、2.2、2.7、3.3、3.9、4.7、5.6、6.8、8.2
E24	±5%	1.0、1.1、1.2、1.3、1.5、1.6、1.8、2.0、2.2、2.4、2.7、3.0、3.3、3.6、3.9、4.3、4.7、5.1、5.6、6.2、6.8、7.5、8.2、9.1

表 5-2　常用固定电容器的允许误差等级

允许误差	±1%	±2%	±5%	±10%	±20%
允许误差等级	00	0	I	II	III

一般极性电容器的允许误差范围较大，如铝极性电容器的允许误差范围是 −20%~100%。

四、电容器的选用

电容器的种类繁多，性能各不相同，且不同电路中电容器的功能不尽相同，对其性能要求也有差别。在电路设计与安装时，应在掌握电路要求和熟悉相应电容器性能的基础上，结合以下几点加以选择。

（1）根据电路要求选择种类、型号　通常交流耦合、旁路电容可选用纸介电容器，而对于高频电路或谐振电路则应选用云母或瓷介电容器；对于交流滤波及去耦电路应选用电解电容器。

（2）确定电容器的准确度等级　根据电路的精密度及稳定性要求确定电容器的准确度等级。对于测量电路，实现精确定位、定时、位置控制的电子线路，需要选择准确度较高、性能较好的电容器，如钽、铌电解电容器、玻璃釉电容器、云母电容器等。对于准确度要求不高的电路，就没有必要选择高精度电容器，此类电路中电容器在一定范围内的偏差对电路性能影响较小。

（3）适当选择额定电压　通常电容器的额定电压要高于电容器工作电路电压的 12 倍。

🔍 知识拓展

超级电容器

超级电容器是指介于传统电容器和充电电池之间的一种新型储能装置，其容量可达几百至上千法拉。与传统电容器相比，它具有较大的电容量、比能量或能力密度，较宽的工作温度范围和极长的使用寿命；而与蓄电池相比，它又具有较高的比功率，且对环境无污染。图 5-11 所示为超级电容器与超级电容器组。

超级电容器是通过电极与电解质之间形成的界面双电层来存储能量的新型元器件。双电层电容器根据电极材料的不同，可以分为碳电极双电层超级电容器、金属氧化物电极超级电容器和有机聚合物电极超级电容器等。

图 5-11　超级电容器与超级电容器组

　　超级电容器可以应用在交通运输行业、工业、再生能源利用等方面。在交通运输行业中，超级电容器可以应用于混合动力汽车、电动汽车、轨道交通车辆能量回收、电动叉车、起重机中；在工业中，超级电容器可以应用于供配电系统的直流屏储能系统、应急照明储能系统、UPS 系统、电梯、电动玩具中等；在再生能源利用中，超级电容器可以应用于太阳能发电、风力发电等；超级电容器还可以应用于军事技术中，如电磁炮（脉冲电源电磁炮）等。

　　图 5-12 所示为我国生产的采用超级电容器的新能源公交车。在公交车制动时，超级电容器可进行再生能量回收；在公交车起动和爬坡时，超级电容器可以快速提供大功率电流。该公交车的超级电容器具有功率密度大、充放电时间短、大电流充放电特性好、寿命长、低温特性优于蓄电池的特点。

图 5-12　采用超级电容器的新能源公交车

学习任务二　分析电容器电路

情景引入

　　在电子产品维修和设计制作中，我们通常会遇到这样的情况：一是手头有多个电容器，但每个电容器的额定电压都不能满足电路的要求；二是手头有多个电容器，但每个电容器的电容量都不能满足电路的要求。遇到这样的情况，我们该如何处理呢？

　　在实际应用中，电容器的选择主要考虑电容器的电容量和额定电压。如果电容器的电容量和额定电压不能满足电路的要求，我们可以将电容器串联或并联，以满足电路的要求。

　　本学习任务通过学习电容器串联、并联电路，掌握它们的特点和在工程技术中的应用。

一、电容器串联电路

1. 电容器的串联

将两个或两个以上电容器的极板首尾依次相连，中间无分支的连接方式称为电容器的串联，如图 5-13 所示。

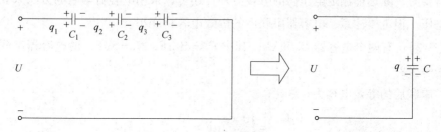

图 5-13 电容器串联电路

2. 电容器串联电路的特点

（1）电荷量的特点　电容器串联时，每个电容器所带的电荷量相等。在电容器串联电路中，接上端电压为 U 的电源后，串联电容器组两端的两个极板上分别带电，电荷量为 $+q$ 和 $-q$，由于静电感应，中间各极板上所带的电荷量也等于 $+q$ 和 $-q$。因此，串联电容器组中的每个电容器所带的电荷量相等，并等于串联后等效电容器上所带的电荷量，即

$$q = q_1 = q_2 = q_3$$

（2）电压的特点　电容器串联电路的总电压等于各电容器两端的电压之和，即

$$U = U_1 + U_2 + U_3$$

（3）电容的特点　电容器串联电路的总电容的倒数等于各个电容器的电容的倒数之和。

因为 $U = U_1 + U_2 + U_3$，则有 $\dfrac{q}{C} = \dfrac{q}{C_1} + \dfrac{q}{C_2} + \dfrac{q}{C_3}$，即

$$\frac{1}{C} = \frac{1}{C_1} + \frac{1}{C_2} + \frac{1}{C_3}$$

【指点迷津】

　　电容器串联后，总电容小于每一个电容器的电容。电容器串联时，总电容与各分电容间的关系，与电阻器并联时电阻间的关系相似。若有 n 个电容器串联，则 $\dfrac{1}{C} = \dfrac{1}{C_1} + \dfrac{1}{C_2} + \dfrac{1}{C_3} + \cdots + \dfrac{1}{C_n}$；当 n 个相同容量的电容器串联时，其电容为 $C_{总} = \dfrac{C}{n}$。

（4）电压的分配　电容器串联电路中的各电容器两端的电压与其自身的电容量成反比。

两个电容器串联时，因为 $q_1 = q_2$，则有 $C_1 U_1 = C_2 U_2$，即

$$\frac{U_1}{U_2} = \frac{C_2}{C_1}$$

3. 电容器串联电路的应用

电容器串联后，额定工作电压增大，因此，当一只电容器的额定电压太小而不能满足电路的需要时，除选择额定电压高的电容器外，还可以采用电容器串联的方法来获得较高的额定电压。但也要注意，电容器串联后的等效电容将变小。

【例 5-2】 有两个电容器 C_1 和 C_2，其中 $C_1 = 10\mu F$，$C_2 = 5\mu F$，两电容器串联后的等效电容为多少？

解：串联后的等效电容为

$$C = \frac{C_1 C_2}{C_1 + C_2} = \frac{10 \times 5}{10 + 5}\mu F = \frac{10}{3}\mu F \approx 3.3\mu F$$

【例 5-3】 现有两个电容器，其中电容器 C_1 的电容为 $20\mu F$，额定电压为 25V，电容器 C_2 的电容为 $10\mu F$，额定电压为 16V。若将这两个电容器串联后接到电压为 36V 的电路上，电路能否正常工作？

解：总电容为

$$C = \frac{C_1 C_2}{C_1 + C_2} = \frac{20 \times 10}{20 + 10}\mu F = \frac{20}{3}\mu F$$

各电容器所带的电荷量为

$$q = q_1 = q_2 = CU = \frac{20}{3} \times 10^{-6} \times 36 C = 2.4 \times 10^{-4} C$$

电容器 C_1 两端所加的电压为

$$U_1 = \frac{q_1}{C_1} = \frac{q}{C_1} = \frac{2.4 \times 10^{-4}}{20 \times 10^{-6}}V = 12V$$

电容器 C_2 两端所加的电压

$$U_2 = \frac{q_2}{C_2} = \frac{q}{C_2} = \frac{2.4 \times 10^{-4}}{10 \times 10^{-6}}V = 24V$$

由于电容器 C_2 两端所加的电压为 24V，超过了它的额定电压，所以 C_2 会被击穿，导致 36V 电压全部加到电容器 C_1 两端，这样 C_1 也会被击穿。因此，电路不能正常工作。

【指点迷津】

需要注意的是，实际应用中采用电容器串联时，除应满足电容的总容量要求外，还需注意工作电压的极限选择，方法是求出每个电容器允许储存的电荷量，找出其中存储电荷量最小的一个，作为电容器组储存电荷量的极限值，电容器组的工作电压极限值等于这个电荷量除以总电容。

【想—想 做—做】

　　如图 5-14 所示，三个电容器 C_1、C_2、C_3 串联起来后，接到电压为 60V 的电源上，其中 $C_1 = 2\mu F$，$C_2 = 3\mu F$，$C_3 = 6\mu F$，则每个电容器承受的电压 U_1、U_2、U_3 为多少？你能得出什么结论？

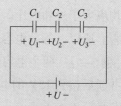

图 5-14 电容器串联电路

二、电容器并联电路

1. 电容器的并联

将两个或两个以上电容器的正极接在一起，负极也接在一起的连接方式称为电容器的并联，如图 5-15 所示。

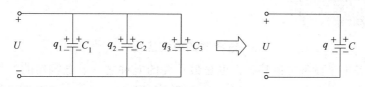

图 5-15 电容器并联电路

2. 电容器并联电路的特点

（1）电压的特点　在电容器并联电路中，每个电容器两端的电压相等，并等于外加电压，即

$$U = U_1 = U_2 = U_3$$

（2）电荷量的特点　在电容器并联电路中，总电荷量等于各个电容器的电荷量之和，即

$$q = q_1 + q_2 + q_3$$

（3）电容的特点　在电容器并联电路中，总电容等于各个电容器的电容之和。

因为 $q = q_1 + q_2 + q_3$，则有 $CU = C_1 U_1 + C_2 U_2 + C_3 U_3$，即

$$C = C_1 + C_2 + C_3$$

【指点迷津】

　　电容器并联后，总电容量增大了，这种情况相当于增大了两个极板的面积，因此，总电容大于每个电容器的电容。若有 n 个电容器并联，则 $C = C_1 + C_2 + C_3 + \cdots + C_n$；当 n 个相同电容量的电容器并联时，其总电容为 $C_{总} = nC$。

3. 电容器并联电路的应用

在电容器并联电路中，每个电容器均承受相同的外加电压，因此，每个电容器的额定电压均应大于外加电压。否则，如果一个电容器击穿，将造成整个电路短路，将对电路造成危害。所以，等效电容的额定电压为所有并联电容器中额定电压最小值。

【例5-4】 两个电容器的电容量和额定电压分别 "$20\mu F$、$15V$" "$30\mu F$、$15V$"，现将它们并联后接到 $15V$ 的电压上，问：（1）此时的等效电容为多少？（2）两个电容器储存的电荷量分别为多少？

解：（1）此时的等效电容为

$$C = C_1 + C_2 = (20 + 30)\mu F = 50\mu F$$

（2）两个电容器储存的电荷量分别为

$$q_1 = C_1 U = 20 \times 10^{-6} \times 15C = 3 \times 10^{-4}C$$

$$q_2 = C_2 U = 30 \times 10^{-6} \times 15C = 4.5 \times 10^{-4}C$$

技术与应用

电容器的典型应用

电容器是电子设备中最基础，也是最重要的元件之一。电容器的产量占全球电子元器件产品（其他的还有电阻器、电感器等）的 40% 以上，几乎所有的电子设备中都有电容器的身影。电容器种类繁多，用途非常广泛，主要应用在电源电路、信号电路、电力系统及工业生产中。

电容器在电源电路、信号电路中，主要用于实现旁路、去耦、滤波、储能、耦合等。

（1）旁路 旁路电容器的主要功能是产生一个交流分路，把输入信号中的干扰作为滤除对象，可将混有高频电流和低频电流的交流电中的高频成分旁路掉。

（2）去耦 去耦电容器也称为退耦电容器，它是把输出信号中的干扰作为滤除对象，防止干扰信号返回电源。高频旁路电容器一般比较小，根据谐振频率一般取 $0.1\mu F$、$0.01\mu F$ 等，而去耦电容器的容量一般较大，可能是 $10\mu F$ 或者更大。

（3）滤波 滤波电容器用于电源整流电路中，主要用来滤除交流成分，使输出的直流电更加平滑。

（4）储能 电容器能够储存电荷，是一种储能元件，用于必要时放电，如照相机闪光灯、加热设备等。

（5）耦合 耦合电容器的作用就是利用电容器的"隔直流、通交流"的特性将交流信号从前一级传到下一级。

在电力系统中，电容器通常并联在电网或电动机等设备上，用来提高供电系统的功率因数。

学习任务三　认识及分析电容器的充电与放电

情景引入

图 5-16 所示为电容器的充电、放电实验电路。图中，C 是一个大容量未充电电容器，E 是内阻很小的直流电源，EL 是白炽灯。实验前，开关 S 应置于"2"位置。

实验开始时，将开关 S 置于"1"位置，发现白炽灯 EL 突然亮一下，然后慢慢变暗，最后处于完全不亮状态；同时将观察到电流表 A 最初偏转一个较大的角度，然后指针渐渐向零位偏转，最后指向零位；而电压表的指针是从零位开始慢慢偏转，最后指向一定位置后不动。

当将开关 S 从"1"位置拨向"2"位置时，我们又发现白炽灯与电流表的变化情况与开关 S 置于"1"位置时相同，只是电压表的指针慢慢回到零位。

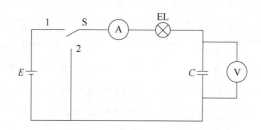

图 5-16　电容器充电、放电实验电路

本学习任务通过学习电容器的充电、放电现象，达到会解释上述实验现象、熟悉电容器的基本功能和特性的要求的目的。

一、电容器的充电现象

在图 5-16 所示的电容器的充电、放电实验电路中，当开关 S 置于"1"位置时，其等效电路如图 5-17a 所示，去掉观察电路现象用的电流表、电压表和白炽灯后，电路如图 5-17b 所示，即电动势为 E 的直流电源直接接在电容器 C 两端。

电容器
充放电

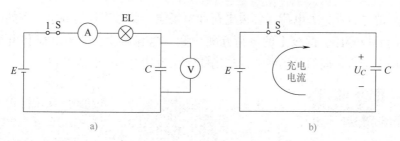

图 5-17　电容器充电实验电路图

当开关 S 刚闭合的瞬间，电容器的极板与电源之间存在着较大的电压，正电荷向电容器的上极板移动，负电荷向电容器的下极板移动，电路中形成充电电流。开始时，充电电流较大，随着电容器极板上电荷的积聚，两者之间的电压逐渐减小，电流也就越来越小，当两者之间的电压为零时，充电结束，充电电流为零。所以，我们可以看到的现象是：白炽灯突然变亮，然后慢慢变暗，直到完全不亮；电流表的指针偏转角度从大逐渐变小，最后指向零位。而随着充电的进行，电容器两端的电压从"0"开始慢慢变大，直到充电结束。此时，我们看到的现象是：电压表的读数从"0"开始慢慢变大，直到指针指向数值"E"。

使电容器带电（储存电荷和电场能）的过程称为充电。在充电过程中，电容器储存电荷，把电能转换成电场能。因此，相对于电阻器这个"耗能"元件来说，电容器是一种"储能"元件。

二、电容器的放电现象

在图 5-16 所示的电容器的充电、放电实验电路中，当开关 S 从"1"位置拨向"2"位置时，其等效电路如图 5-18a 所示，去掉观察电路现象用的电流表、电压表和白炽灯后，电路如图 5-18b 所示，即在充电完成后的电容器两端接了一根短路线。此时，电容器便通过短路线开始放电，电路中存在放电电流。开始时，由于电容器两端的电压较大，放电电流较大，随着电容器极板上正、负电荷的不断中和，两个极板间的电压越来越小，电流也就越来越小，当电容器两端的电压为零时，放电电流为零，放电结束。

我们看到的现象是：白炽灯突然变亮，然后慢慢变暗，直到完全不亮；电流表的指针偏转角度从大逐渐变小，最后指向零位；电压表的读数从最大值"E"慢慢变小，直到指针指向"0"。

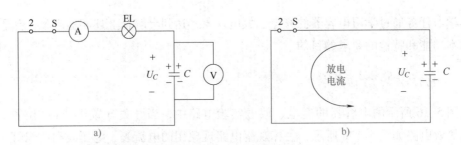

图 5-18　电容器放电实验电路图

使充电后的电容器失去电荷（释放电荷和电场能）的过程称为放电。例如，用一根导线把电容器的两极短路，两极上的电荷互相中和，电容器就会放出电荷和电场能。放电后，电容器两个极板之间的电场消失，电场能转换为其他形式的能量。

【指点迷津】

由电容器的充电、放电现象可知，电容器具有以下特点。

1. 电容器是一个储能元件

电容器的充电过程就是极板上电荷不断积累的过程。电容器充满电荷时，相当于一个等效电源。随着放电的进行，原来储存的电场能又全部释放出来，即电容器本身只与电源进行能量交换，而并不消耗能量。因此，电容器是一种储能元件。

2. 电容器能够隔直流、通交流

当电容器接通直流电源时，仅仅在刚接通瞬间发生充电过程。充电结束后，电路处于开路状态，即"隔直流"；当电容器接通交流电源时，由于交流电流的大小和方向不断交替变化，使电容器反复进行充电和放电，电路中就出现连续的交流电流，即"通交流"。

应当注意，电容器充电、放电时，电路中的电流并没有通过电容器中的介质，而是电容器充电、放电形成的电流。

三、电容器中的电场能量

电容器在充电过程中，电容器的两个极板上有电荷积累并形成电场，电场具有能量。电容器充电时，电源正极为电容器正极板补充正电荷，电源负极为电容器负极板补充负电荷，使正、负极板上储存的电荷量不断增加。整个充电过程就是电源不断地搬运电荷的过程，所消耗的能量转换为电场能储存在电容器中。

电容器充电时所储存的电场能为

$$W_C = \frac{1}{2}qU_C = \frac{1}{2}CU_C^2$$

式中　W_C——电容器的电场能，单位是 J（焦［耳］）；

　　　　C——电容器的电容，单位是 F（法［拉］）；

　　　　U——电容器两个极板间的电压，单位是 V（伏［特］）。

在电压一定的条件下，电容器电容越大，储存的能量就越多。

【想一想　做一做】

观察家中电视机打开或关闭时，电源指示灯的亮度是如何变化的。想一想，为什么这样变化？

技术与应用

电力电容器

电力电容器是用于电力系统和电工设备的电容器，主要用来改善电力系统的电压质量和提高输电线路的输电能力。图 5-19 所示为电力电容器和安装电力电容器的电容器柜。

图 5-19　电力电容器和电容器柜

电力电容器按用途的不同可分为并联电容器、串联电容器、耦合电容器、断路器电容器、电热电容器、脉冲电容器、滤波电容器和标准电容器等。在电力系统中按电压高低可分为高压电力电容器（6kV 以上）和低压电力电容器（400V）。

【项目总结】

一、电容器的基本概念

1. 电容器的结构

任何两个相互靠近又彼此绝缘的导体，就可以构成一个电容器。

2. 电容器与电容

电容器所带的电荷量与它的两个极板间的电压的比值，称为电容器的电容，即

$$C = \frac{q}{U}$$

二、电容器的参数和种类

1. 电容器的参数

电容器的主要参数主要有额定电压、标称容量和允许误差，这些参数有其特定的标注方法和含义。

（1）额定电压　电容器的额定工作电压一般称为耐压，是指在规定的温度范围内可以连续加在电容器上而不使电容器损坏的最大电压值。

（2）标称容量和允许误差　电容器上所标的电容量称为标称容量。电容器的允许误差一般也标在电容器的外壳上。

2. 电容器的种类

电容器按其电容量是否可变，可分为固定电容器、可变电容器和微调电容器。

三、电容器的串联和并联电路

电容器的串联、并联电路特点见表 5-3。

表 5-3　电容器的串联、并联电路特点

比 较 项 目	串 联 电 路	并 联 电 路
电荷量 q	$q = q_1 = q_2 = q_3$	$q = q_1 + q_2 + q_3$
电压 U	$U = U_1 + U_2 + U_3$ 电压分配与电容成反比 $\dfrac{U_1}{U_2} = \dfrac{C_2}{C_1}$	$U = U_1 = U_2 = U_3$
电容 C	$\dfrac{1}{C} = \dfrac{1}{C_1} + \dfrac{1}{C_2} + \dfrac{1}{C_3}$ 当 n 个电容为 C 的电容器串联时 $C_{总} = \dfrac{C}{n}$	$C = C_1 + C_2 + C_3$ 当 n 个电容为 C 的电容器并联时 $C_{总} = nC$

四、电容器的充电与放电过程

1. 电容器具有充电与放电功能

电容器在充电与放电过程中，电流、电压的变化特点见表 5-4。

表 5-4　电容器充电与放电过程中电流与电压的变化特点

比 较 项 目	充 电 过 程	放 电 过 程
电路中的电流 I	I 从最大 →0，充电结束	I 从最大 →0，放电结束
电容器两端的电压 U_C	U_C 从 0→E，充电结束	U_C 从 E→0，放电结束

2. 电容器中的电场能

电容器是储能元件，充电时把电源的能量储存起来，放电时把储存的电场能释放出去。电容器所储存的电场能为

$$W_C = \frac{1}{2} C U_C^2$$

【思考与实践】

1. 电容器的"隔直通交"特性是什么含义？

2. 有 2 只电容量不同的电容器，通过不同的连接方法，可以得到几种电容值？求出用每种方法连接电容器时等效电容器的额定工作电压值。分别画出连接示意图。

3. 额定电压为 220V 的无极性电容器，能否接在额定电压为 220V 的正弦交流电路中？为什么？

4. 举出电容器的充电与放电现象在生活和生产实际中的应用实例。

大国名匠

陈昌洲：攻克技术难题的电修行家

陈昌洲，海南矿业股份有限公司电修岗位行家里手，海南省五一劳动奖章获得

者、全国技术能手、享受国家特殊津贴的专家。

他 30 多年如一日，在维修电工岗位上勤学苦练，不断创新，成为攻克多项技术难题的奇才，排除电机车各种故障手到病除，甚至不用去现场，仅听故障描述，就能电话指导；他克服在生产中遇到的各种困难，运用个人技能、技艺解决生产中遇到的实际问题，积极参与公司重大项目的技术创新和改造，在公司电机车及露采转地采科研改造项目中引领创新，做出卓越成绩。

"不仅要做岗位技术能手，更要当利用新技术的领跑者"。陈昌洲坚信自己的岗位虽然很平凡，但只要尽职尽责、努力耕耘、执着奋斗，就一定能实现自己的人生价值。他习惯于每天到现场巡查设备的即时运行状况，通过"望、闻、问、摸"查找设备缺陷、隐患，制定相应的对策和措施。他自我加压，突破工种藩篱，虚心请教相关专业师傅，努力提高自身的业务操作技能和综合技术素养，一步一个脚印地成为维修电工高级技师。

2007 年，针对电力机车电空接触器全部国产化改造、电力机车发电机组改造等问题，他多次反复分析研究，自行绘图设计，通过有关技术部门的可行性研究认可，成功地完成了 33 台 100 吨电力机车电空接触器全部国产化改造和电力机车发电机组改造，项目获公司科技进步三等奖。

项目六 认识与分析磁与电磁

 项目目标

1. 知道磁的基本概念和电流的磁效应，熟悉磁场的基本物理量。
2. 理解磁场的基本概念，掌握右手螺旋定则。
3. 了解磁场强度、磁感应强度和磁导率的基本概念及其相互关系。
4. 理解磁场对通电导体的作用，会用左手定则判断电磁力的方向。
*5. 了解磁化现象，能识读起始磁化曲线、磁滞回线、基本磁化曲线。
*6. 了解常用磁性材料、消磁与充磁的概念及其在工程技术中的应用。
*7. 了解磁路、主磁通、漏磁通、磁通势、磁阻的概念，理解磁路欧姆定律。
8. 知道磁与电磁在工程技术中的应用。

 项目导入

磁与电是密不可分的，几乎所有的电气设备都应用到磁与电磁感应的基本原理，如发电机、电动机、变压器等电气设备。

本项目主要有认识电流的磁效应，认识磁场的主要物理量，认识磁场对通电导体的作用力，分析铁磁性物质的磁化和认识磁路欧姆定律五个学习任务。

 项目实施

学习任务一 认识电流的磁效应

情景引入

图 6-1a 所示为企业电磁起重机起吊废钢铁的场景，电磁起重机不是直接用吊钩将

废钢铁钩住，但却能吊起废钢铁，这是什么原因呢?

这是因为电磁起重机有电磁吸盘这个关键设备，它是利用电流的磁效应制成的。操作员只要按下按钮，电磁起重机就可以将钢铁等铁磁材料灵活地吊起。

a) 电磁起重机起吊废钢铁　　　　　　b) 电磁吸盘

图 6-1　电磁起重机

本学习任务主要学习磁体、磁极、磁场等基本概念和电流的磁效应及其在工程技术中的应用。

一、磁体、磁极与磁场

1. 磁体

某些物体具有吸引铁、钴、镍等物质的性质称为磁性。具有磁性的物体称为磁体。磁体分天然磁体和人造磁体两大类。常见的人造磁体有条形磁铁、蹄形磁铁和针形磁铁等，如图 6-2 所示。

a) 条形磁铁　　　　b) 蹄形磁铁　　　　c) 针形磁铁

图 6-2　常见的人造磁体

2. 磁极

磁体两端磁性最强的区域称为磁极。任何磁体都有两个磁极，一个称为南极，用 S 表示；一个称为北极，用 N 表示。

3. 磁的相互作用

用一个条形磁铁靠近一个悬挂的条形磁铁（或小磁铁），如图 6-3 所示。当条形磁铁的 N 极靠近悬挂条形磁铁的 N 极时，悬挂条形磁铁的 N 极会被排斥；而当条形磁铁的 N 极靠近悬挂条形磁铁的 S 极时，悬挂条形磁铁的 S 极会被吸引。这说明磁极之间存在相互作

磁铁性质

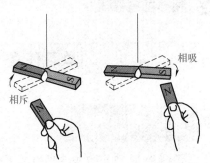

图 6-3　磁的相互作用

用力。两个磁铁的磁极之间的相互作用力的特点是同名磁极互相排斥，异名磁极互相吸引。

4. 磁场

磁极之间的相互作用力是通过磁极周围的磁场传递的。磁场是磁体周围存在的特殊物质。磁场是有方向的，在磁场中某点放一个能自由转动的小磁针，小磁针静止时 N 极所指的方向就是该点磁场的方向。

磁场

5. 磁感线

利用磁感线可以形象地描绘磁场，即在磁场中画出一系列曲线，曲线上任意一点的切线方向就是该点的磁场方向（小磁针在该点时，N 极所指的方向）。条形磁铁、蹄形磁铁的磁感线如图 6-4 所示。

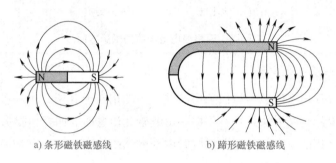

a) 条形磁铁磁感线　　　　b) 蹄形磁铁磁感线

图 6-4　磁铁的磁感线

磁感线可以形象、直观地反映磁场的性质。磁感线的疏密反映了磁场的强弱，磁感线密的地方磁场强；磁感线疏的地方磁场弱。磁感线在磁体外部是由 N 极出发指向 S 极，在磁体内部则是由 S 极指向 N 极，形成不相交的闭合曲线。

二、电流的磁效应

电与磁是密切联系的。1820 年，丹麦的物理学家奥斯特在静止的磁针上方拉一根与磁针平行的导线，给导线通电时，磁针立刻偏转一个角度，这说明通电导体周围存在磁场，电与磁是密切联系的。通电导体的周围存在磁场，这种现象称为电流的磁效应。

通电导体周围的磁场方向，即磁感线方向与电流的关系可以用安培定则（右手螺旋定则）来判断。

1. 通电直导线的磁场方向

通电直导线的磁场方向判断方法是：右手握住导线并把大拇指伸开，用大拇指指向电流方向，那么四指环绕的方向就是磁场方向，如图 6-5 所示。

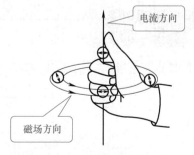
电流方向
磁场方向

图 6-5　通电直导线的磁场方向

通电直导线的磁场

实践与应用

判断并画出图6-6所示两根通电直导线周围的磁场方向。通过判断，你能发现什么规律？

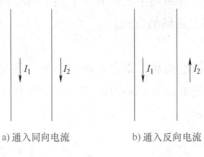

a) 通入同向电流   b) 通入反向电流

图6-6　两根通电直导线的磁场方向

2. 通电螺线管的磁场方向

通电螺线管表现出来的磁性类似条形磁铁，一端相当于 N 极，另一端相当于 S 极。通电螺线管磁场方向的判断方法是：右手握住螺线管，让弯曲的四指所指方向与电流方向一致，那么大拇指所指的方向就是通电螺线管内部磁感线的方向，也就是说，大拇指指向通电螺线管的 N 极，如图6-7 所示。

通电螺线管
的磁场

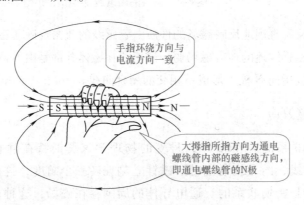

手指环绕方向与
电流方向一致

大拇指所指方向为通电
螺线管内部的磁感线方向，
即通电螺线管的N极

图6-7　通电螺线管的磁场方向

实践与应用

判断并画出图6-8所示通电螺线管的磁场方向，并标出通电螺线管的 N 极和 S 极。

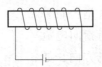

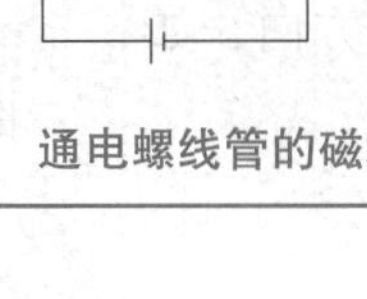

图6-8　通电螺线管的磁场方向

学习任务二　认识磁场的主要物理量

情景引入

巨大的电磁铁能吸起成吨的钢铁，而小的磁铁只能吸起小铁钉，你知道这是什么原因吗？

磁场不仅有方向，而且有强弱。磁感线的疏密只能定性地描述磁场在空间的分布情况，怎样才能定量地表示磁场的强弱呢？

本学习任务主要学习定量描述磁场强弱的物理量，即磁通、磁感应强度、磁导率和磁场强度等相关知识。

一、磁通

磁通是定量地描述磁场在一定面积上分布情况的物理量。通过与磁场方向垂直的某一面积上的磁感线的总数，称为通过该面积的磁通量，简称磁通，用字母 Φ 表示。磁通的单位是韦伯，简称韦，用符号 Wb 表示。

当面积一定时，通过该面积的磁通越大，磁场就越强。在工程技术中，选用电磁铁、变压器等铁心材料时，为了减小损耗，就要让尽可能多的磁感线通过铁心截面。

二、磁感应强度

磁感应强度是定量描述磁场中各点磁场的强弱和方向的物理量。与磁场方向垂直的单位面积上的磁通，称为磁感应强度，也称为磁通密度，用字母 B 表示。磁感应强度的单位是特斯拉，简称特，用符号 T 表示。

在匀强磁场中，磁感应强度与磁通的关系可以用公式表示为

$$B = \frac{\Phi}{A}$$

式中　B——匀强磁场的磁感应强度，单位是 T（特 [斯拉]）；

A——与磁感应强度 B 垂直的截面面积，单位是 m^2（平方米）；

Φ——穿过截面面积 A 的磁通，单位是 Wb（韦 [伯]）。

磁感应强度既反映某点磁场的强弱，又反映该点磁场的方向，所以磁感应强度是矢量。磁场中某点磁感线的切线方向就是该点磁感应强度的方向。对于某一确定磁场中的不同点，磁感应强度的大小和方向未必完全相同。

【指点迷津】

磁场中某一区域，若各处的磁感应强度大小相等且方向相同，则该区域的磁场称

为匀强磁场。距离很近的两个异名磁极之间的中心部分的磁场、通电螺线管内中央处的磁场通常视作匀强磁场。

三、磁导率

磁导率就是一个用来表示介质导磁性能的物理量，用字母 μ 表示，单位是亨［利］/米，用符号 H/m 表示。不同的物质有不同的磁导率 μ。实验测定，真空中的磁导率是一个常数，用 μ_0 表示，即

$$\mu_0 = 4\pi \times 10^{-7} \text{H/m}$$

通常使用的是介质的相对磁导率，即任一物质的磁导率与真空磁导率的比值，用 μ_r 表示，即

$$\mu_r = \frac{\mu}{\mu_0}$$

相对磁导率只是一个比值，它表明在其他条件相同的情况下，介质的磁感应强度是真空中的多少倍。

几种常见铁磁物质的相对磁导率见表 6-1。

表 6-1 常见铁磁物质的相对磁导率

物 质 名 称	μ_r	物 质 名 称	μ_r
钴	174	镍铁合金	60000
镍	1120	真空中熔化电解铁	12950
软铁	2180	坡莫合金	115000

【指点迷津】

根据磁导率的大小，可将物质分为三类：略大于 1 的物质称为顺磁物质，如空气、氧、锡、铝、铅等；略小于 1 的物质称为反磁物质，如氢、铜、石墨、银、锌等。顺磁物质和反磁物质统称为非铁磁性物质。大于 1 的物质称为铁磁物质，如铁、钴、镍、铸铁、硅钢片等。

四、磁场强度

磁场中某点的磁场强度等于该点的磁感应强度 B 与介质的磁导率 μ 的比值，用字母 H 表示，单位是安/米，用符号 A/m 表示，即

$$H = \frac{B}{\mu}$$

磁场强度是一个矢量，在均匀介质中，它的方向和磁感应强度的方向一致。

学习任务三　认识磁场对通电导体的作用力

情景引入

在图 6-9 所示的实验中，把一根直导体 AB 垂直放入蹄形磁铁的磁场中。当导体未通电时，导体静止不动。当给导体通电，电流从 B 流向 A 时，导体立即向磁场外侧运动。若改变通电导体的电流方向，则导体会向相反方向运动。你知道是什么原因吗？

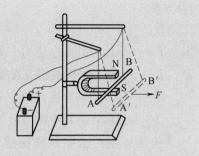

图 6-9　通电导体在磁场中的运动

本学习任务主要学习磁场对通电导体的作用力，主要包括什么是电磁力、电磁力方向如何判断和电磁力大小如何计算等内容。

一、电磁力

通电直导体在磁场中所受的作用力称为电磁力，也称为安培力。从本质上讲，电磁力是磁场和通电导体周围形成的磁场相互作用的结果。

二、电磁力方向的判断

通电导体在磁场中受到的电磁力的方向可以用左手定则来判断，如图 6-10 所示。伸出左手，让大拇指与四指在同一平面内，大拇指与四指垂直，让磁感线垂直穿过手心，四指指向电流方向，那么，大拇指所指的方向，就是磁场对通电导体的作用力方向。

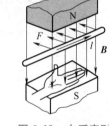

图 6-10　左手定则

实践与应用

判断图 6-11 所示两根通电直导体所受到的电磁力的方向。通过判断，你能发现什么规律？

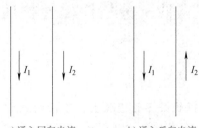

a) 通入同向电流　　　b) 通入反向电流

图 6-11　两根通电直导体所受到电磁力方向

三、电磁力大小的计算

实验证明，在匀强磁场中，当通电导体与磁场方向垂直时，电磁力的大小与导体中电流的大小成正比，与导体在磁场中的有效长度及载流导体所在的磁感应强度成正比，用公式表示为

$$F = BIl$$

式中　F——导体受到的电磁力，单位是 N（牛［顿］）；

　　　B——匀强磁场的磁感应强度，单位是 T（特［斯拉］）；

　　　I——导体中的电流，单位是 A（安［培］）；

　　　l——导体在磁场中的有效长度，单位是 m（米）。

实验还证明：当导体和磁感线方向成一定角度时（见图 6-12），电磁力的大小为

图 6-12　导体与磁感线
方向成一定角度

$$F = BIl\sin\alpha$$

实践与应用

判断图 6-13 所示的各载流导体的受力方向。通常用符号"⊗"和"⊙"分别表示磁场垂直进入和流出纸面。通过判断，你能否得出结论：当导体与磁感线方向平行时，导体受到的电磁力最小（为零）；当导体与磁感线方向垂直时，导体受到的电磁力最大。

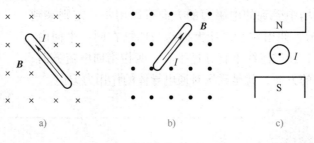

a)　　　　　　　　　　b)　　　　　　　　　c)

图 6-13　判断导体的受力方向

---

*学习任务四　分析铁磁性物质的磁化

情景引入

如图 6-14 所示，把一根软铁棒竖直放置，下面的铁钉不会被吸引。但当将条形磁铁靠近软铁棒的上端时，软铁棒的下端就能将若干铁钉吸住。当将条形磁铁从软铁棒上端取走时，软铁棒下端吸住的铁钉又会纷纷落下。你能解释这种现象吗？

本学习任务通过学习铁磁性物质的磁化，了解磁化曲线、磁滞回线等基本概念，熟悉铁磁性物质的分类和在工程技术中的应用。

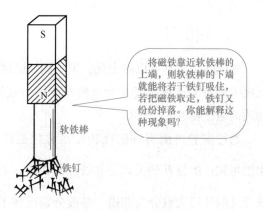

将磁铁靠近软铁棒的上端，则软铁棒的下端就能将若干铁钉吸住，若把磁铁取走，铁钉又纷纷掉落。你能解释这种现象吗？

一、铁磁性物质的磁化

图 6-14 所示的软铁棒磁化现象实验中，我们可以发现软铁棒本身没有磁性，不能吸起铁钉。但将条形磁铁靠近软铁棒的上端后，软铁棒被磁化，获得了磁性，故软

图 6-14　软铁棒的磁化现象

铁棒下端就能将铁钉吸住。而将条形磁铁从软铁棒的上端取走后，软铁棒又失去了磁性，故软铁棒下端吸住的铁钉又会掉落。

像软铁棒等铁磁性物质在磁场中很容易被磁化。我们把本身不具磁性的物质，在外磁场作用下产生磁性的现象称为该物质被磁化。只有铁磁性物质才能被磁化，而非铁磁性物质是不能被磁化的。

为什么铁磁性物质具有被磁化的特性呢？这是因为铁磁性物质由许多被称为磁畴的磁性小区域所组成，每一个磁畴相当于一个小磁铁，在没有外磁场作用时，各个磁畴排列混乱，磁畴间的磁性互相抵消，对外不显磁性，如图 6-15a 所示。当有外磁场作用时，磁畴受到磁力的作用，会转到与外磁场一致的方向上，变成整齐有序的排列，如图 6-15b 所示。这样便产生了一个与外磁场同方向的磁化磁场，使铁磁性物质内的磁感应强度大大增加。也就是说，铁磁性物质被强烈地磁化了。

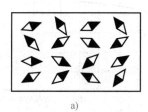
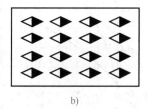

a)　　　　　　　　　　b)

图 6-15　铁磁性物质的磁化

【指点迷津】

铁磁性物质被磁化的性能广泛应用于电子和电气设备中，如变压器、继电器、电动机等，采用相对磁导率高的铁磁性材料作为绕组的铁心，可使同样容量的变压器、继电器、电动机的体积大大缩小，重量大大减轻。半导体收音机的天线线圈绕在铁氧体磁棒上，可以提高收音机的灵敏度。

二、磁化曲线

铁磁性物质都可以被磁化，但不同铁磁性物质的磁化特性不同。铁磁性物质的磁感应强度 B 随外界磁场强度 H 变化的曲线称为磁化曲线，又称为 B-H 曲线。磁化曲线反映了物质的磁化特性。

通过实验可测得铁磁性物质的磁化曲线如图 6-16 所示。由图可知，B 与 H 的关系是非线性的，即 $\mu = \dfrac{B}{H}$ 不是常数。一般磁化曲线可大致分为四段，各段分别反映了铁磁性物质磁化过程中的性质。

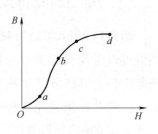

图 6-16 磁化曲线

不同的铁磁性物质，B 的饱和值是不同的，但对同一种材料，B 的饱和值却是一定的。对于电动机和变压器，通常都是工作在曲线 bc 段（即接近饱和的地方）。

图 6-17 所示是几种不同铁磁性物质的磁化曲线。可以看出，在相同的磁场强度 H 下，硅钢片的 B 值最大，铸铁的 B 值最小，说明硅钢片比铸铁的导磁性能好。

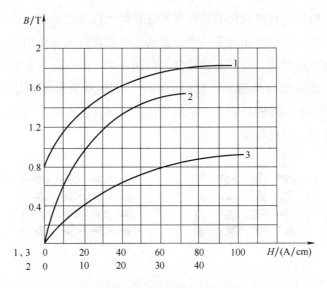

图 6-17 几种物质的磁化曲线

1—硅钢片 2—铸钢 3—铸铁

三、磁滞回线

上面讨论的磁化曲线只是反映了铁磁性物质在外磁场由零逐渐增强的磁化过程。但在很多实际应用中，铁磁性物质工作在交变磁场中，所以，有必要研究铁磁性物质反复磁化的问题。

当 B 随 H 沿起始磁化曲线达到饱和值 a 点以后，逐渐减小 H 的数值，实验表明，这

时 B 并未沿起始磁化曲线减小，而是沿另一条在它上面的曲线 ab 下降，如图 6-18 所示。当 H 减至零时，B 值并不等于零，而是到达 b 点，说明铁磁性物质中仍然保留一定的磁性，称之为剩磁，用 B_r 表示。永久磁铁就是利用剩磁很大的铁磁性物质制成的。

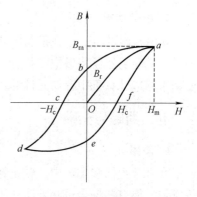

图 6-18 磁滞回线

若要消除剩磁，必须外加相反方向的磁场。从整个过程来看，B 的变化总是落后于 H 的变化，这种现象称为磁滞现象。经过多次循环，可以得到一个封闭并对称于原点的闭合曲线，称为磁滞回线。

【指点迷津】

铁磁性物质的反复交变磁化会损耗一定的能量，这是由于在交变磁化时，磁畴要来回翻转，在这个过程中，产生了能量损耗，这种损耗称为磁滞损耗。磁滞回线包围的面积越大，磁滞损耗就越大。

四、铁磁性物质的分类

铁磁性物质根据磁滞回线形状的不同可分为三类：硬磁材料、软磁材料和矩磁材料。

1. 硬磁材料

硬磁材料的特点是需要较强的外磁场作用才能使其磁化，而且不易退磁，剩磁较强。其磁滞回线较宽，回线包围的面积较大，如图 6-19a 所示。典型的硬磁材料有钴钢、碳钢等。因其剩磁强，不易退磁，常用来制造各种形状的永久磁铁。

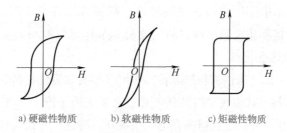

a) 硬磁性物质   b) 软磁性物质   c) 矩磁性物质

图 6-19 铁磁性物质的磁滞回线

2. 软磁材料

软磁材料的特点是在交变磁场中的磁滞损耗小，易被磁化也易去磁。其磁滞回线窄而长，回线包围的面积较小如图 6-19b 所示。典型的软磁材料有硅钢片、铸铁、坡莫合金等。硅钢片主要用来制作电动机和变压器的铁心；坡莫合金用来制造小型变压器、高精度交流仪表。

3. 矩磁材料

矩磁材料的特点是在很弱的外磁场作用下，就能被磁化，并达到磁饱和。当撤掉外磁场后，磁性仍然保持磁饱和状态。其磁滞回线近似呈矩形，如图6-19c所示。矩磁材料主要用于制造计算机中存储元件的环形磁心。

五、消磁与充磁

1. 消磁

在日常生活和生产中，磁化特性广泛应用于电磁动力的提供、信号的转化及自动控制等领域，但有些场合也必须防止不利的磁化现象发生，如显示器的磁化、手表的磁化等。不利的磁化会导致设备工作不正常，在意外磁化或因工作性质导致不可避免的磁化后，需对设备进行消磁处理。有些磁性材料需要加工、维护时，也必须进行消磁处理。

消磁是当磁化后的材料受到了外来能量的影响，如加热、冲击，其中各磁畴的磁矩方向变得不一致，磁性就会减弱或消失。消磁的方法有很多，如将带磁物质加热或剧烈振动，通常采用的是交变消磁法。

2. 充磁

在日常生活和工作中，常常需要将硬磁性物质磁化使其带有磁性，变为永久磁铁，或将失去磁性的永久磁铁恢复磁性，采用一定方法完成这项工作的过程就称为充磁。

充磁的工作原理是：先将电容器充以直流高压电压，然后通过一个电阻极小的线圈放电，放电脉冲电流的峰值可达到数万安培，此脉冲电流在线圈内产生一个强大的磁场，该磁场使线圈中的硬磁材料永久磁化。

技术与应用

磁性材料的应用

在现代电工技术中广泛应用的磁性材料，都要求具有较高的导磁性，一般分为金属、合金磁性材料和非金属磁性材料（常称铁氧体磁性材料）。

1. 金属、合金磁性材料

在工程技术中，此类磁性材料按磁性的不同又分为软磁性材料和硬磁性材料两类。

（1）软磁性材料 软磁性材料具有在交变磁场中磁化较小，磁滞特性不明显，磁滞损耗小等特征。常见的软磁性材料有电工用纯铁、硅钢片、铁镍合金、铁铝合金等。

电工用纯铁一般用于直流磁场，目前已基本被铁磁合金替代；硅钢片主要用于电动机、变压器、继电器、控制开关类等产品的铁心中；铁镍合金主要用于频率低于1MHz的磁场中工作的器件内，如海底电缆、精密设备、特种变压器等；铁铝合金主要用于弱磁场中工作器件的磁性材料，如音频变压器、脉冲变压器、灵敏继电器等。

（2）硬磁性材料 硬磁性材料具有磁滞特性明显，交变磁场中的磁滞损耗大，磁化后剩磁强等特征，主要有碳钢、铝镍合金、铝镍钴合金、铵铁硼合金等。硬磁性材料适合制作永久磁铁，被广泛用于磁电式测量仪表、扬声器、永磁发电机及通信设备中。

2. 非金属磁性材料

非金属磁性材料可分为软磁铁氧体、硬磁铁氧体、矩磁铁氧体、压磁铁氧体等。

软磁铁氧体具有易磁化、易退磁特性，用途广、品种多，工作频率高、频带宽等特点，主要用于制作各类电感元件、录音与录像记录磁头等；硬磁铁氧体是六角晶系磁铅石型结构，具有磁化后不易退磁的特点，主要用于制作录音机、拾音器及电话机等电声器件及仪表、控制器件的磁心；矩磁铁氧体具有矩形磁滞回线，主要用于制作磁存储器磁心；压磁铁氧体具有在磁化时磁场方向上产生磁致伸缩的特点，主要用于制作超声波、水声器件和电信、自控、磁声及计量器件。

技术与应用

舰船的消磁

中国海军舰队近年来拥有了辽宁舰、山东舰航空母舰，以及登陆舰、驱逐舰、护卫舰、补给舰、潜艇等大量舰船。这些舰船的主要材料是易磁化的铁，舰船在大海上航行会受到地球磁场的作用，而且舰船上带有的大量人造磁铁（如电流表、电压表等），这些人造磁铁的综合磁性较强，容易使舰船磁化。磁化后的舰船会影响设备、仪表、仪器，特别是武器的精度，不利于安全，因此舰船需要定期进行消磁。

舰船消磁作业就是为了去除舰船金属外壳上残留的磁场，以免在运行过程中被其他潜艇和水面舰船监测到。而且，消磁还能使舰船免遭磁性引信的水雷的攻击。

舰船消磁原理是利用绕组通入直流电，使绕组产生一个与舰船磁场大小相等、方向相反的磁场，从而抵消舰船磁场。舰船消磁装置是用来抵消或补偿舰船磁性及磁场的装置，主要包括消磁电缆、消磁绕组、供电机组、配电设备、消磁控制仪等设备。舰船消磁装置可分为临时消磁装置和固定绕组消磁装置。临时消磁装置是将舰船置于消磁场地内，船外用电缆绕成若干个临时绕组，通以强大的电流来抵消舰船的固定磁性，如图 6-20 所示；固定绕组消磁装置是在舰船内部固定敷设消磁绕组，能随舰船所处的磁纬度、航向及摇摆等因素通以相应变化的电流，用以补偿舰船感应磁性的磁场。

图 6-20　舰船的临时消磁

*学习任务五 认识磁路欧姆定律

情景引入

电动机是一种机电能量转换装置，变压器是一种电能传递装置，它们的工作原理都是以电磁感应原理为基础，且以电场或磁场作为其耦合场。通常情况下，由于磁场在空气中的储能密度比电场大很多，所以绝大多数的电动机均以磁场作为耦合场。磁场的强弱和分布情况，不仅关系到电动机的性能，还决定了电动机的体积和重量，因此，磁场的分析计算对于认识电动机的工作原理是十分重要的。由于电动机的结构比较复杂，加上铁磁性物质的非线性性质，在实际工作中常把磁场问题简化成磁路问题来处理。

本学习任务主要学习磁路、磁通势、磁阻等基本知识和磁路欧姆定律。

一、磁路

磁路就是磁通经过的闭合路径，如图 6-21 所示。磁路分为有分支磁路和无分支磁路，图 6-21a、b 所示为无分支磁路，图 6-21c 所示为有分支磁路。磁路同电路一样，也是一种模型。磁路一般由产生磁场的通电线圈、软磁材料制成的铁心，以及适当大小的空气隙组成。大部分磁感线（磁通）沿铁心、衔铁和工作气隙构成回路，这部分磁通称为主磁通。还有一小部分磁通没有经过工作气隙和铁心，而是经过空气自成回路，这部分磁通称为漏磁通。

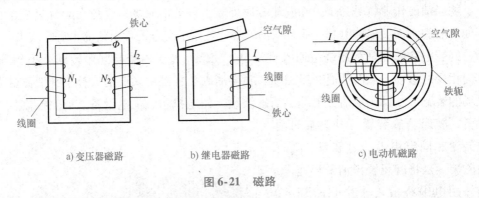

a) 变压器磁路   b) 继电器磁路   c) 电动机磁路

图 6-21 磁路

一般情况下，为了方便计算，在漏磁不严重的情况下可以将漏磁通忽略，只考虑主磁通。

二、磁路中的物理量

1. 磁通势

磁通势是磁路中的一个物理量，用符号 F_m 表示，它相当于电路中的电动势，所以又称为磁动势。对一载有电流 I、匝数为 N 的线圈，其磁通势为

$$F_\mathrm{m} = NI$$

磁通势的单位是 A（安［培］）或安培匝。

2. 磁阻

电路中有电阻，电阻表示电流在电路中所受到的阻碍作用。与此类似，磁路中也有磁阻，它表示磁通通过磁路时受到的阻碍作用，用符号 R_m 表示。

与导体的电阻相似，磁路中磁阻的大小与磁路的长度 l 成正比，与磁路的横截面积 A 成反比，并与组成磁路的材料性质有关，写成公式为

$$R_m = \frac{l}{\mu A}$$

若磁导率 μ 以 H/m 为单位，则长度 l 和截面积 A 要分别以 m 和 m^2 为单位，这样磁阻 R_m 的单位就是 1/H。由于磁导率 μ 不是常数，所以磁阻 R_m 也不是常数。

三、磁路欧姆定律及磁路与电路的对应关系

1. 磁路欧姆定律

在图 6-22 所示的无分支磁路中，设磁路长度为 l、铁心截面积为 A、匝数为 N、通过的电流为 I，则有磁通

$$\Phi = BA = \mu HA = \mu \frac{NI}{l} A = \frac{NI}{\frac{l}{\mu A}} = \frac{F_m}{R_m}$$

上式表明，磁路中的磁通 Φ 等于作用在该磁路上的磁通势 F_m 除以磁路的磁阻 R_m，这就是磁路的欧姆定律。

磁路的欧姆定律类似于电路的欧姆定律，即磁通 Φ 对应电流 I，磁通势 F_m 对应电动势 E，磁阻 R_m 对应电阻 R。显然，磁路、电路遵循的相关规律具有相似性，并在许多方面得以体现，呈现出电与磁的内在联系。

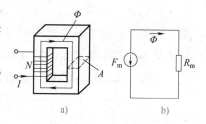

图 6-22 磁路欧姆定律

2. 磁路与电路的对应关系

应当指出，电路中有开关，电路可以处于开路状态，而磁路是没有开路状态的（磁感线是闭合曲线），磁路也不可能有开关。磁路与电路的对应关系见表 6-2。

表 6-2 磁路与电路的比较

磁 路	电 路
磁通势 $F_m = NI$	电动势 $E = IR$
磁通 Φ	电流 I
磁阻 $R_m = \dfrac{l}{\mu A}$	电阻 $R = \rho \dfrac{L}{A}$
磁导率 μ	电阻率 ρ
磁路欧姆定律 $\Phi = \dfrac{F_m}{R_m}$	电路欧姆定律 $I = \dfrac{E}{R}$

技术与应用

磁 阻 效 应

磁阻效应是指某些金属或半导体的电阻随外加磁场变化而变化的现象。磁阻效应也是由于载流子在磁场中受到洛伦兹力而产生的。在达到稳态时，某一速度的载流子所受到的电场力与洛伦兹力相等，载流子在两端聚集产生霍尔电场，比该速度慢的载流子将向电场力方向偏转，比该速度快的载流子则向洛伦兹力方向偏转，这种偏转导致载流子的漂移路径增加。或者说，沿外加电场方向运动的载流子数减少，从而使电阻增加。这种现象称为磁阻效应。

若外加磁场与外加电场垂直，称为横向磁阻效应；若外加磁场与外加电场平行，称为纵向磁阻效应。一般情况下，载流子的有效质量的弛豫时间与方向无关，则纵向磁感强度不引起载流子偏移，因而无纵向磁阻效应。

磁阻效应主要分为常磁阻、巨磁阻、超巨磁阻、异向磁阻、穿隧磁阻效应等。磁阻效应广泛用于磁传感、磁力计、电子罗盘、位置和角度传感器、车辆探测、GPS导航、仪器仪表、磁存储（磁卡、硬盘）等领域。图6-23 所示为磁阻传感器。

磁阻传感器由于具有灵敏度高、抗干扰能力强等优点，在工业、交通、仪器仪表、医疗器械、探矿等领域得到广泛应用，如数字式罗盘、交通车辆检测、导航系统、伪钞鉴别、位置测量等。其中最典型的锑化铟（InSb）传感器是一种价格低廉、灵敏度高的磁阻器件，有着十分重要的应用价值。

图6-23 磁阻传感器

【项目总结】

一、电流的磁效应

（1）磁体 某些物体具有吸引铁、钴、镍等物质的特性称为磁性。具有磁性的物体称为磁体。

（2）磁极 磁体两端磁性最强的区域称为磁极。任何磁体都有两个磁极，一个称为南极，用 S 表示；另一个称为北极，用 N 表示。

（3）磁场与磁感线 利用磁感线可以形象地描绘磁场，即在磁场中画出一系列曲线，曲线上任意一点的切线方向就是该点的磁场方向。

（4）载流导体周围存在磁场 磁场方向可以用右手螺旋定则判断：右手握住导线并把大拇指伸开，大拇指指向电流方向，则四指环绕方向就是磁场方向。

（5）通电螺线管周围也存在磁场 磁场方向可以用右手螺旋定则判断：用右手握住螺线管，让弯曲的四指所指方向与电流方向一致，则大拇指所指的方向就是通电螺线管内部磁感线的方向。

二、磁场的基本物理量

（1）磁通 通过与磁场方向垂直的某一面积上的磁感线的总数，称为通过该面积的磁通量，简称磁通，用字母 Φ 表示。

（2）磁感应强度 与磁场方向垂直的单位面积上的磁通，称为磁感应强度，也称为磁通密度，用字母 B 表示。

磁感应强度与磁通的关系为 $B = \dfrac{\Phi}{A}$。

（3）磁导率 磁导率就是一个用来表示介质导磁性能的物理量，用字母 μ 表示。任一物质的磁导率 μ 与真空中磁导率 μ_0 的比值称为相对磁导率，用 μ_r 表示。铁磁性物质的相对磁导率远远大于 1。

（4）磁场强度 磁场中某点的磁场强度等于该点的磁感应强度与介质的磁导率 μ 的比值，用字母 H 表示，即 $H = \dfrac{B}{\mu}$。

三、磁场对通电导体的作用力

把通电直导体在磁场中所受的作用力称为电磁力，也称为安培力。

（1）电磁力的方向 电磁力方向可用左手定则判断：伸出左手，让大拇指与四指在同一平面内，大拇指与四指垂直，让磁感线垂直穿过手心，四指指向电流方向，则大拇指所指的方向就是磁场对通电导体的作用力方向。

（2）电磁力的大小 当导体和磁感线方向成 α 角度时，电磁力的大小为

$$F = BIl\sin\alpha$$

四、铁磁性物质的磁化

（1）铁磁性物质的磁化 本来不具有磁性的物质，在外磁场作用下产生磁性的现象称为该物质被磁化。只有铁磁性物质才能被磁化，非铁磁性物质不能被磁化。

（2）磁化曲线 铁磁性物质的磁感应强度 B 随外界磁场强度 H 变化的曲线称为磁化曲线，又称为 B-H 曲线。磁化曲线反映了物质的磁化特性。

（3）磁滞回线 铁磁性物质在交变磁场中交变磁化过程中，B 的变化总是落后于 H 的变化，这种现象称为磁滞现象。而得到的一个封闭的对称于原点的闭合曲线，称为磁滞回线。

（4）铁磁性物质的分类 铁磁性物质可分为硬磁材料、软磁材料和矩磁材料三种。

（5）消磁与充磁 磁化后的材料，受到外来能量的影响，使磁性减弱或消失的过程称为消磁；将硬磁物质磁化使其带有磁性或将消失磁性的永久磁铁恢复磁性的过程称为充磁。

五、磁路欧姆定律

（1）磁路 磁通通过的闭合路径称为磁路。磁路磁感线沿铁心、衔铁和工作气隙构成回路，这部分磁通称为主磁通。小部分没有经过工作气隙和铁心而经空气自成回路，这部

分磁通称为漏磁通。

（2）磁通势　把通过线圈的电流和线圈匝数的乘积称为磁通势（也称磁动势），用符号 F_m 表示，$F_m = NI$。

（3）磁阻　磁路中的磁阻表示磁通通过磁路时受到的阻碍作用，用符号 R_m 表示。磁路中磁阻的大小与磁路的长度 l 成正比，与磁路的横截面积 A 成反比，并与组成磁路的材料性质有关，即 $R_m = \dfrac{l}{\mu A}$。

（4）磁路欧姆定律　磁路中的磁通 Φ 等于作用在该磁路上的磁通势 F_m 除以磁路的磁阻 R_m，这就是磁路的欧姆定律。

【思考与实践】

1. 小明同学有一把带磁性的螺钉旋具，使用一段时间后，发现磁性明显减弱。（1）请分析螺钉旋具磁性减弱的原因；（2）怎样才能使螺钉旋具恢复先前的磁性。

2. 找一只铁桶，把手机放在铁桶中，打电话试一试，这只手机还能接收到信号吗？

3. 你能制作一个简易电磁铁吗？

大国名匠

朱伟：监视并控制"电流"的人

朱伟，上海石油化工股份有限公司电气仪表高级技师，上海市十大技术能手、上海市自学成才优秀工人、上海市劳动模范、全国五一劳动奖章获得者。

1974年，朱伟从上海电力技校毕业到上海石化热电厂电气车间仪表班从事仪表维修工作。进厂以后，他不停地学习电气知识、微机知识，并不断地把学到的知识运用到技术攻关、技术改造中去。

早在1992年，上海石化热电厂从美国进口了一套监视控制与数据采集系统，即GR90微机运动装置。由于随装置培训职工岗位的调离，这套装置也就闲置了下来。1995年，他主动向领导请缨，揽下了该套系统的设计安装调试任务。在朱伟的带领下，全班克服困难，日夜奋战，敷设了几千米长的控制电缆、通信电缆，立起了4台电气屏，拆换了数以万计的电缆头，监视控制与数据采集系统于1996年竣工投用，为企业节省了近30万元的安装费和2000多美元的调试费，"盘活"了10余万美元的闲置设备。

1996年上半年，正当监视控制与数据采集系统安装进入高潮时，上海电力公司要求热电厂安装一台监测发电机出力及关口线路交换功率的微机装置。两套装置的A/D交换器又不能相连，朱伟大胆采用了信号隔离法，调整常用的直流变送器，研制出专用信号变换器，圆满地解决了这个难题。

2002 年，朱伟针对上海石化电力调度自动化的现状，提出了独具匠心的《热电总厂电力生产自动化装置的现状和改进方案》。该方案更新了热电二站的远动监控装置 NWY-COA，使之形成技术规范统一的 GR90RTN 系统。2004 年，根据他的建议，热电总厂所属的一站、二站和石化 220kV 变电站内各安装了一台 GR90RTV 远动监控装置，对热电总厂的发电负荷分配、统计以及地区电网的优化调控是非常有利的。

项目七　分析与运用电磁感应现象

项目目标

1. 理解电磁感应现象。
2. 会用右手定则判断感应电流方向。
3. 理解电磁感应定律。
4. 理解自感的概念和自感现象，了解自感在工程技术中的应用。
*5. 理解互感的概念和互感现象，了解互感在工程技术中的应用，能解释影响互感的因素。
*6. 理解同名端的概念，了解同名端在工程技术中的应用，能解释影响同名端的因素。
*7. 了解涡流、磁屏蔽现象及其在工程技术中的应用。

项目导入

电能够产生磁，反过来，磁能够产生电吗？

在图7-1a所示的电磁感应现象实验中，当导体在磁场中做切割磁感线运动，导体的两端就会产生电动势，如果形成闭合回路，就会有电流产生（检流计指针发生偏转）；在图7-1b所示的电磁感应现象实验中，当条形磁铁快速插入或拔出线圈时，线圈两端会产生电动势，如果形成闭合回路，也会有电流产生（检流计指针发生偏

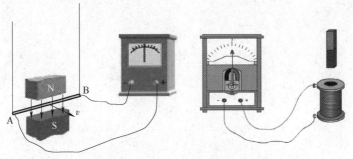

a) 导体在磁场中做切割磁感线运动　　　　b) 条形磁铁在磁场中运动

图7-1　电磁感应现象实验

转）。如果我们把线圈、小灯泡、开关和电源串联时，在开关闭合的瞬间，小灯泡是逐渐亮起来，直到正常发光。这些现象是什么原因造成的？

本项目主要有认识电磁感应现象，认识与运用自感现象，认识与运用互感现象，认识与运用涡流和磁屏蔽四个学习任务。

 项目实施

学习任务一　认识电磁感应现象

情景引入

在图 7-1 所示的电磁感应现象实验中，当导体在磁场中做切割磁感线运动或条形磁铁快速插入或拔出线圈时，为什么检流计指针会发生偏转呢？而当导体不运动（或沿平行磁感线方向运动）、条形磁铁静止不动时，为什么检流计指针不偏转呢？你能解释这些现象吗？

本学习任务主要学习电磁感应现象、判断感应电流的右手定则和计算感应电流大小的电磁感应定律。

一、电磁感应现象

在图 7-1a 所示的电磁感应现象实验中，在匀强磁场中放置一根导体 AB，导体 AB 的两端分别与灵敏检流计的两个接线柱相连接，形成闭合回路。当导体 AB 在磁场中做切割磁感线运动时，检流计指针发生偏转；当导体 AB 沿平行磁感线方向运动时，检流计指针不偏转。

电磁感应
现象实验1

结论：闭合回路中的一部分导体做切割磁感线运动时，闭合回路中有电流流过。

如图 7-2b 所示，将空心线圈两端分别与灵敏检流计的接线柱连接，形成闭合回路。当用条形磁铁快速插入线圈时，检流计指针偏转，表明闭合回路中有电流流过；当条形磁铁静止不动时，检流计不偏转，表明闭合回路中没有电流流过；当条形磁铁快速拔出线圈时，检流计指针向相反方向偏转，表明闭合回路中有电流流过，而且电流方向相反。

电磁感应
现象实验2

结论：闭合回路中的磁通发生变化时，回路中就有电流流过。

因此，当闭合回路中的一部分导体在磁场中做切割磁感线运动，或者闭合回路中的磁场发生变化而使穿过线圈的磁通发生变化时，闭合回路中就有电流产生，我们把这种利用磁场产生电流的现象称为电磁感应现象，由此产生的电流称为感应电流。

二、右手定则

导线做切割磁感线运动时产生的感应电流的方向，可以用右手定则来判断。其方法是：伸出右手，让大拇指与四指在同一平面，大拇指和四指垂直，让磁感线垂直穿过手心，大拇指指向导体运动方向，那么，四指所指的方向就是感应电流的方向，如图 7-2 所示。

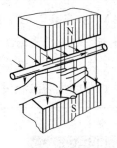

图 7-2　右手定则

【想一想　做一做】

如图 7-3 所示，在匀强磁场中，闭合回路中的导体 AB 以速度 v 向右做切割磁感线运动。试问回路中有感应电流吗？若有，请在图中标出感应电流的方向。

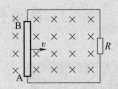

图 7-3　导体做切割磁感线运动

知识拓展

楞 次 定 律

在图 7-1b 所示的电磁感应现象实验中，条形磁铁插入或拔出时检流计指针发生偏转，而且偏转方向相反，说明感应电流的方向相反。

楞次根据产生感应电流的不同条件，通过大量的实验，总结出可以普遍应用于判定各种情况下所产生的感应电流方向的规律。楞次定律可以表述为：感应电流具有这

楞次定律
实验

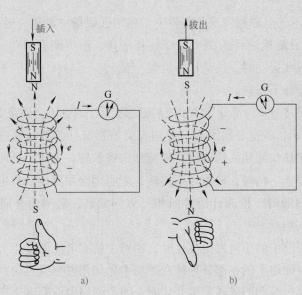

图 7-4　楞次定律

样的方向，即感应电流的磁场总是阻碍引起感应电流的磁通的变化。

　　在图7-1b中，当将条形磁铁插入线圈时，线圈中的磁通增加，线圈中产生感应电流，而感应电流所产生的磁场总阻碍原来磁通的增加（用右手螺旋定则判定），如图7-4a所示。也可以理解成线圈中有感应电流时，它相当于一块磁铁，上端N极与条形磁铁的N极互相排斥，阻碍条形磁铁插入。当把条形磁铁拔出时，磁通减少，线圈中产生感应电流。由楞次定律可知，感应电流产生的磁通要阻碍原磁通的减少，如图7-4b所示。同样可以将线圈看成一块磁铁，上端为S极，它与条形磁铁N极互相吸引，阻碍条形磁铁拔出。

三、电磁感应定律

　　要使闭合回路中有电流流过，电路中必须有电源，电流是由电动势产生的。在电磁感应现象中，既然闭合回路中有感应电流，这个回路中就必须有电动势存在。在电磁感应现象中产生的电动势称为感应电动势。产生感应电动势的这部分导体就相当于电源。

　　法拉第在1831年发现了由磁场产生电流的条件和规律，实验证明，感应电动势的大小与磁通变化的快慢有关。磁通变化的快慢称为磁通的变化率，即单位时间内磁通的变化量。电磁感应定律又称为法拉第电磁感应定律，其内容是：电路中感应电动势的大小，与穿过这一电路的磁通的变化率成正比，用公式表示为

$$e = \frac{\Delta \Phi}{\Delta t}$$

　　如果线圈的匝数有 N 匝，则线圈的感应电动势为

$$e = N \frac{\Delta \Phi}{\Delta t}$$

式中　e——线圈在 Δt 时间内产生的感应电动势，单位是 V（伏［特］）；

　　　$\Delta \Phi$——线圈在 Δt 时间内磁通的变化量，单位是 Wb（韦［伯］）；

　　　Δt——磁通变化所需要的时间，单位是 s（秒）；

　　　N——线圈的匝数。

【指点迷津】

　　当闭合回路的一部分导体做切割磁感线运动时，如果导体的运动方向与磁场方向的夹角为 α，如图7-5所示，则导体产生的感应电动势的一般表达式为

$$e = Blv\sin\alpha$$

式中　e——导体产生的感应电动势，单位是 V（伏［特］）；

　　　B——磁感应强度，单位是 T（特［斯拉］）；

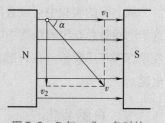

图7-5　B 与 v 成 α 角时的感应电动势

$l\sin\alpha$——导体做切割磁感线运动的有效长度，单位是 m（米）；

v——导体的运动速度，单位是 m/s（米/秒）；

α——导体的运动方向与磁场方向的夹角。

当 $\alpha = 90°$ 时，感应电动势最大，为 $e = Blv$。

当 $\alpha = 180°$ 时，感应电动势最小，为 $e = 0$，即当导体的运动方向与磁感线平行时，不切割磁感线，不产生感应电动势。

*学习任务二　认识与运用自感现象

情景引入

在图7-6所示的自感现象实验中，灯 HL_1、HL_2 是两个完全相同的小灯泡，L 是一个电感很大的线圈，调节电位器使它的电阻值等于线圈的电阻值。在将开关 S 闭合的瞬间，发现与电位器串联的小灯泡 HL_2 立刻发光，而与电感线圈串联的小灯泡 HL_1 却是逐渐亮起来。

你知道为什么会现象这种现象吗？是与电路中哪个元件有关的？

本学习任务主要通过自感现象的学习，了解自感系数、自感电动势，熟悉电感器的基本知识。

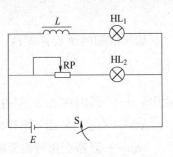

图 7-6　自感现象实验

一、自感现象

在上面的实验中，当开关 S 闭合时，电路中的电流由零增大，在小灯泡 HL_1 支路中，电流增大使穿过线圈 L 中的磁通也随之增加。由电磁感应定律可知，线圈中必定要产生感应电动势。根据楞次定律可知，感应电动势要阻碍线圈中的电流增加，小灯泡 HL_1 支路中电流的增大要比小灯泡 HL_2 支路来得迟缓些。因此，小灯泡 HL_1 也比 HL_2 亮得迟缓些。

从上面的实验中可以看出，当线圈中的电流发生变化时，线圈本身产生感应电动势，这个电动势总是阻碍线圈中电流的变化。这种由于线圈本身的电流变化而产生的电磁感应现象称为自感现象。在自感现象中产生的电动势称为自感电动势；产生的电流称为自感电流。

二、自感系数

当有电流 I 通过线圈时，线圈中有自感磁通穿过。设穿过每匝线圈的自感磁通为 Φ_L，

则当电流通过匝数为 N 的线圈时，穿过 N 匝线圈的总磁通（也称磁链）为

$$\varphi_L = N\Phi_L$$

当同一电流 I 通过结构不同的线圈时，产生的自感磁链 φ_L 各不相同。为了表明各个线圈产生自感磁链的能力，将线圈的自感磁链 φ_L 与电流 I 的比值称为线圈的自感系数（或称自感量），也称为电感，即

$$L = \frac{\varphi_L}{I}$$

L 表示一个线圈通过单位电流所产生的磁链。

电感的单位是亨利，简称亨，用符号 H 表示。常用的单位有毫亨（mH）、微亨（μH）。

$$1H = 10^3 mH = 10^6 \mu H$$

电感在数值上等于单位电流通过线圈时所产生的磁链。电感 L 反映了线圈产生磁的本领，是线圈自身固有的特性，只与线圈本身的匝数、线圈的几何尺寸和介质材料等因素有关，与线圈有无电流通过无关。

三、自感电动势

当流过电感线圈的电流发生变化时，线圈内部会产生因线圈的磁通发生变化而阻碍电流变化的感应电动势。自感电动势为

$$e_L = \frac{\Delta\varphi}{\Delta t} = -L\frac{\Delta i}{\Delta t}$$

负号表示自感电动势方向与电流的变化方向相反，电流增加时，自感电动势方向与之相反；电流减小时，自感电动势方向与之相同（见图7-7）。

如图7-8所示，采用关联参考方向确定端口处电压 u 与电流 i 的方向，让电动势与电流方向一致，导线电阻忽略不计时，根据回路电压定律有

$$u \approx -e_L \quad 即 \quad u = L\frac{\Delta i}{\Delta t}$$

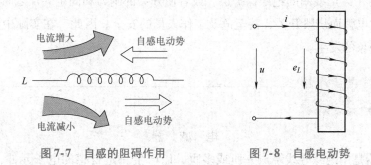

图 7-7　自感的阻碍作用　　　　图 7-8　自感电动势

由电感元件的电压公式 $u = L\frac{\Delta i}{\Delta t}$ 可以得出以下结论。

1）通过电感元件的电流变化率越大，则两端产生的电压越大；在直流电路中，由于电流恒定不变，则电感元件两端的电压为0，相当于"短路"状态。

2）若通以变化的交流电流，则电感元件产生与电流方向相反的自感电动势而阻碍电流的变化，电流变化越快，阻碍作用越大。所以，电感元件具有"通直流、阻交流"的特性。

四、磁场能量

磁场与电场一样具有能量，这在自感实验中已得到了证明。理论和实验证明，线圈中的磁场能量为

$$W_L = \frac{1}{2}LI^2$$

式中　L——线圈的电感，单位是 H（亨 ［利］）；

　　　I——通过线圈的电流，单位是 A（安 ［培］）；

　　　W_L——线圈中的磁场能量，单位是 J（焦 ［耳］）。

上式表明，当线圈通有电流时，线圈储存磁场能，其大小与电流的二次方成正比。通过线圈的电流越大，线圈储存的能量越多，说明通电线圈从外界吸收能量越多。线圈储存的能量（或从外界吸收的能量）和线圈电感成正比。在通有相同电流的线圈中，电感越大的线圈，储存的能量越多。因此，线圈的电感 L 反映它储存磁场能量的能力。

五、自感现象的应用

自感现象广泛应用于各种电器设备和电子技术中，利用线圈具有阻碍电流变化的特点，可以稳定电路中的电流。荧光灯电路中利用镇流器的自感现象，获得点燃灯管所需要的高压，并且使荧光灯正常工作；无线电设备中常用电感线圈和电容器组合构成谐振电路和滤波器等。

自感现象在某些情况下是非常有害的。在具有很大电感的线圈而电流又很大的电路中，当电路断开的瞬间，由于电路中的电流变化很快，在电路中会产生很大的自感电动势，可能击毁（穿）线圈的绝缘保护层，或者使开关的闸刀和固定夹片之间的空气电离变成导体，产生电弧而烧毁开关，甚至危及工作人员的安全。因此，在实际中要设法避免这些有害自感现象的发生。

技术与应用

电　感　器

电感器是用绝缘导线绕成一匝或多匝，以产生一定自感的电子元件，常称为电感线圈，也称为电感。电感器在电子线路中的主要作用是对交流信号进行隔离、滤波，或与电容器、电阻器等组成谐振电路，实现振荡、调谐、滤波、耦合、延迟、偏转等。常见的电感器外形如图7-9所示。

图 7-9 电感器的外形

1. 电感器的分类

电感器的种类很多，常用电感器的分类如下。

1）按结构形式的不同可分为固定电感器、可变电感器。

2）按磁体性质的不同可分为空心电感器、铁心电感器、磁心电感器和铜心电感器等。

3）按绕组结构的不同可分为单层线圈、多层线圈、蜂房式线圈等。

4）按用途的不同可分为天线线圈、振荡线圈、扼流线圈、陷波线圈和偏转线圈等。

常用电感器
外形

2. 电感器的符号

在电路图中，电感器的图形符号和文字符号如图 7-10 所示。

a) 空心电感器   b) 带磁心电感器   c) 可变电感器

d) 带磁心连续可变电感器   e) 带抽头电感器   f) 带磁心有间隙的电感器

图 7-10 电感器的符号

3. 电感器的参数

电感器有两个重要参数，一个是电感量，另一个是额定电流。

电感量一般标注在电感器的外壳上，通常采用直标法或色标法，单位为 μH。实际的电感线圈常用导线绕制，因此，除具有电感外还有电阻。由于电感线圈的电阻很小，常忽略不计，它就成为一个只有电感而没有电阻的理想线圈，即电感器，也称电感。这时，"电感"具有双重意思，它既是电路中的一种元件，又是电路中的一个参数。

额定电流是指电感器在正常工作时所允许通过的最大电流，常以字母 A、B、C、D、E 来表示，标称电流分别为 50mA、150mA、300mA、700mA、1600mA。电感器的实际工作电流必须小于额定电流，否则电感线圈将会严重发热甚至烧毁。

*学习任务三　认识与运用互感现象

情景引入

如图 7-11 所示，线圈 A 和滑动变阻器、开关 S 串联起来后接到电源 E 上。线圈 B 的两端分别与检流计的两个接线柱连接。当开关 S 闭合或断开的瞬间，检流计的指针发生偏转，并且指针两次偏转的方向相反。这说明当开关 S 闭合或断开的瞬间，线圈 B 的回路中有电流产生，并且电流的方向相反。但是我们发现，线圈 B 所在回路中根本没有接电源，为什么会有电流产生呢？

本学习任务主要学习互感现象、互感电动势等基本概念及互感现象在工程技术中的应用等相关知识。

互感现象

一、互感现象

在图 7-11 所示的互感现象实验中，当开关 S 闭合或断开瞬间，线圈 A 中的电流发生了变化，电流产生的磁场也相应发生变化，通过线圈 A 的磁通也随之变化，其中必然有一部分磁通通

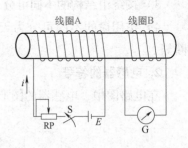

图 7-11　两个线圈间的互感现象实验

过线圈 B，这部分磁通称为互感磁通。互感磁通同样随着线圈 A 中电流的变化而变化，因此，线圈 B 中产生了感应电动势。由于线圈 B 与检流计之间组成了一个闭合回路，线圈 B 中就有感应电流通过，所以检流计发生偏转。

像上述实验中由于一个线圈中的电流变化导致另一个线圈中产生感应电动势的现象称为互感现象。

二、互感系数

互感系数（简称互感）M 由两个线圈的几何形状、尺寸、匝数、它们之间的相对位置以及介质的磁导率决定，与线圈中电流的大小无关。只有当介质为铁磁材料时，互感系数才与电流有关。

三、互感电动势

在互感现象中产生的感应电动势，称为互感电动势，用 e_M 表示。

假设两个靠得很近的线圈中，第一个线圈的电流发生变化，将在第二个线圈中产生互感电动势。理论和实验证明：第二个线圈中产生的互感电动势的大小不仅与第一个线圈中的电流变化率有关，还与两个线圈的互感系数 M 有关，用公式表示为

$$e_M = M \frac{\Delta i}{\Delta t}$$

式中　M——两个线圈的互感系数，单位是 H（亨［利］）；

$\dfrac{\Delta i}{\Delta t}$——第一个线圈中电流的变化率，单位是 A/s（安［培］/秒）。

技术与应用

互感现象的应用

互感现象在电力工程和电子技术中有着广泛的应用。应用互感器可以很方便地把能量或信号由一个线圈传递到另一个线圈。我们使用的电源变压器、电流互感器、电压互感器、中周变压器、钳形电流表等都是根据互感原理工作的。

互感现象有时也会带来害处。如有线电话常常会由于两路电话间的互感现象而引起串音。在无线电技术中，若线圈位置安放不当，线圈间会因互感现象而相互干扰，影响设备的正常工作。为此，常把相邻的两个线圈互相垂直旋转或加大线圈间的距离。在高频电子线路中，常用软磁材料制成屏蔽罩。

四、互感线圈的同名端

1. 互感线圈的同名端

如图 7-12 所示，线圈 1 和线圈 2 是两个互感线圈，线圈 1 和线圈 2 绕向一致。

当线圈 1 中的电流 i 增加时，线圈 1 中产生自感电动势，线圈 2 中产生互感电动势。线圈中产生的自感、互感电动势总是阻碍原电流的变化，因此，自感、互感电动势产生的磁通与原磁通方向相反，应用右手螺旋定则可知，线圈 1 中自感电动势的极性是 A 端为正、B 端为负，线圈 2 中的互感电动势的极性是 C 端为正、D 端为负，即 A 与 C、B 与 D

的极性相同。

　　当线圈 1 中的电流 i 减小时，同样，线圈 1 中产生自感电动势，线圈 2 中产生互感电动势。线圈中产生的自感、互感电动势总是阻碍原电流的变化，因此，自感、互感电动势产生的磁通与原磁通方向相同，应用右手螺旋定则可知，线圈 1 中自感电动势的极性是 B 端为正、A 端为负，线圈 2 中的互感电动势的极性是 D 端为正、C 端为负，即 A 与 C、B 与 D 的极性相同。

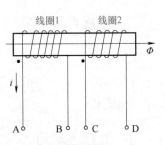

图 7-12　互感线圈的同名端

　　我们把互感线圈由电流变化所产生的自感电动势与互感电动势的极性始终保持一致的端点称为同名端，反之称为异名端。在图 7-12 中，A 与 C、B 与 D 是同名端，而 A 与 D、B 与 C 是异名端。

　　2. 互感线圈同名端的标注

　　为了工作方便，电路图中常常用小圆点或小星号标出互感线圈的同名端，它反映出互感线圈的极性，也反映了互感线圈的绕向。

　　在电路图中，一般不画线圈的实际绕向，而是用规定的符号表示线圈，再标明它们的同名端，如图 7-13 所示。

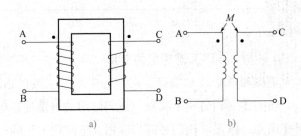

图 7-13　互感线圈同名端的标注方法

技术与应用

同名端的工程应用

　　两个或两个以上线圈彼此耦合时，常常需要知道互感电动势的极性，往往需要标出其同名端。例如，电力变压器用规定好的字母标出一、二次绕组间的极性关系。

　　在电子技术中，互感线圈应用十分广泛，但是必须考虑线圈的极性，不能接错。例如，收音机的本机振荡电路，如果把互感线圈的极性接错，电路将不能起振，因此，需要标出其互感线圈的同名端。

*学习任务四　认识与运用涡流和磁屏蔽

情景引入

大家仔细观察电动机、变压器等电气设备的结构（见图7-14），可以看出它们的铁心都不是整块金属，而是用许多硅钢片叠压而成的。这是为什么呢？

图7-14　电动机、变压器铁心结构

本学习任务主要学习涡流、磁屏蔽等相关知识及其在工程技术中的应用。

一、涡流

电动机、变压器等电气设备的铁心不用整块金属的原因是：当将整块金属置于交变磁场中或让它在磁场中运动时，金属内将产生垂直于磁通方向的感应电流，如图7-15a所示。

我们把铁心线圈通入交变电流时，铁心中将产生变化的磁场，变化的磁场将在铁心中的闭合回路中产生感应电动势和感应电流，这些电流呈旋涡状，称之为涡流。由涡流引起的能量损耗称为涡流损耗。一般来说，导体中涡流的分布情况是比较复杂的，涡流的大小和方向跟导体的材料和形状，以及磁通在导体中的分布和变化情况有关。

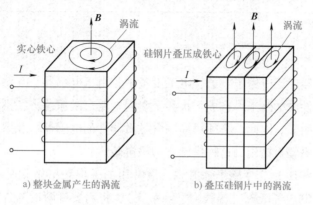

a) 整块金属产生的涡流　　　　b) 叠压硅钢片中的涡流

图7-15　涡流的形成与减小措施

这种涡流将使变压器、电动机等电气设备的铁心发热，浪费能量，还可能损坏电气设备。所以，变压器、电动机等电气设备的铁心不能用整块金属（即实心铁心）。为了减小铁心中的涡流损耗，通常采用厚度约 0.35mm 的硅钢片叠压成铁心，如图 7-15b 所示。硅钢片的电阻率大，涡流损耗只有普通钢片的 1/5 ~ 1/4，大大降低了涡流损耗。

技术与应用

涡流的应用

涡流的作用很多，主要有电磁阻尼作用、电磁驱动作用和热效应等。

工业生产中常利用涡流现象进行有色金属和特种合金的冶炼。如图 7-16 所示，工业上利用涡流加热的设备称为高频感应炉，其主要结构是一个与大功率高频交流电源相连接的线圈。冶炼时，将需冶炼的有色金属或合金放在线圈内的坩埚中，给线圈通以大的高频电流，线圈中的高频电流产生的高频交变磁场在坩埚内形成强大的涡流，产生热量形成高温环境使金属或合金熔化。除用于冶炼外，利用涡流还可以进行金属管道的焊接、工件的热处理及表面淬火等。

图 7-16　高频感应炉

图 7-17 所示为家用电磁炉的内部结构图。作为涡流现象在日常生活中应用的典型案例，它是由高频振荡电路、高频感应加热线圈（即励磁线圈）、高频电力转换装置、控制器及铁磁材料锅底炊具等组成。使用时，加热线圈中通入可调高频交变电流，产生交变磁场，交变磁场的磁感线通过铁质（含铁质）金属锅体，在金属锅底中产生很大的涡流，涡流使锅底铁分子高速无规则运动，分子互相碰撞、摩擦而产生热能（电磁炉加热热量来自锅具底部而不是电磁炉本身发热传导给锅具，具有热效率高的特点）来加热和烹饪食物。

图 7-17　家用电磁炉
内部结构图

二、磁屏蔽

电感器、互感器广泛应用于电子、电工设备中，由于电感器、互感器的漏磁通及自感磁场对其他磁敏器件或电路工作造成干扰甚至引起电路自激振荡，特别是对测量仪表等精密设备的影响特别明显。因此，必须对周围含磁敏器件的电感器、互感器件或者强磁辐射器件采取适当的防磁辐射措施，这种措施称为磁屏蔽。

在防止工频（50Hz）交变磁场辐射时，最常用的磁屏蔽措施就是利用铁磁材料（如金属网、金属壳）制成屏蔽罩（屏蔽网、屏蔽壳），将需要屏蔽的器件放入罩内，这样就可以使产生电磁波的区域与需防止侵入的区域隔开。这是由于铁磁材料的磁导率比空气的磁导率大几千倍，因此金属网、金属壳的磁阻比空气磁阻小很多，外磁场的磁通沿磁阻小的金属网、金属壳中通过，而进入屏蔽罩内的磁通很少，从而起到磁屏蔽的作用，如图7-18所示。为了更好地达到磁屏蔽的目的，常采用多层铁壳屏蔽的办法，把漏进罩内的磁通一次一次地屏蔽掉。

对于高频变化的磁场，常采用铜或铝等导电性能良好的金属制成屏蔽罩，交变的磁场在金属屏蔽罩上产生很大的涡流，利用涡流的去磁作用来达到磁屏蔽的目的。例如，电气设备中常用的开关电源，其外壳是金属，如图7-19所示，其主要目的是使金属屏蔽壳内的元器件或设备产生的高频电磁波不能透出金属外壳，这样就不会对外部设备造成影响。图7-20所示的有线电视电缆、音频馈线采用的金属网线及信号传输线的铝箔包裹层也属于电磁屏蔽的范畴。

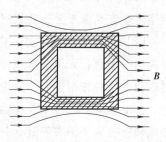

图7-18　磁屏蔽罩的工作原理

图7-19　开关电源的屏蔽措施

图7-20　有线电视电缆

对于线圈间的磁场干扰，在要求不高的情况下往往可以采取将相邻的线圈互相垂直安装来减小线圈间的互感，如图7-21所示。

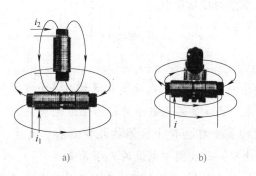

a)　　　　　　　　　b)

图7-21　线圈间抗磁场干扰的措施

【指点迷津】

静电屏蔽是利用屏蔽层把电力线中断，即电力线不能进入屏蔽罩。磁屏蔽是利用屏蔽层把磁感线旁路，即让磁感线从屏蔽罩的侧壁通过，两者的屏蔽原理是不相同的。

【项目总结】

一、电磁感应现象

（1）电磁感应现象　当闭合回路中的一部分导体在磁场中做切割磁感线运动时，闭合回路中就有电流产生，我们把这种利用磁场产生电流的现象称为电磁感应现象。

（2）感应电流的方向　感应电流的方向可用右手定则判定：伸出右手，让大拇指与四指在同一平面，大拇指和四指垂直，让磁感线垂直穿过手心，大拇指指向导体运动方向，则四指所指的方向就是感应电流的方向。

（3）电磁感应定律　电磁感应定律又称为法拉第电磁感应定律，其内容是：电路中感应电动势的大小，与穿过这一电路的磁通的变化率成正比，用公式表示为

$$e = N \frac{\Delta \Phi}{\Delta t}$$

二、自感现象

（1）自感现象　由于线圈本身的电流变化而产生的电磁感应现象称为自感现象。在自感现象中产生的电动势称为自感电动势。

（2）自感系数与电感　空心线圈的电感是一个常数，电感的大小取决于线圈的尺寸、几何形状、匝数和介质的磁导率等，与通电电流的大小无关。铁心线圈的电感是非线性的。

（3）自感电动势　当流过电感线圈的电流发生变化时，线圈内部会产生因线圈的磁通发生变化而阻碍电流变化的感应电动势。自感电动势为

$$e_L = \frac{\Delta \varphi}{\Delta t} = -L \frac{\Delta i}{\Delta t}$$

（4）磁场能量　线圈中的磁场能量为

$$W_L = \frac{1}{2} L I^2$$

三、互感现象

（1）互感现象　由于一个线圈中的电流变化导致另一个线圈产生感应电动势的现象称为互感现象。在互感现象中产生的感应电动势称为互感电动势。

（2）互感系数　互感系数 M 由两个线圈的几何形状、尺寸、匝数，它们之间的相对位置以及介质的磁导率决定，与线圈中电流的大小无关。

（3）互感电动势　第二个线圈中产生的互感电动势的大小不仅与第一个线圈中的电流变化率有关，而且还与两个线圈的互感系数 M 有关，用公式表示为

$$e_M = M \frac{\Delta i}{\Delta t}$$

（4）同名端　两个磁耦合线圈当电流变化所产生的自感电动势与互感电动势的极性始终保持一致的端点，称为同名端，反之称为异名端。如果不知道线圈绕向，则可应用实验方法测定同名端。

四、涡流与磁屏蔽

（1）涡流 当穿过金属导体的磁通发生变化时，金属导体中产生闭合涡旋状的感应电流称为涡流。涡流会使铁心发热，引起材料绝缘性能下降，甚至破坏绝缘造成事故。

（2）磁屏蔽 磁屏蔽就是利用高磁导率的铁磁材料做成屏蔽罩以屏蔽外磁场。

【思考与实践】

1. 空心电感线圈与铁心线圈的电感有什么区别和联系？

2. 什么是自感现象？什么是互感现象？在同一个回路内是否可能既有自感电动势又有互感电动势存在？

3. 在直流电路中电流恒定时，线圈有没有电感？有没有自感电动势？

4. 什么是互感线圈的同名端？怎样用实验的方法判定线圈的同名端？

5. 为什么所有指南针的盒子全是用非铁磁材料制成的？请说明原因。

6. 有三个线圈，相隔的距离都不太远，如何放置可使它们两两之间的互感系数为零？

大国名匠

张兵：地铁检修"一把刀"

张兵，武汉地铁集团电气技师，先后获得武汉市五一劳动奖章、武汉市技术能手等称号。

作为电气技师、地铁车辆检修技师，他每天与综合控制柜、照明灯、空调、电采暖等打交道，主要工作就是钻进地铁车辆底部进行检测和维修，有时候是在地道里，有时候就在车旁的地面上，总之是让人直不起腰。张兵算了算，自己进入武汉地铁做电气检修10年间，平均每天跪着工作的时间起码一个半小时。

张兵与列车打交道30多年来，通过自考取得大专学历，而入职之初第一学历仅为初中，这是自己的"短板"，要把车修好，不逼自己是不可能成功的。只要是厂家对列车进行维修，他会主动打下手去"偷艺"，现场该记的记，该问的就问。久而久之，以前非要厂家来人才能解决的"疑难杂症"，现在张兵也能"手到病除"，他成为了地铁检修的"一把刀"。

项目八 认识正弦交流电

项目目标

1. 熟悉交流电的概念，知道交流电与直流电的区别。

2. 了解交流电的产生。

3. 理解正弦量解析式、波形图的表现形式及其对应关系，掌握正弦交流电的三要素。

4. 理解有效值和最大值的概念，掌握它们之间的关系；理解频率、角频率和周期的概念，掌握它们之间的关系；理解相位、初相位和相位差的概念，掌握它们之间的关系。

5. 理解正弦交流电的旋转相量表示法，了解正弦量解析式、波形图、相量图的相互转换。

项目导入

在日常生活和现代工农业生产中用得最多的是交流电，如照明设备和家庭用电都是单相正弦交流电，即使电镀、电信等行业所需要的直流电也是通过将交流电经整流、滤波后获得的。这是因为交流电有比直流电无可比拟的优点：交流发电机可以经济方便地把机械能（水能、风能）、化学能、核能等其他形式的能转换为电能；交流电可以用变压器来改变电压，便于远距离输送、分配和使用电能；交流电动机作为动力要比相同功率的直流电动机结构简单，维护方便……那么，交流电与直流电相比有哪些特点？交流电的表示方法与直流电有什么不同？如何观察和测量交流电呢？

本项目主要包括认识正弦交流电的产生，认识表征正弦交流电的物理量，认识正弦交流电的表示方法三个学习任务。

项目实施

学习任务一　认识正弦交流电的产生

情景引入

在前面的项目中，我们学习了直流电，那么什么是交流电呢？图 8-1a 所示为通过示波器观察到的直流电压的波形，图 8-1b 为通过示波器观察到的正弦交流电压的波形。你能说明交流电和直流电有何区别吗？交流电又是如何产生的呢？

a) 直流电

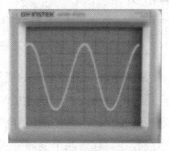

b) 正弦交流电

交流发电机
工作原理

图 8-1　用示波器观察到的直流电与正弦交流电波形

本学习任务学习交流电的基本知识、正弦交流电的产生和正弦交流电的瞬时值与波形图。

一、交流电的基本知识

所谓交流电，是指大小和方向都随时间做周期性变化的电信号（电动势、电压或电流）。交流电（Alternating Current）英文缩写为 AC，所以交流电一般用字母"AC"或符号"～"表示。交流电可分为正弦交流电和非正弦交流电两大类。正弦交流电是指交流电的大小和方向都随时间按正弦规律做周期性变化的交流电，如图 8-2c 所示；而非正弦交流电的变化规律却不是按正弦规律变化的，如图 8-2a、b 所示。

正弦交流电的
周期性变化

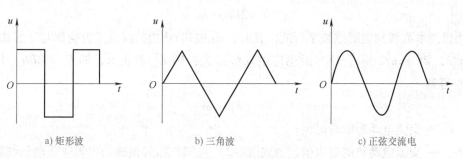

a) 矩形波　　　　　　　　b) 三角波　　　　　　　　c) 正弦交流电

图 8-2　几种常见的交流电波形图

二、正弦交流电的产生

交流电是由交流发电机产生的，交流发电机是利用电磁感应原理研制出来的，它是将机械能转换为电能的装置。图 8-3a 所示为单相交流发电机的外形图，发电机通常由定子、转子、端盖、轴承等部件构成，定子是发出电力的电枢，转子是磁极。当水轮机或汽轮机带动发电机转子旋转时，转子磁极旋转，会使磁感线切割定子绕组，定子绕组中便会产生感应电动势，转子磁极转动一周就会使定子绕组产生相应的电动势。

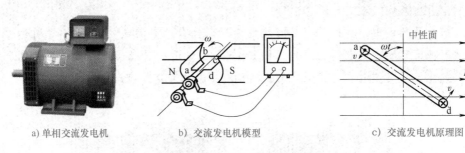

a) 单相交流发电机　　　　b) 交流发电机模型　　　　c) 交流发电机原理图

图 8-3　正弦交流电的产生

图 8-3b 所示为最简单的交流发电机的模型，其中 N 和 S 是一对磁极，其间的磁场设为匀强磁场，磁感应强度的大小为 B，方向由 N 极指向 S 极。单匝线圈 abcda 置于该匀强磁场中，且可以绕固定转动轴旋转。两个铜环分别与线圈的两根引线相连接，其作用是避免线圈旋转过程中两根引线绞在一起。两个铜环分别通过电刷与检流计（外电路）相连接。

图 8-3c 所示为交流发电机的原理图，单匝线圈 abcda 可绕转轴以角速度 ω 逆时针匀速旋转。线圈平面与纸面垂直，其垂直于纸面的两边的导体称为线圈的边，通过固定转轴的垂直平面称为中性面。线圈平面处于中性面时，无论向哪个方向旋转，线圈的两个边均不切割磁感线，线圈中没有感应电动势产生。

图 8-3c 中标 a 的小圆圈表示线圈 ab 边的横截面，标 d 的小圆圈表示线圈 cd 边的横截面。设线圈以角速度 ω 从中性面开始逆时针绕轴旋转，经过时间 t 后，线圈转过的角度是 ωt。这时，ab 边线速度 v 的方向与磁感线方向间的夹角也等于 ωt。

设 ab 边的长度是 l，磁场的磁感应强度是 B，那么 ab 边中产生的感应电动势 $e_{ab} = Blv\sin\omega t$，且 cd 边中的感应电动势与 ab 边中的大小相同，而且又是串联在一起，所以，这一瞬间整个线圈中的总感应电动势 e 可表示为

$$e = 2Blv\sin\omega t \tag{8-1}$$

当线圈平面转到与磁感线平行的位置时，ab 边和 cd 边的线速度方向都与磁感线垂直，$\omega t = \pi/2$，而 $\sin\pi/2 = 1$，这时的感应电动势最大，用 E_m 来表示，即 $E_m = 2Blv$，代入式（8-1）得到

$$e = E_m\sin\omega t \tag{8-2}$$

式中　e——交流电动势的瞬时值；

E_m——交流电动势的最大值。由式（8-2）可知，在匀强磁场中匀速转动的线圈里产

生的感应电动势是按正弦规律变化的，这就是正弦交流电。

上述是假定线圈平面从中性面重合的时刻开始计时的，如果从线圈平面与中性面有一夹角 φ_0 时开始计时，如图 8-4 所示，那么经过时间 t，线圈平面与中性面间的夹角为 $\omega t + \varphi_0$，感应电动势的公式就变成 $e = E_m \sin(\omega t + \varphi_0)$。

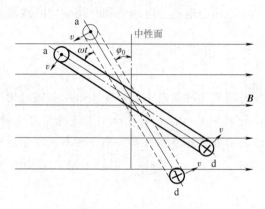

图 8-4　线圈从夹角为 φ_0 的平面开始旋转

如果把线圈和电阻器组成闭合电路，则电路中就有感应电流。用 R 表示整个闭合电路的电阻，用 i 表示电路中的感应电流，那么

$$i = \frac{e}{R} = \frac{E_m}{R} \sin(\omega t + \varphi_0)$$

式中　$\dfrac{E_m}{R}$——电流的最大值，用 I_m 表示，则电流的瞬时值表达式为 $i = I_m \sin(\omega t + \varphi_0)$。可见，感应电流也是按正弦规律变化的。

外电路中负载上的电压同样也是按正弦规律变化的。设负载的电阻为 R，电压的瞬时值

$$u = Ri = RI_m \sin(\omega t + \varphi_0)$$

式中　RI_m——电压的最大值，用 U_m 表示，所以 $u = U_m \sin(\omega t + \varphi_0)$。

应当指出，实际的发电机构造比较复杂，线圈的匝数很多，而且是嵌在由硅钢片叠装而成的电枢铁心槽中。磁极也不止一对，而是具有多对磁极，通常由电磁铁构成。交流发电机一般采用旋转式磁极，即电枢不动，磁极转动。

实践与应用

请你说说日常生活中有哪些电器使用的是单相正弦交流电。

三、正弦交流电的瞬时值与波形图

交流电压、电流、电动势在变化过程中的任一瞬间，都有确定的大小和方向，它们在任一瞬间的数值称为交流电的瞬时值。瞬时值是时间 t 的函数，分别用小写字母 u、i、e

表示电压、电流和电动势的瞬时值。

在直角坐标系中，用横坐标表示时间 t，纵坐标表示交流电的瞬时值，把某一时刻 t 对应的 u、i 或 e 作为平面直角坐标系中的点，用光滑的曲线把这些点连接起来，就得到了交流电 u、i 或 e 随时间变化的曲线，即波形图。图 8-2 所示为几种常见的交流电波形图，通过波形图可以直观地了解电压、电流、电动势随时间变化的规律。

【指点迷津】

在交流电路中，随时间变化的量用小写字母表示，如随时间变的电压、电流、电动势和功率的瞬时值，分别用 u、i、e、p 表示；不随时间变化的量用大写字母表示，如电压、电流、电动势的有效值和有功功率、无功功率、视在功率，分别用大写字母 U、I、E 和 P、Q、S 表示。

知识拓展

波形图的画法

正弦交流电是正弦函数，不仅可以用正弦函数表达式（也称瞬时值表达式）来表示，如 $u = U_m \sin(\omega t + \varphi_0)$，还可以用函数图像来表示。在数学中，正弦函数 $y = A \sin(\omega x + \varphi_0)$，它的函数图像可以通过五点作图法绘制，这五点分别是图像的最高点、最低点、与 x 轴三个零值的交点。数学上是通过列表计算、定点、连线来画出函数图像的。我们也可以借助这五点来画出正弦交流电的图像，这个图像是波形，所以也称为波形图。波形图的画法如下：

先画出 x 轴并在箭头处标注 ωt 或 t（下面以 ωt 为例），然后在 x 轴上均匀地画出以上五点，在第二点处沿纵轴正方向定一个最大值，在第四点处沿纵轴负方向定一个最小值，然后用光滑的曲线连接这五点，形成正弦曲线。如果 φ_0 是正值，则纵轴将与波形相交于正半周，将 φ_0 用弧度表示，如 $\varphi_0 = 45° = \pi/4$，波形如图 8-5a 所示；如果 φ_0 是负值，则纵轴将于波形相交于负半周，将 φ_0 用弧度表示，如 $-\varphi_0 = 30° = -\pi/6$，波形如图 8-5b 所示。在纵轴上标注表示交流量的符号 i、u、e，在最大值和最小值处标出相关量值，并在 x 轴方向的三个零值点处标注相关量值。

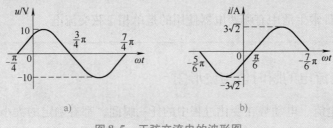

图 8-5　正弦交流电的波形图

科技成就

中国电源结构日趋多元化和清洁化

改革开放 40 多年来，中国电力发展以"创新、协调、绿色、开放、共享"五大发展理念为引领，电源结构持续向结构优化、资源节约化方向迈进，形成了水火互济、风光核气生并举的电源格局，多项指标世界第一，综合实力举世瞩目。

新能源发电投资占比显著提高。2017 年，太阳能、风电、核电、水电、火电发电投资分别占电源总投资的 9.8%、23.5%、15.7%、21.4%、29.6%。火电及其煤电投资规模大幅下降，为 2006 年以来最低水平。

电源结构得到明显改善。经过 40 年的发展，我国的电源结构已形成水火互济、风光核气生并举的格局。截至 2017 年年底，全国火电装机容量为 11 亿 kW（其中煤电为 9.8 亿 kW），在全国装机中占比 62.2%；水电装机容量为 3.4 亿 kW，占比 19.3%；核电装机容量为 3582 万 kW，占比 2.0%；风电装机容量为 1.63 亿 kW，占比 9.2%；太阳能发电装机容量为 1.29 亿 kW，占比 7.3%。

水电长期领先，综合实力举世瞩目。我国水电发展起步较早，并长期在世界水电领域保持领先的地位。2017 年，中国水力发电装机容量为 3.41 亿 kW，发电量为 1.1945 万亿 kW·h，分别占到全球水电总装机容量、发电量的 26.9% 和 28.5%。

风光核后来居上，多项指标世界第一。2010 年，我国风电装机容量突破 4000 万 kW，超越美国成为世界第一风电大国。秦山一期核电站并网发电结束了我国大陆无核电的历史。目前我国大陆地区核电总装机容量和在建容量分列世界第四和世界第一。近几年光伏发电加速发展，新增装机从 2013 年开始连续居于世界首位，并于 2015 年超越德国成为累计装机全球第一。

学习任务二　认识表征正弦交流电的物理量

情景引入

正弦交流电的特征主要体现在交流电变化的快慢、变化的范围和起始位置三个方面。如何表征正弦交流电的特征？我们通常用正弦交流电的三要素来表征正弦交流电。

本学习任务主要学习表征交流电快慢的物理量（周期、频率和角频率），表征交流电变化范围的物理量（最大值和有效值），表征交流电起始位置的物理量（相位和相位差）等相关知识。

一、表征交流电变化快慢的物理量

1. 周期

正弦交流电完成一次周期性变化所需的时间，称为正弦交流电的周期，通常用字母 T 表示，单位是秒，用符号 s 表示。如图 8-6 所示，从 0 时刻起到 t_2 时刻止，正弦交流电完成了一次周期性变化。

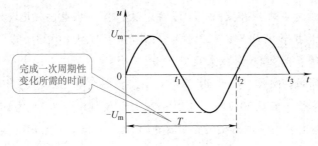

图 8-6　正弦交流电的周期

2. 频率

正弦交流电在 1s 内完成周期性变化的次数，称为正弦交流电的频率，通常用字母 f 表示，单位是赫兹，简称赫，符号为 Hz。频率的常用单位还有千赫（kHz）和兆赫（MHz）。

$$1MHz = 10^3 kHz = 10^6 Hz$$

从周期和频率的定义可知，周期和频率互为倒数，即

$$T = \frac{1}{f} \quad 或 \quad f = \frac{1}{T}$$

【指点迷津】

在我国供电系统中，交流电的频率是 50Hz，习惯上称为"工频"，周期为 0.02s。世界上大多数国家的交流电频率都是 50Hz，如欧盟各国等；但也有少数国家，如美国、加拿大、日本等国，交流电的频率为 60Hz。

3. 角频率

正弦交流电变化的快慢，除了用周期和频率表示外，还可以用角频率表示。通常正弦交流电变化一周可以用 2π 弧度或 $360°$ 来计量。把正弦交流电 1s 所变化的角度（电角度）称为正弦交流电的角频率，用 ω 表示，单位是弧度/秒，符号为 rad/s。

如果交流电在 1s 内变化了 1 次，则电角度正好变化了 2π 弧度，也就是说该交流电的角频率 $\omega = 2\pi rad/s$。若交流电 1s 内变化了 f 次，则可得角频率与频率的关系式为

$$\omega = 2\pi f$$

由频率和周期的关系可得到角频率与周期的关系式为

$$\omega = \frac{2\pi}{T}$$

以上所讲的周期、频率、角频率都是表征交流电变化快慢的物理量，三个物理量中只要知道其中一个，就可以通过公式求出另外两个。

图 8-7 所示为两个不同角频率的正弦电动势的波形图，显然，在 e_1 变化 1 周时，e_2 变化了 3 周，即 $\omega_2 = 3\omega_1$，说明 e_2 比 e_1 变化得快。

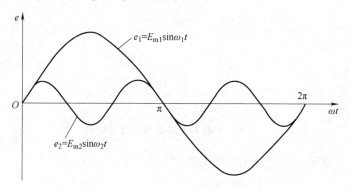

图 8-7　不同角频率的正弦波

【例 8-1】　已知某一正弦交流电的频率为 60Hz，则它的周期 T、角频率 ω 各为多少？

解：周期 $T = \dfrac{1}{f} = \dfrac{1}{60}\mathrm{s} = 16.7\mathrm{ms}$

角频率 $\omega = 2\pi f = 2\pi \times 60\mathrm{rad/s} = 120\pi\mathrm{rad/s} \approx 376.8\mathrm{rad/s}$

【想一想　做一做】

如果正弦交流电随时间变化加快，则它的频率、周期、角频率会如何变化？

二、表征交流电变化范围的物理量

1. 最大值

正弦交流电的大小和方向随时间按正弦规律变化，正弦交流电在一个周期内所能达到的最大数值，可以用来表示正弦交流电变化的范围，称为交流电的最大值，又称为峰值、振幅或幅值，用带下标 m 的大写字母 E_m、U_m 和 I_m 分别表示电动势、电压和电流的最大值。

最大值在工程上具有实际意义。例如，在讨论电容器的额定工作电压时，若电容器是应用在正弦交流电路中，其额定工作电压就一定要高于交流电压的最大值，否则电容器可能会被击穿。但在研究交流电的功率时，用最大值表示就不够方便，它不适用于表示交流电产生的效果。因此，在实际工作中通常用有效值来表示交流电的大小。

2. 有效值

交流电的有效值是根据电流的热效应来规定的。将交流电和直流电分别通过同样电阻值的电阻器 R，如果在相同的时间内产生的热量相等，我们就把直流电的数值称为交流电的有效值，分别用 I、E、U 来表示电流、电动势和电压的有效值。例如，在同一时间内，某交流电通过一个电阻器产生的热量，与 2A 的直流电通过电阻值相同的另一个电阻产生的热量相等，则这一交流电流的有效值就是 2A，如图 8-8 所示。

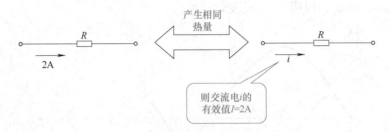

图 8-8 交流电与直流电热效应比较

理论和实验均证明，正弦交流电的最大值与有效值之间的关系为

$$有效值 = \frac{1}{\sqrt{2}} \times 最大值$$

即

$$I = \frac{I_{\mathrm{m}}}{\sqrt{2}} \approx 0.707 I_{\mathrm{m}}$$

$$U = \frac{U_{\mathrm{m}}}{\sqrt{2}} \approx 0.707 U_{\mathrm{m}}$$

$$E = \frac{E_{\mathrm{m}}}{\sqrt{2}} \approx 0.707 E_{\mathrm{m}}$$

【指点迷津】

最大值和有效值从不同角度反映了交流电的强弱，通常所说的交流电流、电压、电动势的值，如果不做特殊说明都是有效值。交流电气设备铭牌上所标的额定电压和额定电流都是有效值。交流电流表、电压表上的指示值也是有效值。目前，我国供电系统中的照明电压为 220V，是指电压的有效值为 220V，其最大值为 311V。

三、表示交流电起始位置的物理量

1. 相位

交流电是随时间变化的，要确定一个交流电的初始值还必须要从起始（$t = 0$）时刻入手。如果所取的起始点不同，交流电的初始值就不同，到达某个特定值所需的时间也就不同。

交流电动势 $e = E_{\mathrm{m}} \sin \omega t$，其波形图如图 8-9a 所示，它的初始值为 0；交流电动势 $e = E_{\mathrm{m}} \sin(\omega t + \varphi_0)$，其波形如图 8-9b 所示，它的初始值不为 0。

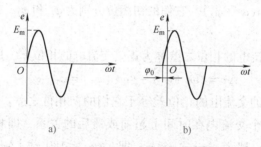

图 8-9　交流电的相位、初相位

我们从交流电的瞬时值表达式可以看出，交流电瞬时值何时为零，何时最大，不是简单地由时间 t 来确定，而是由 $\omega t + \varphi_0$ 来确定。这个相当于角度的量 $\omega t + \varphi_0$ 对于确定交流电的大小和方向起着重要作用，称为正弦交流电的相位。相位的单位和电角度的单位一样为弧度或度，但在计算时需将 ωt 和 φ_0 换算成相同的单位。

2. 初相位

$t = 0$ 时的相位称为初相位，简称初相，用字母 φ_0 表示。初相位反映的是正弦交流电起始时刻的状态，如图 8-10 所示。正弦交流电 u 的初相位是 φ_1，正弦交流电 i 的初相位是 φ_2。

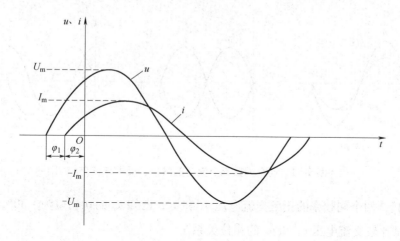

图 8-10　正弦交流电的初相位

【指点迷津】

初相位表示了交流电变化的起始情况，规定初相位 φ_0 的变化范围一般为 $-\pi < \varphi_0 \leqslant \pi$，即 $-180° < \varphi_0 \leqslant 180°$。初相位的单位同相位的单位一样，为弧度或度。

3. 相位差

在一个正弦交流电路中，电压 u 和电流 i 的频率是相同的，但初相位就不一定相同了。如图 8-10 所示的两个正弦交流电，电压 u 的瞬时值表达式为 $u = U_m \sin(\omega t + \varphi_1)$，电流 i 的

瞬时值表达式为 $i = I_m \sin(\omega t + \varphi_2)$。它们的初相位分别为 φ_1 和 φ_2，那么它们的相位差是多少呢？

两个同频率正弦交流电的相位之差称为正弦交流电的相位差，用 $\Delta\varphi$ 表示，即

$$\Delta\varphi = (\omega t + \varphi_1) - (\omega t + \varphi_2) = \varphi_1 - \varphi_2$$

可见，两个同频率的交流电的相位差等于它们的初相位之差。这个相位差是恒定的，与时间无关，表明了两个交流电在时间上超前或滞后的关系，即相位关系。在实际应用中，规定相位差的范围一般为 $-\pi \leq \Delta\varphi \leq \pi$，即 $|\Delta\varphi| \leq 180°$ 或 $|\Delta\varphi| \leq \pi$。

两个同频率正弦交流电的相位关系存在下列情况：

1）当 $\Delta\varphi > 0$ 时，称交流电压 u 比交流电流 i 的相位超前 $\Delta\varphi$，或者说交流电流 i 比交流电压 u 滞后 $\Delta\varphi$。

2）当 $\Delta\varphi < 0$ 时，称交流电压 u 比交流电流 i 的相位滞后 $|\Delta\varphi|$，或者说交流电流 i 比交流电压 u 超前 $|\Delta\varphi|$。

3）当 $\Delta\varphi = 0$ 时，称交流电压 u 与交流电流 i 同相，如图 8-11a 所示。

4）当 $\Delta\varphi = \pm\pi$ 时，称交流电压 u 与交流电流 i 反相，如图 8-11b 所示。

5）当 $\Delta\varphi = \pm\dfrac{\pi}{2}$ 时，称交流电压 u 与交流电流 i 正交，如图 8-11c 所示。

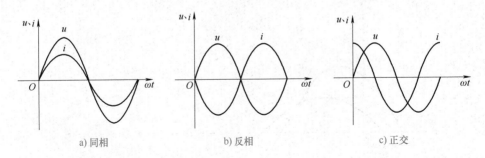

a) 同相　　　　　　b) 反相　　　　　　c) 正交

图 8-11　两个同频率交流电的同相、反相与正交

【例 8-2】　两个同频率的正弦交流电压 u_1 和 u_2，已知 u_1 的初相位为 $-30°$，u_2 的初相位为 $60°$，试比较交流电压 u_1 和 u_2 的相位关系。

解：u_1 与 u_2 的相位差为

$$\Delta\varphi = \varphi_1 - \varphi_2 = -30° - 60° = -90° < 0$$

因此，交流电压 u_1 滞后 u_2 90°，即交流电 u_2 超前 u_1 90°。

【指点迷津】

正弦交流电的有效值（或最大值）、频率（或周期、角频率）和初相位称为正弦交流电的三要素。它们是表征正弦交流电的三个重要物理量。知道了这三个物理量，就可以写出交流电的解析式（即瞬时值表达式），从而知道正弦交流电的变化规律。

【例8-3】　已知某正弦交流电的有效值为220V，频率为50Hz，初相位为30°。试写出该正弦交流电的瞬时值表达式。

解：由已知条件可知，只要求出角频率 ω 即可写出该正弦交流电的瞬时值表达式。有

$$\omega = 2\pi f = 2 \times 3.14 \times 50 \text{rad/s} = 314 \text{rad/s}$$

则瞬时值表达式为

$$u = \sqrt{2}U\sin(\omega t + \varphi_0) = 220\sqrt{2}\sin(314t + 30°)\text{V}$$

学习任务三　认识正弦交流电的表示方法

情景引入

解析式、波形图是正弦交流电的两种基本表示方法，它们都能完整地反映正弦交流电的三要素。但为了方便地对同频率的正弦交流电进行加、减运算，我们还需要学习相量图表示法。

本学习任务主要学习正弦交流电的解析式表示法、波形图表示法和相量图表示法。

一、解析式表示法

用正弦函数式表示正弦交流电随时间变化关系的方法称为解析式表示法。瞬时值表达式就是交流电的解析式，其表达方式为

$$瞬时值 = 最大值 \times \sin(\omega t + \varphi_0)$$

则正弦交流电动势、电压、电流的解析式分别为

$$e = E_m\sin(\omega t + \varphi_e)$$
$$u = U_m\sin(\omega t + \varphi_u)$$
$$i = I_m\sin(\omega t + \varphi_i)$$

【例8-4】　已知某正弦交流电压的解析式 $u = 311\sin(314t + 60°)\text{V}$，求这个正弦交流电压的最大值、有效值、角频率、频率、周期和初相位。

解：最大值　　　　　　　　　　　$U_m = 311\text{V}$

有效值　　　　　　　$U = \dfrac{U_m}{\sqrt{2}} = (311/\sqrt{2})\text{V} = 220\text{V}$

角频率　　　　　　　　　　　$\omega = 314\text{rad/s}$

频率　　　　　　　$f = \dfrac{\omega}{2\pi} = \dfrac{314}{2 \times 3.14}\text{Hz} = 50\text{Hz}$

周期　　　　　　　$T = \dfrac{1}{f} = \dfrac{1}{50}\text{s} = 0.02\text{s}$

初相位　　　　　　　　　　　$\varphi_0 = 60°$

【想一想 做一做】

已知某正弦交流电流的有效值为 10A，频率为 50Hz，初相位为 -55°，你能写出这个正弦交流电流的解析式吗？

二、波形图表示法

用正弦曲线表示正弦交流电随时间变化关系的方法称为波形图表示法，简称波形图。如图 8-12 所示，图中的横坐标表示时间 t 或电角度 ωt，纵坐标表示随时间变化的电流、电压或电动势的瞬时值，波形图可以完整地反映正弦交流电的三要素。

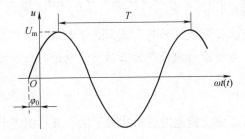

图 8-12 正弦交流电的波形图表示法

几种常见正弦交流电的波形图如图 8-13 所示。

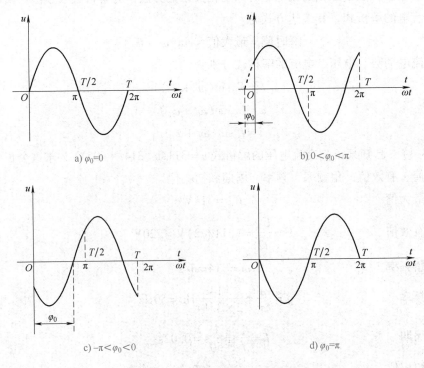

a) $\varphi_0=0$

b) $0<\varphi_0<\pi$

c) $-\pi<\varphi_0<0$

d) $\varphi_0=\pi$

图 8-13 常见正弦交流电的波形图

【指点迷津】

我们可以通过波形图解读初相位的正、负，如果波形图的起点在纵坐标的正方向，即起点为正值，则初相位为正；如果波形图的起点在纵坐标的负方向，即起点为负值，则初相位为负。

【想一想 做一做】

写出图 8-14 所示波形图的正弦交流电解析式。

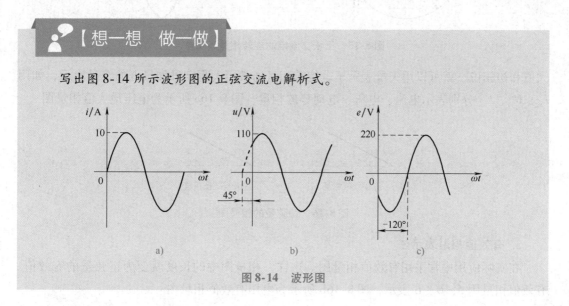

图 8-14 波形图

三、相量图表示法

上述两种方法虽能准确地表达出正弦交流电，却不方便进行计算，为了解决这个问题，我们可以用相量图来表示。

1. 旋转相量

旋转相量是一个在直角坐标系中绕原点以一定速度沿逆时针旋转的相量，它既有大小和方向，也有时间，表示正弦量的复数量。如图 8-15 所示，以坐标原点 O 为端点作一条有向线段，线段的长度为正弦量的最大值 U_m，旋转相量的起始位置与 x 轴正方向的夹角为正弦量的初相位 φ_0，它以正弦量的角频率 ω 为角速度，绕原点 O 沿逆时针方向匀速旋转。这样，在任何一瞬间，旋转相量在纵轴上的投影就等于该时刻正弦量的瞬时值。旋转相量既可以反映正弦交流电的三要素，又可以通过它在纵轴上的投影求出正弦量的瞬时值，因此，旋转相量能完整地表示出正弦量。

2. 旋转相量的起始位置

用旋转相量表示正弦量时，不可能把每一时刻的位置都画出来。由于我们分析的都是同频率的正弦量，相量的旋转速度是相同的，它们的相对位置是不变的。因此，只需画出旋转相量的起始位置，即旋转相量的长度为正弦量的最大值，旋转相量的起始位置与 x 轴正方向的夹角为正弦量的初相位 φ_0，而角速度不必标明。因此，只要确定一个正弦量的最

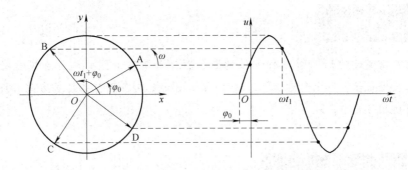

图 8-15　正弦交流电的旋转相量表示法

大值和初相位，就可以用矢量表示了。旋转相量通常用大写字母加黑点的符号表示，如用 $\dot{I}_m$、$\dot{U}_m$、$\dot{E}_m$ 分别表示电流、电压、电动势的相量，图 8-16a 所示为电压最大值相量图。

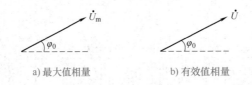

a) 最大值相量　　　　　b) 有效值相量

图 8-16　正弦量的相量图

3. 有效值相量表示法

在实际应用中常采用有效值相量图。这样，相量图中的长度就变为正弦量的有效值。有效值相量用 $\dot{I}$、$\dot{U}$、$\dot{E}$ 表示，图 8-16b 所示为电压有效值相量图。

> ### 🔍 知识拓展
>
> ### 相量图的应用
>
> 通常相量表示法只适用同频率正弦交流电的加减。因为各正弦交流电的频率是相同的，在旋转过程中，各相量间的夹角（即正弦交流电的相位差）保持不变，所以只需画出起始时（$t=0$ 时）每个相量的位置就可以进行全部计算了。
>
> 1）以 x 轴的正半轴为基准，有向线段与 x 轴正方向的夹角代表正弦交流电的初相位，沿逆时针方向转动的角度为正，如图 8-17a 中的 φ_1；反之为负，如图 8-17a 中的 φ_2。
>
> 2）在仅仅为了表示两个同频率正弦交流电的相位关系时，既可选横轴的正方向为参考，也可选任意一个相量做参考，并取消直角坐标轴，如图 8-17b 所示。在进行正弦交流电加、减运算时，如 $e=e_1+e_2$，只需画出 $\dot{E}_1$、$\dot{E}_2$，并用相量求和的平行四边形法则求出 $\dot{E}=\dot{E}_1+\dot{E}_2$，然后写出 e 即可。
>
>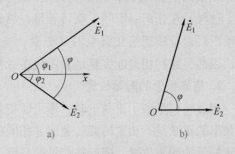
>
> 图 8-17　两个同频率交流电动势的相量图

【例8-5】　已知 $e_1 = 3\sqrt{2}\sin(314t)\,\mathrm{V}$，$e_2 = 4\sqrt{2}\sin(314t + \pi/2)\,\mathrm{V}$，$e = e_1 + e_2$，求 e 的解析式。

解：（1）画出相量图如图 8-18 所示。选择 x 轴为参考相量，按照同一比例作出 $\dot{E}_1$、$\dot{E}_2$；

（2）用平行四边形法则求出 $\dot{E}$；

（3）通过计算或测量法求 $\dot{E}$ 的长度和 $\dot{E}$ 与 x 轴正半轴的夹角。

本例题只是一个特例，$\dot{E}_1$、$\dot{E}_2$、$\dot{E}$ 构成直角三角形，所以可以用勾股定理计算求得，即

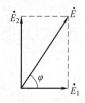

$$E = \sqrt{E_1^2 + E_2^2} = (\sqrt{3^2 + 4^2})\,\mathrm{V} = 5\,\mathrm{V}$$

$$\varphi = \arctan\frac{E_2}{E_1} = \arctan\frac{4}{3} \approx 53.1°$$

（4）写出 e 的解析式：

图 8-18　例 8-5 图

$$e = 5\sqrt{2}\sin(314t + 53.1°)\,\mathrm{V}$$

如果 $\dot{E}_1$、$\dot{E}_2$、$\dot{E}$ 的关系为图 8-19 所示的任意三角形，则可以通过余弦定理计算：

$$\Delta\varphi = \varphi_{e2} - \varphi_{e1}, \qquad \Delta\varphi + \varphi_1 = 180°, \qquad \varphi_1 = 180° - \Delta\varphi$$

$$E = \sqrt{E_1^2 + E_2^2 - 2E_1E_2\cos\varphi_1}$$

$$\varphi_1 = \arccos\frac{E_1^2 + E_2^2 - E^2}{2E_1E_2}$$

如果对于结果精度要求不高的场合，也可以通过用尺进行测量并按比例计算求出 $\dot{E}$ 的长度和初相位（注：初相位一定是相量与 x 轴正半轴的夹角），最后写出瞬时值表达式。

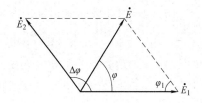

图 8-19　$\dot{E}_1$、$\dot{E}_2$、$\dot{E}$ 构成任意三角形

*四、复数表示法

由前面的分析可知，利用相量图虽然可以进行加、减运算，但计算量大或测量结果精度不高。在工程技术上，常应用复数来分析正弦交流电路，称为复数表示法。

我们从前面的分析知道，正弦量能用旋转相量表示，而旋转相量在复平面上又能用与它对应的复数来表示，所以正弦量也一定可以用复数来表示。我们把用复数形式表示正弦量的方法称为复数法。

设复平面中存在一复数 A，其模为 r，辐角为 φ，它可用下列四种形式表示：

1）复数的三角函数式：$A = r\cos\varphi + \mathrm{j}r\sin\varphi$。

2）复数的代数式：$A = a + \mathrm{j}b$，其中实部 $a = r\cos\varphi$，虚部 $b = r\sin\varphi$，j 为虚数单位，$\mathrm{j} = \sqrt{-1}$。

3）复数的指式式：$A = r\mathrm{e}^{\mathrm{j}\varphi}$，其中 $r = \sqrt{a^2 + b^2}$，$\varphi = \arctan(b/a)$。

4）复数的极坐标式：$A = r\angle\varphi$。

以上 4 种表达式可以互相转换。在进行加减计算时可用代数式，在进行乘除运算时可用极坐标式或指数式。

一个复数由模和辐角两个特征来确定，而正弦量由幅值、初相位和频率三个物理量来确定。在分析正弦交流电路时，当只有一个电源作用或多个同频率电源作用时，由于频率相同，因此由其最大值（或有效值）和初相位就可以确定正弦量。

我们用复数的模表示正弦量的最大值或有效值，复数的辐角表示正弦量的初相位。

【例 8-6】 已知 $u = 220\sqrt{2}\sin(314t + 30°)$ V，要求用相量法来表示它。

解：可以用最大值相量或有效值相量来表示

$$\dot{U}_m = 220\sqrt{2}\angle 30°\,\mathrm{V} = 220\sqrt{2}\mathrm{e}^{\mathrm{j}30°}\,\mathrm{V} = 220\sqrt{2}\left(\cos 30° + \mathrm{j}\sin 30°\right)\mathrm{V}$$

或

$$\dot{U} = 220\angle 30°\,\mathrm{V} = 220\mathrm{e}^{\mathrm{j}30°}\,\mathrm{V}$$

因为用到符号 j，所以也称为复数符号法，简称为符号法。

【指点迷津】

应用符号法，必须注意以下几点：

1）相量只能表示正弦量，而不是等于正弦量。

$$i = I_m\sin(\omega t + \varphi_i) \quad \longleftrightarrow \quad \dot{I} = I\angle\varphi_i$$

2）除正弦量外，复数不能直接表示其他周期量。

3）符号法只能用于同频率正弦量的计算。

在正弦交流电路中，流入任意一个节点的各电流瞬时值的关系应符合基尔霍夫第一定律，即流入节点的各电流瞬时值的代数和为零

$$\sum i = 0$$

对于正弦交流电路，基尔霍夫第一定律也可以用复数表示为

$$\sum \dot{I} = 0$$

在正弦交流电路中，任一回路中各电压瞬时值之间也符合基尔霍夫第二定律，即沿任一闭合回路的各电压瞬时值的代数和为零

$$\sum u = 0$$

对于正弦交流电路，基尔霍夫第二定律同样也可以用复数表示为

$$\sum \dot{U} = 0$$

【例 8-7】 在图 8-20a 所示电路中，已知各负载中通过的电流分别为 $i_1 = 4\sqrt{2}\sin(\omega t + 30°)$ A，$i_2 = 3\sqrt{2}\sin(\omega t + 60°)$ A，试用相量法求 $i = i_1 + i_2$，并且画出各量的相量图。

解：首先将两个同频率正弦量用复数表示，并作出相应的电路图，如图 8-21 所示。

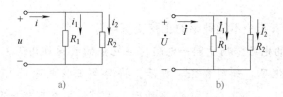

图 8-20 例 8-7 图

$$\dot{I}_1 = 4\angle 30°\text{A} = 4(\cos 30° + \text{jsin}30°)\text{A} = (2\sqrt{3} + 2\text{j})\text{A}$$

$$\dot{I}_2 = 3\angle 60°\text{A} = 3(\cos 60° + \text{jsin}60°)\text{A} = \left(\frac{3}{2} + \frac{3}{2}\sqrt{3}\text{j}\right)\text{A}$$

根据基尔霍夫第一定律的复数形式写出

$$\dot{I} = \dot{I}_1 + \dot{I}_2 = \left(2\sqrt{3} + 2\text{j} + \frac{3}{2} + \frac{3}{2}\sqrt{3}\text{j}\right)\text{A}$$

$$= \left[\left(2\sqrt{3} + \frac{3}{2}\right) + \left(2 + \frac{3}{2}\sqrt{3}\right)\text{j}\right]\text{A}$$

$$= (4.96 + \text{j}4.60)\text{A} = 6.76\angle 42.8°\text{A}$$

故 $i = i_1 + i_2 = 6.76\sqrt{2}\sin(\omega t + 42.8°)\text{A}$

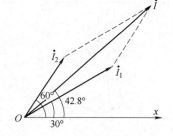

图 8-21 例 8-7 的相量图

知识拓展

认识非正弦交流电

周期性变化的电信号除正弦交流电外，还有非正弦交流电。常见的非正弦交流电有等腰三角波、矩形方波、锯齿波、尖顶脉冲等，如图 8-22 所示。

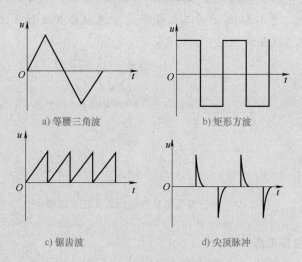

a) 等腰三角波　　　　　　　　b) 矩形方波

c) 锯齿波　　　　　　　　d) 尖顶脉冲

图 8-22 几种常见的非正弦交流电

一、非正弦交流电的产生

非正弦交流电产生的原因很多，通常在以下三种情况下会产生非正弦交流电。

1. 同一电路中有几个不同频率的正弦交流电源

几个不同频率的电源作用于同一电路，在它们的共同作用下，负载两端的电压就不再按正弦规律变化了。如图8-23a所示，将两个正弦电源接入同一电路中，其中 $e_1 = E_{1m}\sin\omega t$，$e_2 = E_{2m}\sin3\omega t$。$e_1$ 和 e_2 叠加后，共同作用在可变电阻器RP和电阻器 R 上，电阻器 R 上的波形如图8-23b所示。电阻器是线性元件，它两端的电压是非正弦电压，通过电阻器的电流必定是非正弦电流。

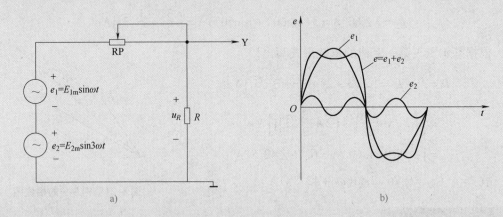

图8-23　两个非正弦信号的叠加

2. 电路中存在非线性元件

在正弦交流电路中，如果存在非线性元件，如二极管、铁心线圈等，由于通过非线性元件的电流与加在非线性元件两端的正弦电压不是正比关系，则电路中的电流就是非正弦交流电流。图8-24所示为二极管半波整流电路及波形，经过整流后，半波整流电路输出的信号就是非正弦交流信号。

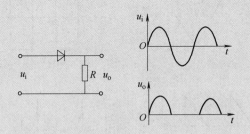

图8-24　半波整流电路形成的非正弦交流信号

3. 非正弦电动势电源

作用于电路的电动势（电源）是非正弦的，如方波发生器、锯齿波发生器等脉冲信号源，它们输出的电压为非正弦周期性变化的电压。此外，就发电机内部结构而言，磁感应强度 B 与空间的夹角 α 的关系，很难保证发电机产生的电动势是正弦波。

二、非正弦交流电的分解

非正弦交流电虽然不是正弦信号，但它们与正弦信号之间有着密切的联系。任何的非正弦交流电都可以分解成几个不同频率的正弦信号。非正弦周期信号一般满足狄里赫利条件，可分解成收敛的三角级数，称为傅里叶级数。

非正弦波展开式的一般形式为

$$f(t) = A_0 + A_{1m}\sin(\omega t + \varphi_1) + A_{2m}\sin(2\omega t + \varphi_2) + \cdots + A_{km}\sin(k\omega t + \varphi_k)$$

$$= A_0 + \sum_{k=1}^{m} A_{km}\sin(k\omega t + \varphi_k)$$

式中　　　　A_0——零次谐波（直流分量）；

$A_{1m}\sin(\omega t + \varphi_1)$——基波（交流分量）；

$A_{2m}\sin(2\omega t + \varphi_2)$——二次谐波（交流分量）；

$A_{km}\sin(k\omega t + \varphi_k)$——$k$ 次谐波（交流分量）。

表 8-1 给出了在电工电子中常用的非正弦交流电谐波分量的表达式。

表 8-1　电工电子中常用的非正弦交流电谐波分量的表达式

名称	波　　形	谐波分量表达式
三角波		$f(t) = \dfrac{8A}{\pi^2}\left(\sin\omega t - \dfrac{1}{9}\sin3\omega t + \dfrac{1}{25}\sin5\omega t - \cdots + \dfrac{(-1)^{\frac{k-1}{2}}}{k^2}\sin k\omega t + \cdots\right)$ k 为奇数
半波整流波		$f(t) = \dfrac{A}{\pi}\left(1 + \dfrac{\pi}{2}\sin\omega t - \dfrac{2}{3}\cos2\omega t - \dfrac{2}{15}\cos4\omega t - \cdots - \dfrac{2}{(k-1)(k+1)}\cos k\omega t - \cdots\right)$ k 为偶数
锯齿波		$f(t) = \dfrac{A}{2} - \dfrac{A}{\pi}\left(\sin\omega t + \dfrac{1}{2}\sin2\omega t + \dfrac{1}{3}\sin3\omega t + \cdots + \dfrac{1}{k}\sin k\omega t + \cdots\right)$

非正弦交流电的谐波成分可分为基波和高次谐波两部分，还可分为奇数次谐波和偶数次谐波。所谓高次谐波，是指二次及二次以上的谐波，奇数次谐波是指一、三、

五、…次谐波，偶数次谐波是指二、四、六、…次谐波。需要注意的是，非正弦交流电通过谐波分析可以得到无穷多项谐波成分，但是由于频率越高，谐波的幅值越小，因而在工程应用中常常只考虑七次以下的谐波成分。

三、非正弦交流电的分析

非正弦交流电是由基波和各次谐波组成，基波表示了波形的重复度，谐波是更高频率的正弦波，这些谐波的频率和基波的频率有准确的倍数关系，奇次谐波的频率为基波的奇数倍，偶次谐波的频率为基波的偶数倍。

对非正弦交流电周期进行分析时，若只有直流分量作用于电路，可用求解直流电路的方法。各谐波分量单独作用于电路时，计算方法与正弦交流电路一样。

四、电网谐波的危害

由于电力系统中某些设备和负荷是非线性的，造成电网谐波的存在。电网谐波会增大设备的附加损耗，降低效率；加速设备老化，缩短使用寿命；还会对通信系统产生干扰等。

日常生活和生产中使用的电视机、计算机、复印机、电子式照明设备、变频调速装置、开关电源、电弧炉等用电负载大都是非线性负载，即谐波源，如将这些设备中的谐波电流注入公用电网，就会造成污染，使公用电网电源的波形发生畸变，增加谐波成分。同时，非线性电力设备的广泛应用，导致电力系统中谐波问题越来越严重：一方面造成了电力设备的损坏，加速绝缘介质老化；另一方面也影响了计算机、电视系统等电子设备正常工作。因而应合理规划电网，保证电力电子设备（特别是一次设备）符合电磁辐射水平，电子设备、电子仪器满足电磁兼容性要求。

【项目总结】

一、正弦交流电的基本概念

交流电是交变电动势、交变电压、交变电流的总称。大小和方向都随时间按正弦规律变化的交流电称为正弦交流电，通常用字母"AC"或符号"～"表示。

正弦交流电动势、电压和电流的瞬时值分别用 e、u、i 表示；最大值分别用 E_m、U_m、I_m，有效值分别用 E、U、I 表示。各种交流电气设备的铭牌数据及交流测量仪表所测得的数据都是有效值。

二、正弦交流电的三要素

描述交流电的物理量有瞬时值、最大值、有效值、周期、频率、角频率、相位和初相位等。其中，有效值（或最大值）、频率（或周期、角频率）、初相位称为正弦交流电的三要素。

最大值反映正弦交流电的变化范围；频率反映正弦交流电变化的快慢；初相位反映正弦交流电的初始状态。

有效值与最大值之间的关系

$$有效值 = \frac{1}{\sqrt{2}} \times 最大值$$

角频率、频率与周期之间的关系为

$$\omega = \frac{2\pi}{T} = 2\pi f$$

两个交流电的相位之差称为相位差。如果它们的频率相同，相位差就是初相位之差，即

$$\Delta\varphi = \varphi_1 - \varphi_2$$

相位差确立了两个正弦量之间的相位关系（超前或滞后）；特殊的相位关系有同相、反相和正交。

三、正弦交流电的表示方法

正弦交流电的表示方法有三种：解析式、波形图、相量图。

电流、电压、电动势的解析式分别为

$$i = I_m \sin(\omega t + \varphi_i)$$
$$u = U_m \sin(\omega t + \varphi_u)$$
$$e = E_m \sin(\omega t + \varphi_e)$$

只有同频率的正弦交流电才能用相量法进行加、减运算。

【思考与实践】

1. 某家用电器的铭牌上标有"～50Hz、220V、60W"的字样，要使该家用电器正常工作，应将其接到什么样的电源上？220V指的是交流电的什么值？

2. 额定电压为220V的单相交流电动机，接到220V的正弦交流电路中，其实际承受的最大电压是多少？该电动机能否正常运转？

3. 额定工作电压为100V的电容器能否接到电压为100V的正弦交流电源上使用？为什么？

大国名匠

季凡：能使彩电报废电路板起死回生的维修技师

季凡，上海广电集团销售有限公司维修技师，上海市十大工人技术标兵、上海市劳动模范，全国五一劳动奖章获得者。

从小喜欢电子技术、与中国彩电同步成长、不断攀登技术高峰的季凡，自1982年进入上海电视一厂工作以后不断学习、不断钻研，解决了一个又一个彩电的疑难杂症，积累了丰富的彩电维修经验。

上广电有一种型号为LCD2001的彩电，内部采用SST公司生产的存储芯片。后因SST公司的存储芯片停产，改用MX公司生产的存储芯片，但售后服务部门所拥有的软件只能对SST公司生产的存储芯片写入程序，无法对MX公司生产的芯片写入。这

样就导致大批彩电的机芯板因此而报废，非常可惜。季凡积极地动脑筋，利用编程器先将 SST 芯片中的数据读入计算机，然后在编程器上反复实验，终于将 SST 芯片中的数据写入了 MX 芯片中，使得大批"报废"的机芯板起死回生。

彩电采用贴片技术后，给维修带来了前所未有的挑战。按常规，贴片焊接的电路板一旦发生故障，需要更换整块电路板，提高了用户的维修费。要降低维修费用，必须进行元件级维修，但难度很大。季凡经过不断摸索，大胆实践，与同伴们一起努力，终于摸索出了一套彩电贴片电路板的维修技术，现在，绝大部分贴片电路板已能进行元件级维修，大大降低了用户的维修费用。

项目九　认识与运用正弦交流电路

 项目目标

1. 理解电感器、电容器对交流电的阻碍作用，掌握感抗和容抗的计算。

2. 理解电阻器、电感器、电容器电压与电流的大小和相位关系。

3. 理解 RL、RC 及 RLC 串联电路的阻抗概念，掌握电压三角形、阻抗三角形的应用。

4. 理解电路中瞬时功率、有功功率、无功功率和视在功率的物理概念，会计算电路的有功功率、无功功率和视在功率。

5. 理解功率三角形和电路的功率因数，了解提高电路功率因数的意义及方法。

6. 了解电能的测量方法。

*7. 了解串联谐振电路的特点，掌握谐振条件、谐振频率的计算，了解影响谐振曲线、通频带、品质因数的因素，了解谐振的典型工程应用和防护措施。

*8. 了解并联谐振电路的特点，掌握谐振条件、谐振频率的计算。

 项目导入

由正弦交流电源供电的电路称为正弦交流电路。正弦交流电路中的负载有电阻器、电感器、电容器等元件，或者是由这三个元件通过串联或并联构成的负载等。例如，单独由电阻器、电感器、电容器作为负载的正弦交流电路，称为纯电阻电路、纯电感电路和纯电容电路；而由电阻器、电感器、电容器组合而成作为负载的正弦交流电路，则有 RL、RC、RLC 串联电路和并联电路等。

由于交流电路中的电压与电流都是交变的，因而分析交流电路时，必须要研究电路中电压与电流的相位关系。通过项目八的学习，我们对正弦交流电有了一定的认识，本项目是在项目八的基础上进一步学习正弦交流电路的相关知识及分析方法。

本项目主要有认识与分析单一元件的交流电路，认识与分析 RL、RC、RLC 串联交流电路，认识电能的测量与节能和分析与运用谐振电路四个学习任务。

项目实施

学习任务一　认识与分析单一元件的交流电路

情景引入

　　在图 9-1 所示的实验电路中，在 A、B 两点之间接入 12V、50Hz 的正弦交流电，将额定电压为 12V、额定功率为 6W 的小灯泡接入电路，然后在 C、D 两点之间分别接入导线、电阻器（100Ω）、电感器（1H）、电容器（2μF/25V），闭合开关 S 后，观察小灯泡的亮度有何不同。

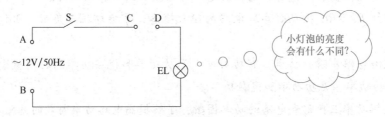

图 9-1　小灯泡亮度实验电路

　　通过实验观察，我们会发现当 C、D 两点之间接入导线时，小灯泡正常发光；在分别接入电阻器、电感器和电容器后，小灯泡的亮度均明显变暗。这说明，电阻器、电感器和电容器对交流电都有阻碍作用，结果使通过小灯泡的电流减小，其亮度变暗。

　　本学习任务主要有认识电感器与电容器对交流电的阻碍作用、认识与分析纯电阻电路、认识与分析纯电感电路和认识与分析纯电容电路等内容及相关知识。

一、认识电感器、电容器对交流电的阻碍作用

1. 电感的感抗

　　当交流电通过电感器时，由于电流时刻都在改变，电感器中必然产生自感电动势，阻碍电流的变化，这样就形成对电流的阻碍作用。我们把电感器对交流电的阻碍作用称为电感感抗，简称感抗，用符号 X_L 表示，单位是 Ω。

　　理论和实验证明，电感器的感抗大小 X_L 与电源频率成正比，与电感器的电感成正比。用公式表示为

$$X_L = \omega L = 2\pi f L$$

式中　X_L——电感器的感抗，单位是 Ω（欧［姆］）；

　　　　f——电源的频率，单位是 Hz（赫［兹］）；

　　　　ω——电源的角频率，单位是 rad/s（弧度/秒）；

　　　　L——电感器的电感，单位是 H（亨［利］）。

【例9-1】 已知一个电感为 10mH 的电感器接在频率为 50Hz 的交流电路中，其感抗为多少？接在频率为 1MHz 的交流电路中，其感抗为多少？接在直流电路中，其感抗为多少？

解：（1）交流电频率为 50Hz 时，电感器的感抗为

$$X_L = 2\pi f L = 2 \times 3.14 \times 50 \times 10 \times 10^{-3}\Omega = 3.14\Omega$$

（2）交流电频率为 1MHz 时，电感器的感抗为

$$X_L = 2\pi f L = 2 \times 3.14 \times 1 \times 10^6 \times 10 \times 10^{-3}\Omega = 62.8k\Omega$$

（3）接在直流电路中，其频率为 0，所以电感器的感抗为

$$X_L = 2\pi f L = 2 \times 3.14 \times 0 \times 10 \times 10^{-3}\Omega = 0$$

【指点迷津】

对于直流电，电感器相当于短路；对于交流电，电感器有"通低频，阻高频"的特性。因此，电感器具有"通直流阻交流，通低频阻高频"的特性。

2. 电容的容抗

当电容器两端加上交流电后，电源电压升高时，电容器充电，形成充电电流；当电源电压降低时，电容器放电，形成放电电流，这样电源与电容器之间不断地进行着电能与电场能之间的交换，在交流电路中表现为电容器对交流电有阻碍作用。我们把这种电容器对交流电的阻碍作用称为电容容抗，简称容抗，用符号 X_C 表示，单位是 Ω。

理论和实验证明，电容器的容抗大小 X_C 与电源频率成反比，与电容器的电容量成反比。用公式表示为

$$X_C = \frac{1}{\omega C} = \frac{1}{2\pi f C}$$

式中 X_C——电容器的容抗，单位是 Ω（欧［姆］）；

　　　f——电源的频率，单位是 Hz（赫［兹］）；

　　　ω——电源的角频率，单位是 rad/s（弧度/秒）；

　　　C——电容器的电容量，单位是 F（法［拉］）。

【例9-2】 已知一个 $10\mu F$ 的电容器接在 220V/50Hz 的交流电中，其容抗为多大？接在频率为 100kHz 的交流电中，其容抗为多少？接在直流电路中，其容抗为多少？

解：（1）交流电频率为 50Hz 时，电容器的容抗为

$$X_C = \frac{1}{2\pi f C} = \frac{1}{2 \times 3.14 \times 50 \times 10 \times 10^{-6}}\Omega = 318.5\Omega$$

（2）交流电频率为 100kHz 时，电容器的容抗为

$$X_C = \frac{1}{2\pi f C} = \frac{1}{2 \times 3.14 \times 100 \times 10^3 \times 10 \times 10^{-6}}\Omega = 0.159\Omega$$

（3）接在直流电路中，其频率为 0，所以电容器的容抗为 ∞，相当于开（断）路。

【指点迷津】

对于直流电，电容器相当于断路；对于交流电，电容器有"阻低频，通高频"的特性。因此，电容器有"隔直流通交流，阻低频通高频"的特性。它与电感器的特性刚好相反。

二、认识与分析纯电阻电路

纯电阻电路

纯电阻电路是最简单的交流电路，它是由交流电源和纯电阻元件组成，如图 9-2 所示。在日常生活和工作中接触到的白炽灯、电炉、电烙铁等，都属于电阻性负载，它们与交流电源连接组成纯电阻电路。

1. 电流与电压间的数量关系

在图 9-2 所示的纯电阻电路中，设加在电阻器 R 两端的电压为

$$u_R = U_{Rm}\sin\omega t$$

实验证明，在任一瞬时流过电阻器 R 的电流 i 仍可用欧姆定律计算，即

$$i = \frac{u_R}{R} = \frac{U_{Rm}}{R}\sin\omega t$$

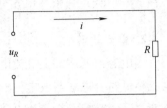

图 9-2 纯电阻电路

电流与电压有效值（或最大值）的数量关系为

$$I = \frac{U_R}{R} \quad \text{或} \quad I_m = \frac{U_{Rm}}{R}$$

即纯电阻电路中交流电流与电压的有效值（或最大值）符合欧姆定律。

2. 电流与电压间的相位关系

从 $i = \dfrac{u_R}{R} = \dfrac{U_{Rm}}{R}\sin\omega t$ 中可知，纯电阻交流电路中的电流与电压的频率相同，电流与电压的相位相同，相位差 $\Delta\varphi = \varphi_u - \varphi_i = 0$，因此，电流的瞬时值表达式为

$$i = I_{Rm}\sin\omega t$$

在纯电阻交流电路中，电流与电压的相量图如图 9-3a 所示，波形如图 9-3b 所示。

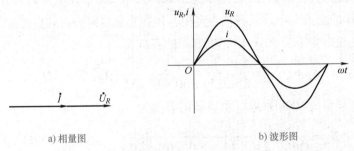

a) 相量图   b) 波形图

图 9-3 纯电阻电路电流与电压的相量图和波形图

所以，纯电阻交流电路中电流与电压的瞬时值关系为

$$i = \frac{u_R}{R}$$

即纯电阻交流电路中的电流与电压的瞬时值也符合欧姆定律。

【指点迷津】

只有在纯电阻电路中，电压、电流瞬时值之间才符合欧姆定律，即可以写成 $i = \frac{u_R}{R} = \frac{U_{Rm}}{R}\sin\omega t$，但在纯电感和纯电容电路中这种关系就不存在了。

3. 纯电阻电路的功率

在纯电阻交流电路中，由于电阻器两端的电压和电阻器中的电流都在不断变化，所以电阻器消耗的功率也在不断变化。我们把电压瞬时值 u_R 和电流瞬时值 i 的乘积称为瞬时功率，用 p 表示，即

$$p = u_R i = U_{Rm}\sin\omega t I_m\sin\omega t$$

$$= U_{Rm}I_m\sin^2\omega t = \frac{1}{2}U_{Rm}I_m(1 - \cos 2\omega t)$$

$$= U_R I(1 - \cos 2\omega t)$$

画出 p、u、i 三者的波形图，如图 9-4 所示。从函数表达式和波形图均可以看出，由于电压与电流同相，瞬时功率总是正值。这表明，在任一瞬间电阻器总是消耗功率，把电能转换成热能。

由于瞬时功率是时刻变化的，测量和计算都不方便，通常用电阻器在交流电一个周期内消耗的功率来表示功率的大小，称为平均功率。又因为电阻器消耗电能说明电流做了功，从做功的角度讲又把平均功率称为有功功率，用 P 表示，单位是 W。

理论和实验证明，纯电阻交流电路的有功功率为

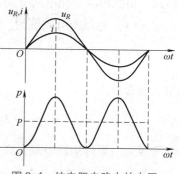

图 9-4　纯电阻电路中的电压、电流和功率的波形图

$$P = \frac{1}{2}U_{Rm}I_m = U_R I = I^2 R = \frac{U_R^2}{R}$$

式中　P——纯电阻交流电路的有功功率，单位是 W（瓦［特］）；

U_R——加在电阻器 R 两端的交流电压的有效值，单位是 V（伏［特］）；

I——通过电阻器 R 的交流电流有效值，单位是 A（安［培］）。

上式说明，在纯电阻交流电路中，有功功率等于最大瞬时功率的一半。由于平均功率是电阻实际消耗的功率，所以又称为电阻上消耗的功率。习惯上把"平均""有功"或"消耗"二字省略，简称功率，如 25 W 的白炽灯泡、100 W 的电烙铁、1500 W 的电阻炉等，这里的功率都是指它们的有功功率。

【指点迷津】

通过以上分析，可以得到如下结论：

1）纯电阻交流电路中，电流和电压同相。

2）电压与电流的最大值、有效值、瞬时值都符合欧姆定律。

3）平均功率即有功功率，简称功率，它等于电流的有效值与电压的有效值之积。

【想一想 做一做】

有一台电风扇，在它的铭牌上标有频率 50Hz、电压 220V、功率 20W、规格 180mm 等字样。请问这个功率 20W 是指什么功率？它还有哪些名称？

【例 9-3】 已知某白炽灯工作时的电阻为 484Ω，其两端所加的电压为 $u = 311\sin(628t + 10°)$V，试求：

（1）通过白炽灯的电流为多少？写出电流的解析式；

（2）白炽灯消耗的有功功率是多少？

[分析] 根据已知条件，先分别求出电压、电流的有效值和初相位，即可写出电流的解析式。由纯电阻交流电路有功功率计算公式可直接求得白炽灯的有功功率。

解：（1）电压的有效值为

$$U = \frac{U_m}{\sqrt{2}} = \frac{311}{\sqrt{2}}V = 220V$$

则电流的有效值为

$$I = \frac{U}{R} = \frac{220}{484}A = \frac{5}{11}A \approx 0.455A$$

又因为白炽灯为纯电阻元件，电流与电压同频且同相，所以电流的解析式为

$$i = 0.455\sqrt{2}\sin(628t + 10°)A = 0.643\sin(628t + 10°)A$$

（2）白炽灯消耗的有功功率为

$$P = \frac{U^2}{R} = \frac{220^2}{484}W = 100W$$

【指点迷津】

对于纯电阻电路，有功功率的计算公式虽然写成 $P = \frac{U^2}{R}$，这里的 U 是指电阻器 R 两端的电压，只是在纯电阻电路中，电阻器两端电压刚好就是电路中的总电压。如果有功功率用公式 $P = I^2R$ 来计算，此时的 I 一定是流过电阻器 R 的电流。

三、认识与分析纯电感电路

一个可忽略电阻和分布电容的空心线圈，与交流电源连接组成的电路称为纯电感电路，如图9-5所示。纯电感电路是理想电路。实际的电感线圈都有一定的电阻，当电阻小到可以忽略不计时，电感线圈与交流电源连接的电路可以视为纯电感电路。根据纯电感电路计算出来的结果与实际电感线圈电路近似相同。

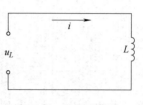

图9-5　纯电感电路

1. 电流与电压间的数量关系

在图9-5所示的纯电感电路中，设加在电感器两端的交流电压为

$$u_L = U_{Lm}\sin\omega t$$

实验证明，纯电感交流电路中电流与电压有效值（最大值）的数量关系为

$$I = \frac{U_L}{X_L} \quad \text{或} \quad I_m = \frac{U_{Lm}}{X_L}$$

即纯电感交流电路的电流与电压的有效值（或最大值）关系符合欧姆定律。值得注意的是，公式中的 X_L 为感抗，不是电感 L，$X_L = \omega L = 2\pi f L$。

2. 电流与电压间的相位关系

实验证明，在纯电感交流电路中，电流与电压的相位关系为电压超前电流 $\frac{\pi}{2}$，或者说电流滞后电压 $\frac{\pi}{2}$，即

$$\Delta\varphi = \varphi_u - \varphi_i = \frac{\pi}{2}$$

在纯电感交流电路中，由于电压的初相位 $\varphi_u = 0$，则电流的初相位 $\varphi_i = -\frac{\pi}{2}$，因此电流的瞬时值表达式为

$$i = I_m\sin\left(\omega t - \frac{\pi}{2}\right)$$

在纯电感交流电路中，电流与电压的相量图如图9-6a所示，波形如图9-6b所示。

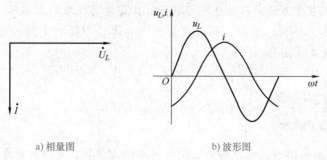

a) 相量图　　　　　　　　　　b) 波形图

图9-6　纯电感电路电流与电压的相量图和波形图

3. 纯电感电路的功率

纯电感电路中的瞬时功率为

$$p = ui = U_{Lm}\sin\omega t I_m \sin\left(\omega t - \frac{\pi}{2}\right)$$

$$= -U_{Lm}I_m\sin\omega t\cos\omega t = -\frac{1}{2}U_{Lm}I_m\sin2\omega t$$

$$= -U_L I\sin2\omega t$$

画出 p、u、i 三者的波形图，如图 9-7 所示。从函数表达式和波形图均可看出，纯电感交流电路瞬时功率的大小随时间做周期性变化，瞬时功率曲线一半为正，一半为负。因此，瞬时功率的平均值为零，即 $p = 0$，表示电感元件不消耗功率。

电感元件虽然不消耗功率，但与电源之间不断地进行能量交换，瞬时功率为正时，电感线圈从电源吸收能量，并储存在电感线圈内部；瞬时功率为负时，电感线圈把储存的能量返还给电源，即电感线圈与电源之间进行着可逆的能量交换。

瞬时功率的最大值 $U_L I$，表示电感器与电源之间能量交换的最大值，称为无功功率，用符号 Q_L 表示，单位是乏，符号为 var，即

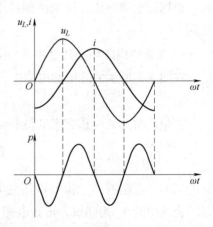

图 9-7　纯电感电路中的电压、
电流和功率的波形图

$$Q_L = U_L I$$

式中　Q_L——纯电感交流电路的无功功率，单位是 var（乏）；

$\quad U_L$——电感器 L 两端的交流电压的有效值，单位是 V（伏［特］）；

$\quad I$——通过电感器 L 的交流电流的有效值，单位是 A（安［培］）。

【指点迷津】

必须指出的是，无功功率中"无功"的含义是交换而不是消耗。它是相对于"有功"而言的，决不可把"无功"理解为无用。它实质上是表明电路中能量交换的最大速率。

无功功率在电力系统中有很重要的地位。具有电感性质的变压器、电动机等设备都是靠电磁转换工作的。因此，如果没有无功功率，即没有电源和磁场间的能量交换，这些设备就无法工作。

【指点迷津】

1）在纯电感电路中，电流和电压是同频率的正弦量，电压超前电流 $\frac{\pi}{2}$。

2）在纯电感电路中，电流、电压的最大值和有效值之间都符合欧姆定律。电压与电流的瞬时值之间不符合欧姆定律，要特别注意 $X_L \neq \dfrac{u_L}{i}$。

3）电感器是储能元件，它不消耗电功率，电路的有功功率为零。无功功率等于电压的有效值与电流的有效值之积。

【例9-4】　设有一电阻可以忽略的电感线圈，接在 $u = 220\sqrt{2}\sin(314t + 30°)\,\text{V}$ 的交流电源上，线圈的电感 $L = 0.5\text{H}$。求：（1）通过电感线圈的电流 i；（2）电路的无功功率；（3）画出电流与电压的相量图；（4）如果改变电源的频率，使 $f = 100\text{Hz}$ 时，求通过电感线圈的电流 i。

［分析］　根据已知条件，可先分别求出电流的有效值、初相位，即可写出电流 i 的表达式。然后可求出电路的无功功率。画电流与电压的相量图时，要注意电感线圈两端所加电压的初相位不为 0，电感线圈中的电压与电流的相位关系是电压超前电流 $\dfrac{\pi}{2}$。

解：（1）交流电压的有效值为　　$U = \dfrac{U_m}{\sqrt{2}} = \dfrac{220\sqrt{2}}{\sqrt{2}}\text{V} = 220\text{V}$

电感线圈的感抗为　　$X_L = \omega L = 314 \times 0.5\,\Omega = 157\,\Omega$

电流的有效值为　　$I = \dfrac{U}{X_L} = \dfrac{220}{157}\text{A} \approx 1.40\text{A}$

在纯电感电路中，由于电压超前电流 90°，即

$$\Delta\varphi = \varphi_u - \varphi_i = 90°, \quad \varphi_i = 30° - 90° = -60°$$

电流 i 的瞬时值解析式为

$$i = 1.4\sqrt{2}\sin(314t - 60°)\,\text{A}$$

（2）电路的无功功率为

$$Q_L = U_L I = 220 \times 1.4\,\text{var} = 308\,\text{var}$$

（3）电路中电流与电压的相量图如图 9-8 所示。

（4）当 $f = 100\text{Hz}$ 时，$\omega' = 2\pi f = 2 \times 3.14 \times 100\,\text{rad/s} = 628\,\text{rad/s}$。

电感线圈的感抗为

$$X_L' = \omega' L = 628 \times 0.5\,\Omega = 314\,\Omega$$

电流的有效值为

$$I' = \dfrac{U_L}{X_L'} = \dfrac{220}{314}\text{A} = 0.7\text{A}$$

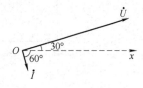

图 9-8　电流与电压的相量图

虽然电源频率的变化引起了电流大小的变化，但对电流的初相位没有影响，则通过电感线圈的电流解析式为

$$i = 0.7\sqrt{2}\sin(628t - 60°)\,\text{A}$$

四、认识与分析纯电容电路

1. 电流与电压间的数量关系

纯电容电路是只有电容器作为负载，而且电容器的漏电电阻、介质损耗和分布电感都可忽略不计的电路，如图 9-9 所示。

电容器在直流电路中，没有电流通过，相当于开路。在如图 9-9 所示的纯电容交流电路中，情况就不一样了，由于交流电压的大小和方向在不断地变化，致使电容器不断地充电和放电，因而电容器极板上所储存的电荷量也不断变化，这就使电容器所在的电路中产生电荷运动，形成充、放电流。设加在电容器两端的交流电压为

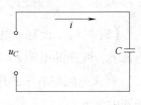

图 9-9　纯电容交流电路

$$u_C = U_{Cm}\sin\omega t$$

实验证明，纯电容交流电路中电流与电压的数量关系为

$$I = \frac{U_C}{X_C} \quad \text{或} \quad I_m = \frac{U_{Cm}}{X_C}$$

即纯电容交流电路的电流与电压的有效值（或最大值）符合欧姆定律。值得注意的是，X_C 是电容器的容抗，不是电容 C，且 $X_C = \dfrac{1}{\omega C} = \dfrac{1}{2\pi f C}$。

2. 电流与电压间的相位关系

纯电容
电路

实验证明，在纯电容交流电路中，电流与电压的相位关系为电流超前电压 $\dfrac{\pi}{2}$，即电压滞后电流 $\dfrac{\pi}{2}$。因此，电流的瞬时值表达式为

$$i = I_m\sin\left(\omega t + \frac{\pi}{2}\right)$$

在纯电容交流电路中，电流与电压的相量图如图 9-10a 所示，波形如图 9-10b 所示。

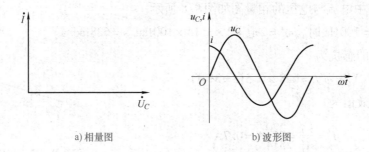

a) 相量图　　　　　　　b) 波形图

图 9-10　纯电容电路电流与电压的相量图和波形图

3. 纯电容电路的功率

纯电容交流电路的瞬时功率为

$$p = u_C i = U_{Cm}\sin\omega t I_m \sin\left(\omega t + \frac{\pi}{2}\right)$$

$$= U_{Cm}I_m\sin\omega t\cos\omega t = \frac{1}{2}U_{Cm}I_m\sin2\omega t$$

$$= U_C I\sin2\omega t$$

画出 p、u、i 三者的波形图，如图 9-11 所示。从函数表达式和波形图均可以看出，纯电容交流电路瞬时功率的大小随时间做周期性变化，瞬时功率曲线一半为正，一半为负。因此，瞬时功率的平均值为零，即 $p = 0$，表示电容元件不消耗功率。

同纯电感电路相似，虽然纯电容电路不消耗能量，但是电容器和电源之间进行能量交换，即电容器的充电和放电。

为了表示电容器与电源之间能量交换的多少，我们把瞬时功率的最大值称为纯电容电路的无功功率，即

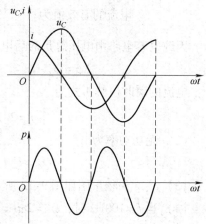

图 9-11 纯电容电路中的电压、电流和功率的波形图

$$Q_C = U_C I$$

式中 Q_C——纯电容交流电路的无功功率，单位是 var（乏）；

U_C——电容器 C 两端的交流电压的有效值，单位是 V（伏 [特]）；

I——通过电容器 C 的交流电流的有效值，单位是 A（安 [培]）。

【指点迷津】

1）在纯电容电路中，电流和电压是同频率的正弦量，电流超前电压 $\frac{\pi}{2}$。

2）在纯电容电路中，电流、电压的最大值和有效值之间都符合欧姆定律。电压与电流的瞬时值之间不符合欧姆定律，要特别注意 $X_C \neq \dfrac{u_C}{i}$。

3）电容器是储能元件，它不消耗电功率，电路的有功功率为零。无功功率等于电压的有效值与电流的有效值之积。

【例 9-5】 已知电容器的电容 $C = 40\mu F$，把它接在 $u = 220\sqrt{2}\sin(314t + 30°)$ V 的电源上，试计算：（1）流过电容器的电流 i；（2）无功功率；（3）画出 u, i 的相量图；（4）若改变电源的频率，使得 $f = 100 Hz$，再求流过电容器的 i。

[分析] 根据已知条件，可先分别求出电流的有效值、初相位，即可写出电流 i 的表达式。然后可求出电路的无功功率。画电流与电压的相量图时，要注意电容器两端所加电压的初相位不为 0，电容器中电流与电压的相位关系是电流超前电压 $\frac{\pi}{2}$。

解：（1）交流电压的有效值为 $U = \dfrac{U_m}{\sqrt{2}} = \dfrac{220\sqrt{2}}{\sqrt{2}}\text{V} = 220\text{V}$

电容器的容抗为 $X_C = \dfrac{1}{\omega C} = \dfrac{1}{314 \times 40 \times 10^{-6}}\Omega \approx 79.62\Omega$

电流的有效值为 $I = \dfrac{U}{X_C} = \dfrac{220}{79.62}\text{A} \approx 2.76\text{A}$

因纯电容电路中电压总是滞后电流 $90°$，即

$$\Delta\varphi = \varphi_u - \varphi_i = -90°, \quad \varphi_i = 30° - (-90°) = 120°$$

电流的瞬时值解析式为

$$i = 2.76\sqrt{2}\sin(314t + 120°)\text{A}$$

（2）无功功率为

$$Q_C = U_C I = 220 \times 2.76\text{var} = 607.2\text{var}$$

（3）u、i 的相量图如图 9-12 所示。

（4）当 $f = 100\text{Hz}$ 时，$\omega' = 2\pi f = 2 \times 3.14 \times 100\text{rad/s} = 628\text{rad/s}$。

电容器的容抗为

$$X'_C = \dfrac{1}{\omega' C} = \dfrac{1}{628 \times 40 \times 10^{-6}}\Omega \approx 39.81\Omega$$

电流的有效值为

$$I' = \dfrac{U}{X_C} = \dfrac{220}{39.81}\text{A} \approx 5.53\text{A}$$

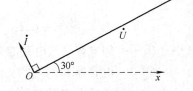

图 9-12　电压与电流的相量图

电流的瞬时值解析式为

$$i = 5.53\sqrt{2}\sin(628t + 120°)\text{A}$$

可见，电源频率的改变引起了容抗的变化，从而引起了电流大小的改变，但对电流的相位并没有造成影响。

学习任务二　认识与分析 *RL*、*RC*、*RLC* 串联交流电路

情景引入

　　荧光灯是应用非常广泛的照明电路。它是最常见的 *RL* 串联电路，是把镇流器（电感线圈）和灯管（电阻器）串联起来，再接到交流电源上。荧光灯的电路图和原理图如图 9-13 所示。

　　当把荧光灯接到交流电源上时，合上开关 S，用万用表测得电源电压 U 为 220V，镇流器两端的电压 U_L 为 190V，灯管两端的电压 U_R 为 110V。

　　从测量结果来看，在 *RL* 串联交流电路中，总电压的有效值并不等于各分电压的

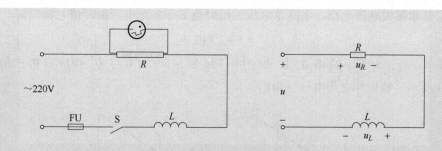

图 9-13　荧光灯电路图和原理图

有效值之和（220V ≠ 190V + 110V），即 $U \neq U_L + U_R$。那么，在 RL 串联电路中，总电压的有效值与分电压的有效值之间到底满足怎样的关系呢？如果是 RC 串联电路或是 RLC 串联电路，又会满足怎样的关系呢？其原因是什么？

　　我们把由电阻器和电感器串联的电路称为 RL 串联电路，把由电阻器和电容器串联的电路称为 RC 串联电路，把由电阻器、电感器和电容器串联的电路称为 RLC 串联电路。

　　本任务有认识与分析 RL 串联电路、认识与分析 RC 串联电路和认识与分析 RLC 串联电路等内容，主要学习交流串联电路的分析方法、总电压与各分电压之间的关系、电路中的阻抗、功率及功率因数等相关知识。

一、认识与分析 RL 串联电路

RL 串联电路如图 9-14 所示。它包含了两个不同的电路参数 R 和 L，常见的电感线圈、电动机和变压器的线圈都可以视为 RL 串联电路。

1. RL 串联电路电压间的关系

由于纯电阻电路中电压与电流同相，纯电感电路中电压的相位超前电流 $\dfrac{\pi}{2}$，又因为串联电路中电流处处相同，所以 RL 串联电路中各电压间相位不相同，总电流与总电压的相位也不相同。

正弦交流电路的分析方法是以相量图为工具，画相量图时要先确定参考正弦量。因为串联电路中的电流处处相等，所以，分析 RL 串联交流电路通常以电流作为参考正弦量。

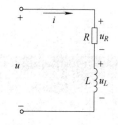

图 9-14　RL 串联电路

设流过 RL 串联电路的电流为

$$i = I_{\mathrm{m}}\sin\omega t$$

则电阻器两端的电压为

$$u_R = RI_{\mathrm{m}}\sin\omega t$$

电感器两端的电压为

$$u_L = X_L I_{\mathrm{m}}\sin\left(\omega t + \frac{\pi}{2}\right)$$

根据基尔霍夫电压定律，电路总电压的瞬时值等于各个电压瞬时值之和，即

$$u = u_R + u_L$$

画出 u、u_R、u_L 及 i 的相量图，如图 9-15a 所示。$\dot{U}$、$\dot{U}_R$、$\dot{U}_L$ 构成直角三角形，如图 9-15b 所示，我们称之为电压三角形。

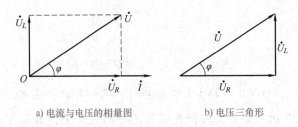

a) 电流与电压的相量图   b) 电压三角形

图 9-15 *RL* 串联电路的相量图和电压三角形

由电压三角形得到电压间的数量关系为

$$U = \sqrt{U_R^2 + U_L^2}$$

式中 U_R——电阻器 R 两端电压的有效值，单位是 V（伏［特］）；

U_L——电感器 L 两端电压的有效值，单位是 V（伏［特］）；

U——电路中总电压的有效值，单位是 V（伏［特］）。

从图 9-15a 所示的电压与电流的相量图中可以看出，在 *RL* 串联电路中，总电压超前电流 φ，有

$$\varphi = \varphi_u - \varphi_i = \arctan \frac{U_L}{U_R}$$

通常情况下，将总电压超前电流的电路称为电感性电路，简称感性电路。

从图 9-15b 所示的电压三角形中可以得到总电压与各分电压之间的关系为

$$U_R = U\cos\varphi$$

$$U_L = U\sin\varphi$$

【指点迷津】

RL 串联电路中电压与电流的相量图绘制方法

由于串联电路中电流处处相等，所以这种电路常以电流相量 $\dot{I}$ 为参考相量，然后根据电阻器上电压与电流同相，画出电压相量 $\dot{U}_R$；又根据电感两端的电压超前电流 90°，画出电压相量 $\dot{U}_L$。根据平行四边形法则，两个相量合成时，以表示这两个相量的线段为邻边画平行四边形，这个平行四边形的对角线就表示合成相量的大小和方向。所以 $\dot{U}_R$、$\dot{U}_L$ 合成的平行四边形的对角线就是总电压 $\dot{U}$。

2. RL 串联电路的阻抗

在 *RL* 串联电路中，电阻器两端的电压 $U_R = IR$，电感器两端的电压 $U_L = IX_L$，将它们

代入总电压与各分电压之间的关系式中，则有

$$U = \sqrt{U_R^2 + U_L^2} = \sqrt{(IR)^2 + (IX_L)^2} = I\sqrt{R^2 + X_L^2}$$

上式整理后得

$$I = \frac{U}{\sqrt{R^2 + X_L^2}} = \frac{U}{Z}$$

式中　U——电路中总电压的有效值，单位是 V（伏［特］）；

　　　I——电路中总电流的有效值，单位是 A（安［培］）；

　　　Z——电路的阻抗，单位是 Ω（欧［姆］），也可用 $|Z|$ 表示。

Z 称为电路的阻抗，它表示电阻器和电感器串联电路对交流电总的阻碍作用。阻抗的大小取决于电路参数 R、L 和电源频率 f。

将电压三角形三边同时除以电流 I，可以得到由阻抗 Z、电阻 R 和感抗 X_L 组成的直角三角形，称为阻抗三角形，如图 9-16 所示。

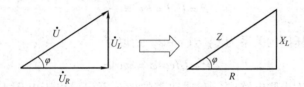

图 9-16　阻抗三角形

阻抗三角形和电压三角形是相似三角形，阻抗三角形中 Z 与 R 的夹角等于电压三角形中总电压与电流（电阻两端的电压）的夹角 φ，φ 称为阻抗角，也是电压与电流的相位差，有

$$\varphi = \arctan\frac{X_L}{R}$$

可见，φ 的大小只与电路参数 R、L 和电源频率 f 有关，与电压的大小无关。

【指点迷津】

1）由阻抗三角形还可以得到电阻、感抗与阻抗的关系：$R = Z\cos\varphi$，$X_L = Z\sin\varphi$；从电压三角形还可以得到总电压与各分电压之间的关系：$U_R = U\cos\varphi$，$U_L = U\sin\varphi$。

2）在 RL 串联电路中，阻抗角就是电压与电流的相位差，而且这个角度一定满足 $0° < \varphi < 90°$。阻抗三角形与电压三角形是相似三角形，但电压三角形是相量三角形，而阻抗三角形不是相量三角形。

3. RL 串联电路的功率

将电压三角形三边同时乘以 I，就可以得到由有功功率、无功功率和视在功率（总电压的有效值与电流的乘积）组成的三角形——功率三角形，如图 9-17 所示。

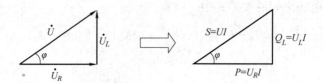

图 9-17　功率三角形

（1）视在功率　视在功率表示电源提供的总功率（包括有功功率和无功功率），即交流电源的容量。视在功率用 S 表示，等于总电压有效值与总电流有效值的乘积，即

$$S = UI$$

视在功率的单位为 V・A（伏安），常用单位还有 kV・A 和 MV・A。

（2）有功功率　电路中只有电阻器消耗功率，即有功功率，它等于电阻器两端的电压与电路中电流的乘积，即

$$P = U_R I = RI^2 = \frac{U_R^2}{R}$$

由于 U_R 和总电压间的关系为 $U_R = U\cos\varphi$，所以有

$$P = UI\cos\varphi = S\cos\varphi$$

上式说明，在 RL 串联电路中，有功功率的大小不仅取决于电压 U 和电流 I 的乘积，还取决于阻抗角余弦 $\cos\varphi$ 的大小。当电源供给同样大小的电压和电流时，$\cos\varphi$ 越大，有功功率越大；$\cos\varphi$ 越小，有功功率越小。

（3）无功功率　电路中的电感器不消耗能量，它与电源之间不停地进行能量交换，即无功功率，它等于电感器两端的电压与电路中电流的乘积，即

$$Q_L = U_L I = I^2 X_L = \frac{U_L^2}{X_L}$$

由于 $U_L = U\sin\varphi$，所以

$$Q_L = UI\sin\varphi = S\sin\varphi$$

另外，从功率三角形还可得到有功功率 P、无功功率 Q_L 和视在功率 S 之间的关系，即

$$S = \sqrt{P^2 + Q_L^2}$$

其中，阻抗角 φ 的大小也可表示为

$$\varphi = \arctan\frac{Q_L}{P}$$

4. RL 串联电路的功率因数

在 RL 串联电路中，既有耗能元件电阻器，又有储能元件电感器。因此，电源提供的总功率一部分被电阻器消耗（有功功率），一部分被电感器与电源交换（无功功率）。这样，就存在电源功率的利用率问题。为了反映功率的利用率，我们把有功功率与视在功率的比值称为功率因数，用 $\cos\varphi$ 表示，即

$$\cos\varphi = \frac{P}{S}$$

上式表明，当视在功率一定时，功率因数越大，用电设备的有功功率也越大，电源输出功率的利用率就越高。功率因数的大小由电路参数 R、L 和电源频率 f 决定。

【例9-6】 将电感为 255mH、电阻为 60Ω 的线圈接到 $u = 220\sqrt{2}\sin314t\text{V}$ 的交流电源上。求：（1）线圈的阻抗；（2）电路中的电流有效值和瞬时值表达式；（3）电路中的有功功率 P、无功功率 Q 和视在功率 S。

解：由电压解析式 $u = 220\sqrt{2}\sin314t\text{V}$ 可得，电压有效值 $U = 220\text{V}$，角频率 $\omega = 314\text{rad/s}$。

（1）线圈的感抗为 $X_L = \omega L = 314 \times 255 \times 10^{-3}\Omega \approx 80\Omega$

　　　　线圈的阻抗为 $Z = \sqrt{R^2 + X_L^2} = \sqrt{60^2 + 80^2}\Omega = 100\Omega$

（2）电路中电流的有效值为

$$I = \frac{U}{Z} = \frac{220}{100}\text{A} = 2.2\text{A}$$

端电压与电流之间的相位差为

$$\varphi = \arctan\frac{X_L}{R} = \arctan\frac{80}{60} = \arctan\frac{4}{3} \approx 53.1°$$

则电流瞬时值表达式为

$$i = 2.2\sqrt{2}\sin(314t - 53.1°)\text{A}$$

（3）电路中的有功功率为

$$P = RI^2 = 60 \times 2.2^2\text{W} = 290.4\text{W}$$

电路中的无功功率为

$$Q = X_L I^2 = 80 \times 2.2^2\text{var} = 387.2\text{var}$$

电路中的视在功率为

$$S = UI = 220 \times 2.2\text{V} \cdot \text{A} = 484\text{V} \cdot \text{A}$$

二、认识与分析 RC 串联电路

电阻器与电容器串联组成的电路称为 RC 串联电路，如图 9-18 所示。在电子技术中，经常遇到阻容耦合放大器、RC 振荡器、RC 移相电路等，这些电路都是 RC 串联电路。

1. RC 串联电路电压间的关系

RC 串联电路的分析方法与 RL 串联电路相同。在图 9-18 所示的电路中，电阻器两端的电压与电流同相，电容器两端的电压滞后电流 $\dfrac{\pi}{2}$，以电路中的电流为参考正弦量，即

$$i = I_\text{m}\sin\omega t$$

则电阻器两端的电压为

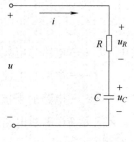

图 9-18 RC 串联电路

$$u_R = RI_m\sin\omega t$$

电容器两端的电压为

$$u_C = X_C I_m\sin\left(\omega t - \frac{\pi}{2}\right)$$

根据基尔霍夫电压定律，电路中总电压的瞬时值等于各个电压的瞬时值之和，即

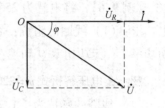

$$u = u_R + u_C$$

对应的相量间的关系为

$$\dot{U} = \dot{U}_R + \dot{U}_C$$

图 9-19　相量图

画出 u、u_R、u_C 及 i 的相量图，如图 9-19 所示，其电压三角形、阻抗三角形和功率三角形分别如图 9-20a ~ c 所示。

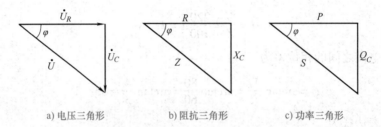

a) 电压三角形　　　b) 阻抗三角形　　　c) 功率三角形

图 9-20　RC 串联电路的电压三角形、阻抗三角形和功率三角形

从电压三角形可以得到，总电压与各电压之间的数量关系为

$$U = \sqrt{U_R^2 + U_C^2}$$

从电压、电流的相量图中可以得到，在 RC 串联电路中，总电压滞后电流 φ，即

$$\varphi = \arctan\frac{U_C}{U_R} = \arctan\frac{X_C}{R} = \arctan\frac{Q_C}{P}$$

通常情况下，将总电压滞后电流的电路称为电容性电路，简称容性电路。

2. RC 串联电路的阻抗

将 $U_R = IR$，$U_C = IX_C$ 代入总电压与各电压的关系式中，即

$$U = \sqrt{U_R^2 + U_C^2} = \sqrt{(IR)^2 + (IX_C)^2} = I\sqrt{R^2 + X_C^2}$$

上式整理后得

$$I = \frac{U}{\sqrt{R^2 + X_C^2}} = \frac{U}{Z}$$

式中　U——电路总电压的有效值，单位是 V（伏［特］）；

　　　I——电路总电流的有效值，单位是 A（安［培］）；

　　　Z——电路的阻抗，单位是 Ω（欧［姆］），也可用 $|Z|$ 表示。

Z 表示 RC 串联电路对交流电总的阻碍作用。阻抗的大小取决于电路参数 R、C 和电源频率 f。

💡【指点迷津】

1）由阻抗三角形还可以得到电阻、容抗与阻抗的关系：$R = Z\cos\varphi$，$X_C = Z\sin\varphi$；从电压三角形还可以得到总电压与各分电压之间的关系：$U_R = U\cos\varphi$，$U_C = U\sin\varphi$。

2）在 RC 串联电路中，阻抗角就是电压与电流的相位差，而且这个角度一定满足 $0° < \varphi < 90°$。阻抗三角形与电压三角形是相似三角形，但电压三角形是相量三角形，而阻抗三角形不是相量三角形。

3. RC 串联电路的功率

（1）视在功率　RC 串联电路的视在功率等于总电压有效值与总电流有效值的乘积，即

$$S = UI$$

根据 RC 串联电路阻抗三角形可得，$S = I^2 Z = \dfrac{U^2}{Z}$。

根据 RC 串联电路功率三角形可得，$S = \sqrt{P^2 + Q_C^2}$。

（2）有功功率　RC 串联电路的有功功率等于电阻器两端的电压与电路中电流的乘积，即

$$P = U_R I = R I^2 = \dfrac{U_R^2}{R}$$

或

$$P = UI\cos\varphi = S\cos\varphi$$

（3）无功功率　电路中的电容器不消耗能量，它与电源之间不停地进行能量交换，即无功功率，它等于电容器两端的电压与电路中电流的乘积，即

$$Q_C = U_C I = X_C I^2 = \dfrac{U_C^2}{X_C}$$

或

$$Q_C = UI\sin\varphi = S\sin\varphi$$

4. RC 串联电路的功率因数

在 RC 串联电路中，既有耗能元件电阻器，又有储能元件电容器。因此，电源提供的总功率一部分被电阻器消耗（有功功率），一部分被电容器与电源交换（无功功率）。RC 串联电路的功率因数为

$$\cos\varphi = \dfrac{P}{S}$$

【例 9-7】　把一个电阻值为 30Ω 的电阻器和一个电容为 $80\mu F$ 的电容器串联后接到交流电源上，已知电源电压 $u = 220\sqrt{2}\sin314t\,V$。求：（1）电容器的容抗；（2）电路中电流的有效值；（3）电路中的有功功率 P、无功功率 Q 和视在功率 S；（4）端电压与电流之间的相位差。

解：由电压解析式 $u = 220\sqrt{2}\sin314t\,V$ 可得，电压的有效值 $U = 220V$，角频率 $\omega = 314\,rad/s$。

（1）电容器的容抗为 $X_C = \dfrac{1}{\omega C} = \dfrac{1}{314 \times 80 \times 10^{-6}}\Omega \approx 40\Omega$

电路的阻抗为 $Z = \sqrt{R^2 + X_C^2} = \sqrt{30^2 + 40^2}\Omega = 50\Omega$

（2）电路中电流的有效值为

$$I = \frac{U}{Z} = \frac{220}{50}\text{A} = 4.4\text{A}$$

（3）电路中的有功功率为

$$P = RI^2 = 30 \times 4.4^2\text{W} = 580.8\text{W}$$

电路中的无功功率为

$$Q_C = X_C I^2 = 40 \times 4.4^2\text{var} = 774.4\text{var}$$

电路中的视在功率为

$$S = UI = 220 \times 4.4\text{V} \cdot \text{A} = 968\text{V} \cdot \text{A}$$

（4）端电压与电流之间的相位差为

$$\varphi = \arctan\frac{X_C}{R} = \arctan\frac{40}{30} \approx 53.1°$$

三、认识与分析 RLC 串联电路

RLC 串联
电路

电阻器、电感器、电容器串联组成的电路称为 RLC 串联电路，如图 9-21 所示。RLC 串联电路包含了三个不同的电路参数 R、L、C，是在实际工作中常常遇到的典型电路，如供电系统中的补偿电路和电子技术中常用的串联谐振电路。

1. RLC 串联电路电压间的关系

RLC 串联电路的分析方法与 RL、RC 串联电路的分析方法相同。设通过 RLC 串联电路中的电流为

$$i = I_\text{m}\sin\omega t$$

则电阻器两端的电压为

$$u_R = RI_\text{m}\sin\omega t$$

电感器两端的电压为

$$u_L = X_L I_\text{m}\sin\left(\omega t + \frac{\pi}{2}\right)$$

电容器两端的电压为

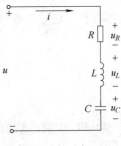

图 9-21 RLC 串联电路

$$u_C = X_C I_\text{m}\sin\left(\omega t - \frac{\pi}{2}\right)$$

根据基尔霍夫电压定律，电路总电压的瞬时值等于电路中各个电压的瞬时值之和，即

$$u = u_R + u_L + u_C$$

对应的相量关系是

$$\dot{U} = \dot{U}_R + \dot{U}_L + \dot{U}_C$$

画出 i、u、u_R、u_L 及 u_C 的相量图，如图 9-22 所示。

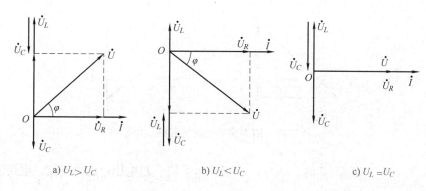

a) $U_L > U_C$　　　　　　b) $U_L < U_C$　　　　　　c) $U_L = U_C$

图 9-22　RLC 串联电路的相量图

从相量图中可以看出，总电压的有效值与各分电压的有效值之间的关系为

$$U = \sqrt{U_R^2 + (U_L - U_C)^2}$$

总电压与电流之间的相位差为

$$\varphi = \arctan \frac{U_L - U_C}{U_R}$$

当 $U_L > U_C$ 时，$\varphi > 0$，电压超前电流；当 $U_L < U_C$ 时，$\varphi < 0$，电压滞后电流；当 $U_L = U_C$ 时，$\varphi = 0$，电压与电流同相。

2. RLC 串联电路的阻抗

将 $U_R = RI$，$U_L = X_L I$，$U_C = X_C I$ 代入总电压与各分电压之间的关系式中，则有

$$U = \sqrt{(RI)^2 + (X_L I - X_C I)^2} = I \sqrt{R^2 + (X_L - X_C)^2}$$

将上式整理后得

$$I = \frac{U}{\sqrt{R^2 + (X_L - X_C)^2}} = \frac{U}{Z}$$

式中　U——电路总电压的有效值，单位是 V（伏［特］）；

　　　I——电路总电流的有效值，单位是 A（安［培］）；

　　　Z——电路的阻抗，单位是 Ω（欧［姆］）。

其中，$X = X_L - X_C$，称为电抗，它是电感器与电容器共同作用的结果；把 Z 称为交流电路的阻抗，它是电阻与电抗共同作用的结果。电抗和阻抗的单位均为 Ω。

在 RLC 串联电路中，阻抗、电阻、感抗、容抗之间的关系为

$$Z = \sqrt{R^2 + (X_L - X_C)^2} = \sqrt{R^2 + X^2}$$

同理，将电压三角形三边同时除以电流 I，可以得到由阻抗 Z、电阻 R 和电抗 X 组成的阻抗三角形，如图 9-23 所示。

由阻抗三角形可知，电路的阻抗角 φ 为

$$\varphi = \arctan \frac{X}{R} = \arctan \frac{X_L - X_C}{R}$$

可见，阻抗角 φ 的大小取决于电路参数 R、L、C 及电源频率 f，电抗 X 的值决定着电路的性质。

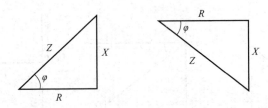

图 9-23　*RLC* 串联电路的阻抗三角形

1）当 $X_L > X_C$，即 $X > 0$ 时，$\arctan \dfrac{X}{R} > 0$，$U_L > U_C$，总电压超前总电流，电路呈感性。

2）当 $X_L < X_C$，即 $X < 0$ 时，$\arctan \dfrac{X}{R} < 0$，$U_L < U_C$，总电压滞后总电流，电路呈容性。

3）当 $X_L = X_C$，即 $X = 0$ 时，$\arctan \dfrac{X}{R} = 0$，$U_L = U_C$，总电压与总电流同相，电路呈阻性，此时的电路状态称为谐振。

3. *RLC* 串联电路的功率

在 *RLC* 串联电路中，存在着有功功率 P、无功功率 Q（Q_L 和 Q_C）和视在功率 S，它们分别为

$$P = U_R I = R I^2 = UI\cos\varphi$$
$$Q = Q_L - Q_C = (U_L - U_C)I = (X_L - X_C)I^2 = UI\sin\varphi$$
$$S = UI$$

在电阻器、电感器和电容器串联电路中，流过电感器和电容器的是同一个电流，而电感器两端的电压 U_L 与电容器两端的电压 U_C 相位相反，感性无功功率 Q_L 与容性无功功率 Q_C 是可以互相补偿的。以电流 i 为参考正弦量，作出 i、u_L、u_C、Q_L、Q_C 的波形图，如图 9-24 所示。

从波形图中可以看出，当 Q_L 为正值时，Q_C 为负值；当 Q_L 为负值时，Q_C 为正值；即电感器放出的能量被电容器吸收，以电场能的形式储存在电容器中，电容器放出的能量又被电感器吸收，以磁场能的形式储存在电感器中，减轻了电源的负担。因此，电路中的无功功率为两者之差，即 $Q = Q_L - Q_C$。

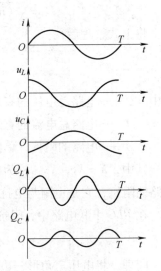

图 9-24　*RLC* 串联电路的波形图

如果将电压三角形的三边同时乘以电流有效值 I，就可以得到由视在功率 S、有功功率 P、无功功率 Q 组成的功率三角形，则有

$$\begin{cases} S = \sqrt{P^2 + Q^2} \\ \varphi = \arctan \dfrac{Q}{P} \end{cases}$$

【指点迷津】

在同一电路中，功率三角形、电压三角形、阻抗三角形是三个相似三角形，所以功率因数角、电压与电流的相位差、阻抗角这三个角是相同的。但只有电压三角形是相量三角形，各量都标有箭头，而功率三角形和阻抗三角形不是相量三角形，各量不标箭头。

【例 9-8】 已知某 *RLC* 串联电路中，电阻为 30Ω，电感为 127mH，电容为 40μF，电路两端交流电压 $u = 311\sin314t$V。求：（1）电路的阻抗；（2）电流的有效值；（3）各元件两端电压的有效值；（4）电路的有功功率、无功功率和视在功率；（5）判断电路的性质。

解： 由 $u = 311\sin314t$V 可得，电源电压有效值 $U = 220$V，角频率 $\omega = 314$rad/s。

（1）电感的感抗　　$X_L = \omega L = 314 \times 127 \times 10^{-3}\Omega \approx 40\Omega$

　　电容的容抗　　$X_C = \dfrac{1}{\omega C} = \dfrac{1}{314 \times 40 \times 10^{-6}}\Omega \approx 80\Omega$

　　电路的阻抗　　$Z = \sqrt{R^2 + (X_L - X_C)^2} = \sqrt{30^2 + (40-80)^2}\Omega = 50\Omega$

（2）电流的有效值　　$I = \dfrac{U}{Z} = \dfrac{220}{50}$A = 4.4A

（3）各元件两端电压的有效值分别为

$$U_R = RI = 30 \times 4.4\text{V} = 132\text{V}$$
$$U_L = X_L I = 40 \times 4.4\text{V} = 176\text{V}$$
$$U_C = X_C I = 80 \times 4.4\text{V} = 352\text{V}$$

（4）电路的有功功率、无功功率和视在功率分别为

$$P = RI^2 = 30 \times 4.4^2\text{W} = 580.8\text{W}$$
$$Q = Q_L - Q_C = (X_L - X_C)I^2 = (40-80) \times 4.4^2\text{var} = -774.4\text{var}$$
$$S = UI = 220 \times 4.4\text{V·A} = 968\text{V·A}$$

（5）因为 $X_L < X_C$，$Q_L < Q_C$，即 $Q < 0$，表明该电路呈容性。

学习任务三　认识电能的测量与节能

情景引入

电能作为重要的能源已广泛应用于日常生活和生产中，对电能计量十分必要。然而，日益严重的电力能源短缺问题成为制约国家经济发展的重要问题，节能减耗也显得格外重要。电能的测量，不仅能反映负载功率的大小，而且能反映功率延续的时间，还能清楚地知道电能被消耗的情况。

本学习任务主要学习电能的测量和提高功率因数的意义与方法。

一、电能的测量

单相电度表

电能的测量是用电能表来完成的，电能表又称为电度表，主要用以计算电费。电能表按工作原理的不同可分为感应式、电子式、机电式电能表。常见的单相电能表如图9-25所示。

a) 感应式电能表

b) 电子式防窃电能表

c) 费控智能电能表

图9-25　单相电能表

在低电压（不超过500V）和小电流（几十安）的情况下，电能表可直接接入电路进行测量；在高电压或大电流的情况下，电能表不能直接接入线路，需要通过电压互感器或电流互感器将高电压或大电流降到电能表适合的电压或电流。

1. 单相电能表的基本原理

单相感应式电能表的结构原理图如图9-26所示。

当把电能表接入被测电路时，电流线圈和电压线圈中就有交变电流流过，这两个交变电流分别在它们的铁心中产生交变磁通；交变磁通穿过铝盘，在铝盘中感应出涡流；涡流又在磁场中受到力的作用，从而使铝盘得到转矩（主动力矩）而转动，同时形成制动力矩。

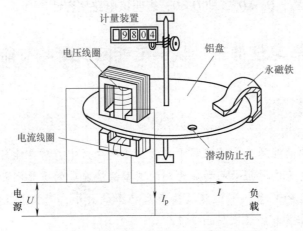

图9-26　单相感应式电能表的结构原理图

负载消耗的功率越大，通过电流线圈的电流越大，铝盘中感应出的涡流也越大，使铝盘转动的力矩就越大，即转矩的大小与负载消耗的功率成正比，功率越大，转矩也越大，铝盘转动也就越快。铝盘转动时，又受到永久磁铁产生的制动力矩的作用，制动力矩与主动力矩方向相反；制动力矩的大小与铝盘的转速成正比，铝盘转动得越快，制动力矩也越大。当主动力矩与制动力矩达到暂时平衡时，铝盘将匀速转动。负载所消耗的电能与铝盘的转数成正比。铝盘转动时，通过轴向齿轮传动，带动计量装置算出转盘转数而测定出电能，这就是感应式电能表的工作原理。

【想一想　做一做】

一只电饭煲，它的铭牌上标有"1000W、220V"，那么使用这只电饭煲1h要消耗多少电能？

2. 单相电能表的铭牌

某单相电能表的铭牌如图9-27所示。

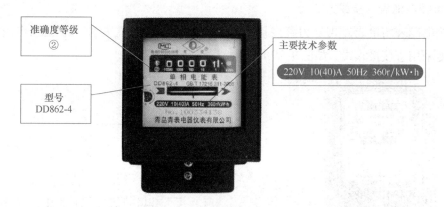

图 9-27　某单相电能表的铭牌

单相电能表的型号和铭牌数据说明如下：

（1）型号　电能表的型号由五部分组成，如图9-28所示。

第一部分：类别代号。D——电能表。

第二部分：组别代号。表示相线，D——单相，S——三相三线，T——三相四线；表示用途，B——标准，X——无功，Z——最大需量，F——复费率，S——全电子式，Y——预付费。

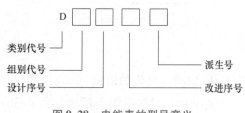

图 9-28　电能表的型号意义

第三部分：设计序号。用阿拉伯数字表示，如862、864等。

第四部分：改进序号。用小写的汉语拼音字母表示。

第五部分：派生号。T——湿热和干热两用，TH——湿热带用，G——高原用，H——船用，F——化工防腐用，K——开关板式，J——带接收器的脉冲电能表。

图 9-27 所示电能表的型号为 DD862，DD 表示单相电能表，数字 862 为设计序号。一般家庭使用需选用 DD 系列的电能表，设计序号可以不同。

（2）准确度等级　准确度等级用置于圆圈内的数字表示。图 9-27 所示电能表的准确度等级为 2，表示电能表的允许误差不大于 ±2%。

（3）主要技术参数　单相电能表的主要技术参数有电能表的额定电压、标定电流、额定最大电流、额定频率和额定转速等。

电能表的额定电压是指电能表能长期承受的电压额定值；电能表的标定电流是指作为计算负载基数的电流；额定最大电流是指电能表能长期工作，且满足误差要求的最大电流；电能表的额定频率为工频 50Hz；电能表的额定转速是指电能表记录的电能与转盘转数或脉冲数之间关系的比例数。

图 9-27 所示电能表的额定电压为 220V，标定电流为 10A，额定最大电流为 40A，额定频率为 50Hz，额定转速为 360r/kW·h。

3. 单相电能表的接线方式

单相电能表的接线方式分为直接接入式和经互感器接入式两种。家庭用电量一般较小，因此采用直接接入式，如图 9-29 所示。

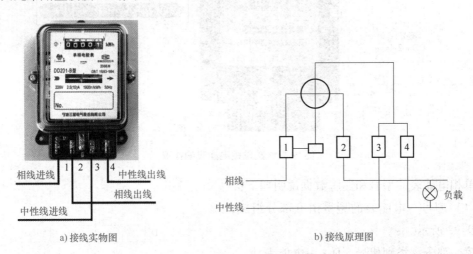

a) 接线实物图　　　　　　　　　　　　b) 接线原理图

图 9-29　单相电能表的接线方式

4. 单相电能表的读数

若某用户月初电能表示数如图 9-30a 所示，月末电能表示数如图 9-30b 所示，则该用户一个月的用电量为多少？

月初电能表示数为 2066kW·h，月末电能表示数为 2080.4kW·h，则该用户一个月的用电量 W =（2080.4 - 2066）kW·h = 14.4kW·h。

图 9-30　电能表示数

知识拓展

智能电能表

智能电能表是具有电能计量、数据处理、实时监测、自动控制、信息交互等功能的电能表，主要由测量单元、数据处理单元、通信单元等组成。目前智能电能表按用户类型可分为单相智能电能表和三相智能电能表；按缴费方式的不同，可分为本地表和远程表。本地表是指安装在用户方，可使用 IC 卡缴费的电能表。远程表一般不安装在用户范围，用户需去供电局缴费。

智能电能表的付费方式是通过用户对智能 IC 卡充值并输入电表中，电表才能供电，电量用完后自动拉闸断电，从而有效地解决了上门抄表和收电费难的问题，可以实现对用户的购电信息实行微机管理，方便查询、统计、收费及打印票据等。同时，可省去人工抄表的成本，并且减少窃电损失。

智能电能表较普通机械式电能表有着计量更精准、智能扣费、电价查询、电量记忆、余额报警、信息远程传送的优势。

二、提高功率因数的意义和方法

在交流电路中，有功功率为 $P = UI\cos\varphi$，$\cos\varphi$ 就是电路的功率因数。可见，在交流电路中，有功功率的大小不仅与电路中的电压、电流大小有关，还与电路的功率因数有关。功率因数取决于电路的参数和电源频率。在纯电阻电路中，电流、电压同相，其功率因数最大，为 1。感性负载和容性负载的功率因数介于 0 和 1 之间。

1. 提高功率因数的意义

当电路中的功率因数小于 1 时，电路中就有能量的交换，存在无功功率 Q。因此，提高功率因数在以下两个方面具有重要的实际意义。

（1）提高供电设备的能量利用率　在电力系统中，功率因数是一个重要指标。每个供电设备都有额定容量，即视在功率 $S = UI$。电路正常工作时是不允许超过额定值的，否则会损坏供电设备。对于非电阻性负载电路，供电设备输出的总功率（视在功率）S 中，一部分为有功功率 $P = S\cos\varphi$，另一部分为无功功率 $Q = S\sin\varphi$。功率因数 $\cos\varphi$ 越小，电路的有功功率就越小，而无功功率就越大，电路中能量交换的规模也就越大。为了减小电路中能量交换的规模，提高供电设备所提供能量的利用率，就必须提高功率因数。

【例 9-9】　一台交流发电机的额定电压为 220V，输出总功率为 4400kV·A。

（1）该交流发电机向额定电压为 220V，有功功率为 4.4kW，功率因数为 0.5 的用电器供电，能供多少个这样的用电器正常工作？

（2）若把用电器的功率因数提高到 0.8，又能供多少个用电器正常工作？

解：（1）发电机的额定工作电流为

$$I_e = \frac{S}{U} = \frac{4400 \times 10^3}{220}A = 20000A$$

当 $\cos\varphi = 0.5$ 时，每个用电器的电流为

$$I = \frac{P}{U\cos\varphi} = \frac{4.4 \times 10^3}{220 \times 0.5}A = 40A$$

则发电机能供给的用电器个数为

$$\frac{I_e}{I} = \frac{20000}{40} = 500$$

（2）当 $\cos\varphi' = 0.8$ 时，每个用电器的电流为

$$I' = \frac{P}{U\cos\varphi'} = \frac{4.4 \times 10^3}{220 \times 0.8}A = 25A$$

则发电机能供给的用电器个数为

$$\frac{I_e}{I'} = \frac{20000}{25} = 800$$

由例 9-9 可知，当 $\cos\varphi = 0.5$ 时，发电机发出的有功功率仅为 2200kW，当 $\cos\varphi = 0.8$ 时，发电机发出的有功功率可达 3520kW，从而提高了发电机的能量利用率。

（2）减小输电线路上的能量损失 功率因数低，还会增加发电机绕组、变压器和线路的功率损失。当负载电压和有功功率一定时，电路中的电流与功率因数成反比，即

$$I = \frac{P}{U\cos\varphi}$$

可见，功率因数越低，电路中的电流越大，线路上的压降也就越大，电路的功率损耗也就越大。这样，不仅使电能白白地消耗在线路上，而且使负载两端的电压降低，影响负载的正常工作。

【例 9-10】 一座发电站以 220kV 的高压输送给负载 4.4×10^5 kW 的电力，如果输电线路的总电阻为 10Ω，试计算负载的功率因数由 0.5 提高到 0.8 时，输电线路上一天可少损失多少电能？

解：（1）当功率因数 $\cos\varphi = 0.5$ 时，线路中的电流为

$$I_1 = \frac{P}{U\cos\varphi_1} = \frac{4.4 \times 10^8}{220 \times 10^3 \times 0.5}A = 4000A$$

（2）当功率因数 $\cos\varphi = 0.8$ 时，线路中的电流为

$$I_2 = \frac{P}{U\cos\varphi_2} = \frac{4.4 \times 10^8}{220 \times 10^3 \times 0.8}A = 2500A$$

（3）一天少损失的电能为

$$\Delta W = (I_1^2 - I_2^2)Rt = [(4 \times 10^3)^2 - (2.5 \times 10^3)^2] \times 10 \times 24 W \cdot h = 2.34 \times 10^6 kW \cdot h$$

通过例 9-9 和例 9-10 的讨论可知，提高电力系统的功率因数对国民经济发展有着极其重要的意义。功率因数的提高，能使发电设备的容量得到充分利用，同时能节约大量电能，即提高供电能力。

那么，我们应当如何提高功率因数呢？

2. 提高功率因数的方法

在具有感性负载的电路中，一般功率因数较低。为了能使发电机的容量得到充分利用，从经济角度出发，必须减小无功功率，提高功率因数。

（1）提高用电设备本身的功率因数　采用降低用电设备无功功率的措施，可以提高功率因数。例如，正确选用异步电动机和电力变压器的容量。由于它们在轻载或空载时电阻小，功率因数低，满载时功率因数较高，所以，选用变压器和电动机的容量不宜过大，并尽量减少轻载和空载运行。

（2）在感性负载上并联电容器提高功率因数　功率因数就是 $\cos\varphi$ 的值，要提高功率因数就是要尽可能减小电路的阻抗角 φ。在感性负载上并联电容器，可以减小阻抗角 φ，达到提高功率因数的目的。

图 9-31 所示为荧光灯电路，这是典型的感性负载电路。在并联电容器前，电压超前电流

$$\varphi_1 = \arctan\frac{X_L}{R}$$

当感性负载（荧光灯电路）并联电容器以后，电容器支路的电流超前电压 $\dfrac{\pi}{2}$，作出它们的矢相图，如图 9-32a、b 所示，使得总电流与电压间的夹角减小，即 $\varphi < \varphi_1$，从而达到了提高功率因数的目的。

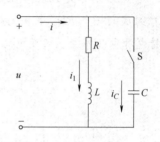

图 9-31　感性负载并联电容器电路

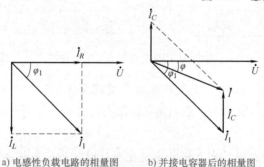

a) 电感性负载电路的相量图　　b) 并接电容器后的相量图

图 9-32　感性负载并联电容器前后的相量图

应当指出，并联电容器以后电路的有功功率不变，这是因为电容器不消耗电能，负载的工作状态不受任何影响。

在实际电力系统中，并不要求将功率因数提高到 1。因为这样做经济效果并不显著，还要增加大量的设备投资。根据具体的电路，经过经济和技术比较，把功率因数提高到适当的数值即可。

【指点迷津】

在供电系统中，功率因数是一个重要的指标。一个供电线路如果功率因数低，会

降低电源的带负载能力，而且降低输、变、配电设备的利用率，还会引起输电线路电流过大，造成过多的电压和功率损失。另外，如果为了实现额定输出，就要增大设备容量。但是功率因数也不能过高，即无功功率过低，这样会影响电路的稳定性，虽然提高了经济性，但从长远来看，增加了事故的概率。

*学习任务四　分析与运用谐振电路

情景引入

图 9-33 所示是 RLC 串联谐振实验电路，它是由小灯泡 EL（R）、电感器 L 和电容器 C 组成的一个 RLC 串联电路，在串联电路的两端连接频率可调的低频交流电源，保持电源电压不变，改变电源频率，使它由低逐渐变高，观察小灯泡 EL 的亮度变化。

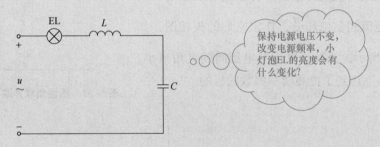

图 9-33　RLC 串联谐振实验电路

我们可以观察到：当电源频率由低向高逐渐变化时，小灯泡 EL 由暗逐渐变亮；当电源频率增大到某一数值时，小灯泡 EL 最亮；当继续提高电源频率时，小灯泡 EL 又由亮逐渐变暗。

你知道这是为什么吗？在电源频率发生变化时，RLC 串联电路中的阻抗、电流和小灯泡 EL、电感器 L 和电容器 C 两端的电压发生了什么变化？

本学习任务主要有分析与运用串联谐振电路和分析与运用并联谐振电路两个内容，主要学习串联与并联谐振电路发生谐振的条件和特点。

一、分析与运用串联谐振电路

串联谐振电路

在图 9-33 所示的 RLC 串联谐振实验电路中，小灯泡 EL 的亮度变化与流过小灯泡 EL 的电流（或其两端的电压）大小有关。在改变电源频率的过程中，当电源电压与电流同相时，电路会呈电阻性，使电路中的电流达到最大值，小灯泡 EL 最亮。而电源电压与电流的相位差越大，电路中的电流越小，小灯泡 EL 的亮度就越暗。

我们把 RLC 串联电路中的总阻抗最小、电流最大的现象称为谐振现象。

1. 串联谐振的条件

在 RLC 串联电路中，当电源电压与电流同相时，电路呈电阻性的这种状态称为串联谐振。在 RLC 串联电路中，发生串联谐振的条件是电路中的电抗为零，即

$$X = X_L - X_C = 0$$

这时，电路的阻抗角为

$$\varphi = \arctan \frac{X}{R} = 0$$

2. 串联谐振的谐振频率

RLC 串联电路发生谐振时，必须满足条件

$$X = X_L - X_C = 0$$

即

$$\omega L - \frac{1}{\omega C} = 0$$

要满足上述条件，一种办法是改变电路中的参数 L 和 C，另一种办法就是改变电源的频率。对于电感、电容为确定值的电路，要发生谐振，电源的角频率必须满足：

$$\omega = \omega_0 = \frac{1}{\sqrt{LC}}$$

谐振时，电源的频率为

$$f = f_0 = \frac{1}{2\pi \sqrt{LC}}$$

式中　f_0——谐振频率，单位是 Hz（赫［兹］）；

　　L——电感器的电感，单位是 H（亨［利］）；

　　C——电容器的电容，单位是 F（法［拉］）。

【指点迷津】

谐振频率 f_0 仅由电路的参数 L 和 C 决定，与电阻 R 的大小无关，它反映电路本身的固有性质。当电路的参数确定之后，对应的 ω_0 和 f_0 都有确定的值，因此，f_0 称为电路的固有频率。电路发生谐振时，外加电源的频率必须等于电路的固有频率。在实际应用中，常常利用改变电路参数（L 或 C）的办法使电路在某一频率下发生谐振。

3. 串联谐振的特点

RLC 串联电路发生谐振时，具有以下特点：

（1）谐振时，总阻抗最小，总电流最大　RLC 串联电路谐振时，电路的电抗 X 为零，阻抗是一个纯电阻，即

$$X = X_L - X_C = 0$$

此时，感抗和容抗相等，它们完全互相补偿，电路呈电阻性，阻抗达到最小值

$$Z = \sqrt{R^2 + X^2} = R$$

在外加电压一定时，谐振电流达到最大值，其值为

$$I = I_0 = \frac{U}{R}$$

这时电路中的电流和外加电压同相，电路中电流的大小取决于电阻 R 的大小，电阻 R 越小，电路中的电流就越大。

（2）特性阻抗　谐振时，电路的电抗为零，但是感抗和容抗都不为零，此时电路的感抗或容抗称为谐振电路的特性阻抗，用字母 ρ 表示

$$\rho = \omega_0 L = \frac{1}{\omega_0 C} = \frac{L}{\sqrt{LC}} = \sqrt{\frac{L}{C}}$$

由上式可知，谐振电路的特性阻抗是由电路参数 L 和 C 决定，与谐振频率的大小无关。ρ 的单位是 Ω。

（3）品质因数　在电子技术中，通常用谐振电路的特性阻抗与电路中电阻的比值来说明电路的性能，这个比值称为电路的品质因数，用字母 Q 表示，有

$$Q = \frac{\rho}{R} = \frac{\omega_0 L}{R} = \frac{1}{\omega_0 CR} = \frac{1}{R}\sqrt{\frac{L}{C}}$$

Q 值的大小由电路参数 R、L、C 决定。

谐振时，电阻器上的电压等于电源电压，电感器和电容器上的电压等于电源电压的 Q 倍。因此，串联谐振又称为电压谐振，有

$$U_R = I_0 R = \frac{U}{R}R = U$$

$$U_L = I_0 X_L = \frac{U}{R}\omega L = U\frac{\rho}{R} = QU$$

$$U_C = I_0 X_C = \frac{U}{R}\frac{1}{\omega C} = U\frac{\rho}{R} = QU$$

【指点迷津】

当 $Q \gg 1\left(\sqrt{\dfrac{L}{C}} \gg R\right)$ 时，就有 $U_L = U_C \gg U$，即 U_L、U_C 都远远大于电源电压。如果电压过高就有可能损坏电感器或电容器。因此，电力工程上要避免发生串联谐振。但在无线电技术中，常常利用串联谐振获得较高的电压，一般 Q 值可达到几十到几百，这样 U_L 和 U_C 可达到电源电压的几十倍到几百倍。

【例 9-11】　在 RLC 串联谐振电路中，已知 $L = 50\,\mu\text{H}$，$C = 200\,\text{pF}$，品质因数 $Q = 100$，电源电压为 $1\,\text{mV}$，试求：（1）谐振频率；（2）谐振时的电流；（3）各元件上的电压。

解：（1）$f_0 = \dfrac{\omega_0}{2\pi} = \dfrac{1}{2\pi\sqrt{LC}} = \dfrac{1}{2 \times 3.14 \times \sqrt{50 \times 10^{-6} \times 200 \times 10^{-12}}}\,\text{Hz} = 1.59\,\text{MHz}$

（2）$R = \dfrac{1}{Q}\sqrt{\dfrac{L}{C}} = \dfrac{1}{100} \times \sqrt{\dfrac{50 \times 10^{-6}}{200 \times 10^{-12}}}\Omega = 5\Omega$

所以谐振时的电流为

$$I_0 = \frac{U}{R} = \frac{1 \times 10^{-3}}{5}\mathrm{A} = 0.2\mathrm{mA}$$

（3）谐振时各元件上的电压 $U_R = 1\mathrm{mV}$，$U_L = U_C = QU = 100 \times 1\mathrm{mV} = 100\mathrm{mV}$

4. 串联谐振电路的选择性和通频带

（1）串联谐振电路的选择性　根据 RLC 串联谐振电路的特点可知，谐振时，$\omega = \omega_0$，$X_L = X_C$，这时阻抗 $Z_0 = R$ 为最小，$I_0 = \dfrac{U}{R}$ 为最大值；当 $\omega > \omega_0$ 时，$X_L > X_C$ 电路呈感性，$|Z| > |Z_0|$，$I < I_0$。可见当电源频率发生变化，电路中的电流也随之改变。我们将描述谐振电路中电流与电源频率关系的曲线称为谐振曲线。

串联谐振电路的品质因数 Q 值的大小是标志谐振回路质量优劣的重要指标，它对谐振曲线（电流随频率变化的曲线）有很大的影响。Q 值不同，谐振曲线的形状也不同，从中可以看出谐振回路质量的好坏。

理论和实验证明，电流随频率变化的关系式为

$$I(f) = I_0 \frac{1}{\sqrt{1 + Q^2\left(\dfrac{f}{f_0} - \dfrac{f_0}{f}\right)^2}}$$

根据上式，选取不同的 Q 值，作出一组谐振曲线，如图 9-34 所示。

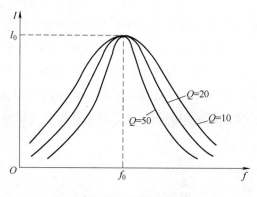

图 9-34　谐振曲线

由图 9-34 可见，Q 值越高，曲线越尖锐；Q 值越低，曲线就越趋于平坦。当 Q 值较高，频率偏离谐振频率时，电流从谐振时的极大值急剧下降，对非谐振频率下的电流有较强的抑制能力。因此，Q 值越高，电路的选择性越好。反之，当 Q 值很低，频率偏离谐振频率时，电流变化不大，电路的选择性变差。

在无线电广播通信技术中，常常应用谐振电路从许多不同频率的信号中选出所需要的信号。

（2）串联谐振电路的通频带　在电台或电视台播放的音乐节目中，既有高音，又有中

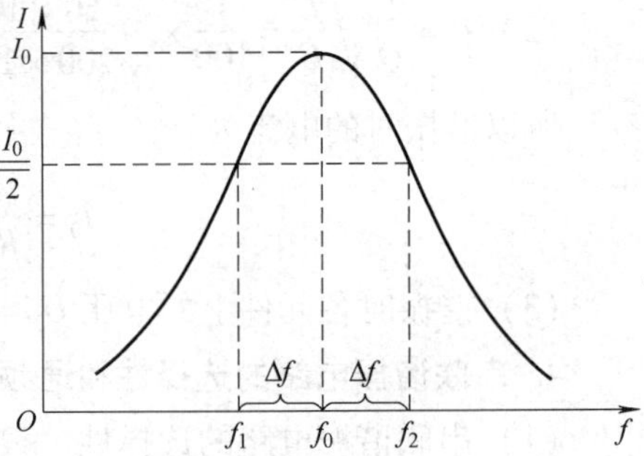

音和低音，要求有一定的频率范围。无线电所传输的信号也要占有一定的频率范围。如果谐振回路的 Q 值过高，曲线过于尖锐，就会过多地削弱所要接收信号的频率成分。因此，回路的 Q 值不能太高，既要考虑回路选择性的优劣，又要考虑到一定频率范围内回路允许信号通过的能力，规定在谐振曲线上 $I = \dfrac{I_0}{\sqrt{2}}$ 所包含的频率范围称为电路的通频带，用字母 BW 表示，如图 9-35 所示。

图 9-35　谐振电路的通频带

$$BW = f_2 - f_1 = 2\Delta f$$

理论和实验证明，通频带 BW 与 f_0、Q 的关系为

$$BW = \frac{f_0}{Q}$$

式中　BW——通频带，单位是 Hz（赫［兹］）；

　　　Q——品质因数；

　　　f_0——电路的谐振频率，单位是 Hz（赫［兹］）。

由上式可知，回路的 Q 值越高，谐振曲线越尖锐，电路的通频带就越窄；反之，回路的 Q 值越小，谐振曲线越平坦，电路的通频带就越宽。在广播通信中，既要考虑选择性，又要考虑通频带，因此，品质因数要选择得恰当、合理。

5. 串联谐振的应用

（1）耐压试验中的应用　在高电压技术中，利用串联谐振产生工频高电压，为变压器等电力设备做耐压试验，可以有效地发现设备中危险的集中性缺陷，是检验电气设备绝缘强度的最有效和最直接的方法。在无线电工程中，常常利用串联谐振来获得较高的电压。

（2）收音机中的调谐　在电子设备中常用串联谐振电路从许多不同频率的信号中选择所需要的信号。在收音机中，常利用串联谐振电路来选择电台信号（见图 9-36），这个过程称为调谐。

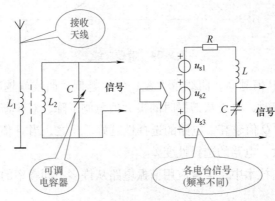

图 9-36　利用串联谐振电路选择电台信号

例如，一般收音机就是利用调节回路电容器（或电感器）使回路对所要接收的电台的载波频率发生谐振的办法来选择电台信号。各种不同频率的电波在天线上产生不同频率的电信号，经过线圈 L_1 感应到线圈 L_2。当振荡电路对某一信号频率发生谐振时，回路中该信号的电流最大，则在电容器两端产生高于此信号电压 Q 倍的电压 U_C。而对于其他频率的信号，因为没有发生谐振，在回路中电流很小，从而被电路抑制掉。所以，可以通过改变电容器 C 来改变回路的谐振频率，从而选择所需要的电台信号。

二、分析与运用并联谐振电路

串联谐振电路适用于电源内阻很小的情况，即电源等效于恒压源供电，如果电源内阻很大，采用串联谐振电路将使 Q 值大为降低，使谐振特性显著变坏，这时要采用另外一种选频电路——并联谐振电路。

1. 电感器和电容器组成的并联谐振电路

电感器和电容器组成的并联谐振电路是一种常见的、用途广泛的谐振电路。图 9-37 是由电感器和电容器组成的并联谐振电路。谐振时，电路中的总电流和端电压同相，电路呈阻性。

理论和实验证明，在一般情况下电感器的电阻 R 很小，并联谐振电路的谐振频率近似为

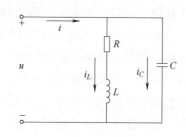

图 9-37　电感器与电容器的并联谐振电路

$$f_0 \approx \frac{1}{2\pi \sqrt{LC}}$$

2. 并联谐振的特点

（1）电路总阻抗最大　并联谐振时，在电感器的电阻 R 很小的情况下，电路的总阻抗近似为

$$Z = R_0 \approx \frac{L}{RC}$$

由上式可知，电感器的电阻 R 越小，并联谐振时的阻抗就越大。当 R 趋于 0 时，谐振阻抗趋于无穷大，即理想电感器与电容器发生谐振时，其阻抗为无穷大，总电流为零。但在 LC 回路内却存在 I_L 和 I_C，它们的大小相等、相位相反，使总电流为零。

（2）总电流最小　并联谐振时，因总阻抗最大，在电压 U 一定时，谐振电流最小。并联谐振电流为

$$I_0 = \frac{U}{R_0}$$

（3）支路电流等于总电流的 Q 倍，即

$$I_L = I_C = QI$$

其中

$$Q = \frac{\rho}{R} = \frac{1}{R}\sqrt{\frac{L}{C}}$$

因此，并联谐振也称为电流谐振。

3. 并联谐振的应用

并联谐振电路主要用作选频器或振荡器，如电视机、收音机中的中频选频电路，用以产生正弦波的 LC 振荡器等，都是以电感器和电容器的并联电路作为核心部分。

图 9-38 是由谐振频率为 f_0 的多频率电源、固定内阻 R_0 和 LC 并联回路所组成的电路。

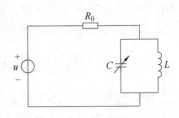

图 9-38 并联谐振电路实例

若要使 LC 回路两端得到频率为 f_0 的信号电压，必须调节回路中的电容器 C，使 LC 回路在频率 f_0 处谐振，这样 LC 回路对 f_0 信号呈现的阻抗最大，并为电阻性。根据串联电路的特点可知，各电阻器上的电压分配是与电阻的大小成正比的。故 f_0 信号的电压将在 LC 回路两端有最大值，而对于其他频率信号的电压，由于 LC 回路失谐时的阻抗小，故在它两端所分配的电压将小于 f_0 信号的电压。因此，可在 LC 回路两端得到所需要的信号电压。改变回路电容器 C 的值，可以得到不同频率的信号电压。

应当指出，并联谐振回路在通信技术中的应用由它的特点决定。当处于谐振状态时，可作为选频网络应用；当处于失谐状态时，电路呈感性或容性，可与电路中其他电感器和电容器一起，满足三点式振荡电路的振荡条件，形成正弦波振荡器；也可使回路工作于幅频特性曲线或相频特性曲线的一侧，实现幅频变换、频幅变换以及频相变换、相频变换，构成角度调制与解调电路。

> 📢 **技术与应用**

常用电光源

凡可以将电能转换为光能，从而提供光通量的设备、器具称为电光源。常用电光源按发光原理可分为热辐射型电光源（如白炽灯、卤钨灯等）、气体放电型电光源（如荧光灯、汞灯、钠灯、金属卤化物灯等）和其他电光源（如 LED 和场致发光器件等）。在这三类电光源中，各种电光源的发光效率有较大差别，在实际应用中，可根据具体情况选择。

1. 热辐射型电光源

热辐射型电光源是以热辐射作为光辐射原理的电光源。例如，白炽灯和卤钨灯都是以钨丝为辐射体，通电后使之达到白炽状态，产生辐射。这种电光源制作简单且成本低，但是发光效率低，其余的能量则以热的形式消耗掉。其中，白炽灯的发光效率仅有 11%，红外、热能消耗分别占 69%、20%，即大部分能量被发热损耗了。图 9-39 所示为白炽灯外形与结构示意图。

2. 气体放电型电光源

气体放电型电光源是让电流流经气体（如氩气、氖气、氙气、氪气）或金属蒸

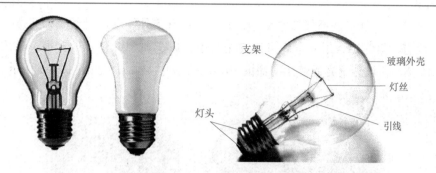

图 9-39　白炽灯外形与结构示意图

气（如汞蒸气），使之放电而发光，主要有弧光放电电光源和辉光放电电光源，如荧光灯、金卤灯、高强度放电灯等。气体放电型电光源的发光效率比热辐射型电光源要高很多，它们的发光效率为普通白炽灯的数十倍。图 9-40 所示为常见荧光灯管外形图。

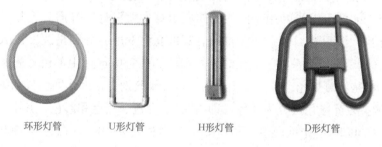

环形灯管　　　　U形灯管　　　　H形灯管　　　　D形灯管

图 9-40　常见荧光灯管

3. 其他电光源

其他电光源有高频无极灯、LED 灯等。

高频无极灯主要是由高频发生器、功率耦合器和玻璃泡壳三部分组成，具有高效节能、绿色环保、寿命长等诸多优点。高频无极灯内没有一般照明灯必须具有的灯丝或电极，仅由一个空心放电灯泡和一个耦合器组成，通过电磁感应原理将电能耦合到灯内，使灯泡内的气体受激励，发生雪崩电离，形成等离子体，等离子体受激，原子返回基态时，辐射出紫外线，紫外线光子激发泡壳内壁的荧光粉，由此产生可见光。高频无极灯可广泛应用于厂房、大厅、广场、公路、灯光工程等照明场所，是工厂、机关、学校、场馆、车站、码头、机场、高速公路、隧道、市政道路等首选的照明产品，尤其适合在照明可靠性要求较高，需要长期照明而维修、更换灯具困难的场所使用。

LED 灯具有使用低压电源、耗能少、适用性强、稳定性高、响应时间短、对环境无污染、多色发光等优点，它将不可避免地替代现有照明器件。LED 灯运用冷光源，眩光小，无辐射，使用中不产生有害物质。LED 灯采用直流驱动方式，超低功耗（单管 0.03 ~ 0.06W），电光功率转换接近 100%，在相同照明效果下比传统光源节能 80% 以上。LED 灯的环保效益更佳，光谱中没有紫外线和红外线，而且废弃物可回收，没有污染，不含汞元素，可以安全触摸，属于典型绿色照明光源，使用寿命达到 610 万 h，是传统光源使用寿命的 10 倍以上。常见 LED 灯如图 9-41 所示。

图 9-41 常见 LED 灯

电光源按发光波长或用途可分为照明光源和其他光源。照明光源发出的是波长为 380 ~ 780nm 的可见光，用于照明，如白炽灯、卤钨灯、普通荧光灯、节能荧光灯、低压钠灯、高压钠灯、高压汞灯等。其他光源发出的分别是波长在 780nm 以下的紫外光（如紫外线杀菌灯、黑光灯等）和波长在 380nm 以上的红外光（如红外灯等），它们都是不可见光，分别用于杀菌、紫外线鉴别、帮助作物生长和医疗等。

电光源按发光颜色可分为无色（即透明）、白色、黑色和彩色，其中白色又可分为日光色（6500K）、中性白色（5000K）、冷白色（4000K）、白色（3500K）、暖白色（3000K）和白炽灯色（2700K），彩色又可分为红、黄、绿、蓝、青、靛、紫等各种颜色。

【项目总结】

一、电感器、电容器对交流电的阻碍作用

电感器、电容器对交流电的阻碍作用分别称为感抗和容抗，用 X_L 和 X_C 表示，它们的计算公式为

$$X_L = \omega L = 2\pi f L$$

$$X_C = \frac{1}{\omega C} = \frac{1}{2\pi f C}$$

电感器有"通直流阻交流，通低频阻高频"的特性；电容器有"隔直流通交流，阻低频通高频"的特性。

在交流电路中，电阻器是耗能元件，电感器、电容器是储能元件。

二、单一元件正弦交流电路的特点

单一元件正弦交流电路的特点比较见表 9-1。

表9-1 单一元件正弦交流电路的特点比较

比较的项目		纯 电 阻	纯 电 感	纯 电 容
阻抗		电阻 R	感抗 $X_L = \omega L = 2\pi f L$	容抗 $X_C = \dfrac{1}{\omega C} = \dfrac{1}{2\pi f C}$
电流和电压的频率关系		同频率正弦量	同频率正弦量	同频率正弦量
电流和电压的相位关系		u、i 同相	u 超前 $i\,90°$	u 滞后 $i\,90°$
电流和电压的数量关系		$I_R = \dfrac{U_R}{R}$	$I_L = \dfrac{U_L}{X_L}$	$I_C = \dfrac{U_C}{X_C}$
表示方法	解析法	设 $u = U_m \sin\omega t$，则 $i = I_m \sin\omega t$	设 $u = U_m \sin\omega t$，则 $i = I_m \sin(\omega t - 90°)$	设 $u = U_m \sin\omega t$，则 $i = I_m \sin(\omega t + 90°)$
	波形图			
	相量图			
电功率	有功功率	$P = I_R U_R = I_R^2 R = U_R^2/R$	$P = 0$	$P = 0$
	无功功率	$Q = 0$	$Q_L = I_L U_L = I_L^2 R = U_L^2/X_L$	$Q_C = -I_C U_C = I_C^2 R = U_C^2/X_C$
	视在功率	$S = P$	$S = Q_L$	$S = Q_C$

三、*RL*、*RC*、*RLC* 串联正弦交流电的特点

RL、*RC*、*RLC* 串联正弦交流电路的特点比较见表9-2。

表9-2 *RL*、*RC*、*RLC* 串联正弦交流电路的特点比较

比较的项目	*RL* 串联电路	*RC* 串联电路	*RLC* 串联电路
电流和电压的频率关系	同频率正弦量	同频率正弦量	同频率正弦量
电抗大小	$X_L = \omega L = 2\pi f L$	$X_C = \dfrac{1}{\omega C} = \dfrac{1}{2\pi f C}$	$X = X_L - X_C$
阻抗大小	$Z = \sqrt{R^2 + X_L^2}$	$Z = \sqrt{R^2 + X_C^2}$	$Z = \sqrt{R^2 + (X_L - X_C)^2}$
各元件两端电压与总电压的关系	$u = u_R + u_L$ $U = \sqrt{U_R^2 + U_L^2}$ $\dot{U} = \dot{U}_R + \dot{U}_L$	$u = u_R + u_C$ $U = \sqrt{U_R^2 + U_C^2}$ $\dot{U} = \dot{U}_R + \dot{U}_C$	$u = u_R + u_L + u_C$ $U = \sqrt{U_R^2 + (U_L - U_C)^2}$ $\dot{U} = \dot{U}_R + \dot{U}_L + \dot{U}_C$

（续）

比较的项目		RL 串联电路	RC 串联电路	RLC 串联电路
总电压与电流的相位关系		$\varphi = \arctan \dfrac{X_L}{R}$ 电压超前电流 φ	$\varphi = \arctan \dfrac{X_C}{R}$ 电压滞后电流 φ	$\varphi = \arctan \dfrac{X_L - X_C}{R}$ $\varphi > 0$，电压超前电流 φ $\varphi = 0$，电压与电流同相 $\varphi < 0$，电压滞后电流 φ
总电压与电流的数量关系		$U = IZ (U_m = I_m Z)$	$U = IZ (U_m = I_m Z)$	$U = IZ (U_m = I_m Z)$
电功率	有功功率	$P = I^2 R = UI\cos\varphi$	$P = I^2 R = UI\cos\varphi$	$P = I^2 R = UI\cos\varphi$
	无功功率	$Q_L = I^2 X_L = UI\sin\varphi$ 电路呈感性	$Q_C = I^2 X_C = UI\sin\varphi$ 电路呈容性	$Q = Q_L - Q_C = UI\sin\varphi$ $\varphi > 0$，电路呈感性 $\varphi < 0$，电路呈容性
	视在功率	$S = UI = \sqrt{P^2 + Q^2}$	$S = UI = \sqrt{P^2 + Q^2}$	$S = UI = \sqrt{P^2 + Q^2}$

在 RLC 串联电路中，当 $X_L > X_C$ 时，端电压超前电流，电路呈感性；当 $X_L < X_C$ 时，端电压滞后电流，电路呈容性；当 $X_L = X_C$ 时，端电压与电流同相，电路呈阻性，即串联谐振。

四、谐振电路的特点

谐振电路主要有 RLC 串联谐振电路和电感器与电容器并联谐振电路。串联谐振电路与并联谐振电路的特点比较见表 9-3。

表 9-3　串联谐振电路与并联谐振电路的特点比较

比较项目	RLC 串联谐振	电感器与电容器并联谐振
谐振条件	$X_L = X_C$	$X_L \approx X_C$
谐振频率	$f_0 = \dfrac{1}{2\pi \sqrt{LC}}$	$f_0 \approx \dfrac{1}{2\pi \sqrt{LC}}$
谐振阻抗	$Z = R$（最小）	$Z = R$（最大）
谐振电流	$I_0 = \dfrac{U}{R}$（最大）	$I_0 = \dfrac{U}{Z}$（最小）
品质因数	$Q = \dfrac{\omega_0 L}{R} = \dfrac{1}{\omega_0 RC} = \dfrac{1}{R}\sqrt{\dfrac{L}{C}}$	$Q = \dfrac{\omega_0 L}{R} = \dfrac{1}{\omega_0 RC} = \dfrac{1}{R}\sqrt{\dfrac{L}{C}}$
元件上电压或电流	$U_R = U$ $U_L = U_C = QU$	$I_L = I_C \approx QI$
通频带	$BW = \dfrac{f_0}{Q}$	$BW = \dfrac{f_0}{Q}$
对电源的要求	适用于低内阻电源	适用于高内阻电源

五、电能的测量与节能

电能是负载消耗的能量，可用电能表来测量。

电路的有功功率与视在功率的比值称为电路的功率因数，即

$$\cos\varphi = \frac{P}{S}$$

为提高发电设备的利用率，减少电能损耗，提高经济效益，必须提高电路的功率因数。方法一，是提高用电设备自身的功率因数；方法二，是在电感性负载两端并联一个电容量适当的电容器。

【思考与实践】

1. 为什么说电感器有"通直流阻交流，通低频阻高频"的特性？

2. 为什么说电容器有"隔直流通交流，阻低频通高频"的特性？

3. 试从纯电阻、纯电感、纯电容电路的电压、电流和功率波形图来解释哪些是耗能元件，哪些是储能元件。

4. 一个电容器接在直流电源上，其容抗 X_C 趋于无穷大，所以直流电路中电容器上的电压在稳定后，电容器相当于短路，这种说法对吗，为什么？

5. 外加在电容器两端的电压数值一定时，如果提高或降低电源频率，电容器中的电流会怎样变化，为什么？

6. 外加在电感器两端的电压数值一定时，如果提高或降低电源频率，电感器中的电流会怎样变化，为什么？

7. 有人将一个额定电压为220V、额定电流为6A的交流电磁铁线圈误接在220V的直流电源上，此时电磁铁能正常工作吗？

8. 某同学做荧光灯电路实验时，测得灯管两端电压为110V，镇流器两端电压为190V，两电压之和大于电源电压220V，你能分析该同学测量的数据是否正确吗？

9. 一个电感线圈接到电压为120V的直流电源上，测得电流为20A；接到频率为50Hz、电压为220V的交流电源上，测得电流为28.2A，若线圈的电阻 R 为6Ω，电感 L 是不是为7.8mH？

10. 在 RLC 串联电路中，若 $R = X_L = X_C = 100\Omega$，则该电路是否处于谐振状态？

大国名匠

易俊：设备维修"领头羊"

易俊，湖南华菱涟源钢铁有限公司（以下简称涟钢）维修电工、高级技师、高级工程师，曾获得全国技术能手、湖南省技能大师、湖南省技术能手等荣誉称号，享受国务院政府特殊津贴。20多年来，他不断攻克钢铁设备控制技术难题，带领团队完成技术改进和技术改造项目200余项，解决各类疑难电气故障和技术难题100余项，首创了位置传感器简易标定方法和位置传感器在线更换应用技术，为企业创效上千万元，成为涟钢电气设备维修技术的"领头羊"。

2003 年 12 月，涟钢薄板生产线连铸机进入设备调试阶段，按上级要求，调试时间由 6 个月缩短到 3 个月。当时，涟钢请来的外国技术专家不敢接手，易俊则带领调试小组成员接下了这个"硬骨头"。易俊将家安到了调试现场，每天加班到凌晨，短短的 3 周内就完成了上万个 PLC "打点"和设备单体试车，为设备功能调试节省了大量的调试时间。当系统即将进入热负荷试车时，PLC 系统反复发生系统性网络通信故障，在外国技术专家束手无策之际，易俊凭借过硬的技术功底，成功地解决了这一技术难题。

涟钢 CSP 连铸连轧项目的机器设备都是进口的，自动控制系统是核心。为掌握核心技术，易俊一笔一笔地绘制控制草图，练就了一双"火眼金睛"：炼轧厂里 1000 多台（套）机器设备，不管出了什么问题，他看一眼准能把毛病说个八九不离十。

2017 年，易俊经过近一年的潜心钻研，开发出了两条具有自主知识产权的板坯连铸振动偏正弦曲线和高强钢冷却曲线，板坯拉速从 3.7m 提升到 5m 左右，减少了板坯连铸机漏钢的情况。

易俊深知"一花独放不是春"。作为技能大师，易俊将多年积累的经验传递给年轻一代。他先后开发和设计了板坯连铸 PLC、TCS 实验平台，编写了相关培训教材，通过传帮带，培养了大批高技能人才。

项目十 分析与运用三相交流电路

项目目标

1. 了解三相正弦对称电源的概念，理解相序的概念。
2. 了解电源星形联结、三角形联结的特点，能绘制其电压相量图。
3. 了解我国电力系统的供电制。
4. 掌握保护接地的原理、分类，了解用电保护的措施，了解它们在工程中的应用。
5. 了解对称负载与不对称负载的概念，了解星形联结方式下三相对称负载相电流、线电流和中性线电流的关系，了解中性线的作用。
6. 了解三角形联结方式下三相对称负载相电流、线电流的关系。
7. 了解三相对称交流电路功率的概念与计算方法。
8. 会观察三相星形负载在有、无中性线时的运行情况，会测量相关数据，并进行比较。

项目导入

在电力系统中，广泛应用的是三相交流电。与单相交流电相比，三相交流电有更多的优势：三相发电机比尺寸相同的单相发电机输出功率大；三相输电线路比单相输电线路经济；三相电动机比单相电动机结构简单，运行平衡可靠，输出功率大……因此，目前世界上的电力系统供电方式大多数采用三相制供电，通常的单相交流电只是三相交流电中的一相，从三相交流电源中获得。图 10-1 所示为常见的三相输电线路。

本项目主要有认识三相交流电源，认识与分析三相负载的连接方式，认识与分析三相交流电路的功率，认识用电保护四个学习任务。

图 10-1 三相输电线路

项目实施

学习任务一　认识三相交流电源

情景引入

　　三相交流电是由三相交流发电机把其他形式的能量（如热能、核能、风能、水能等）转换成电能，再由输电线路与变电站传输到用户。

　　本学习任务主要学习三相交流电的基本知识、三相交流电的相序和三相交流电源的连接等内容。

一、三相交流电的基本知识

三相交流发电机工作原理

　　三相交流电是由三相交流发电机产生的，图 10-2a 所示为三相交流发电机示意图，图 10-2b 所示为一种三相交流发电机的实物图。三相交流发电机的结构与单相交流发电机相似，由定子和转子组成。定子有三个结构相同的绕组，三个绕组在定子中的位置彼此相隔 120°，三个绕组的始端分别用 U1、V1、W1 表示，末端分别用 U2、V2、W2 表示。当转子匀速旋转时，三个绕组切割磁感线而产生三个相位不同、但幅值和频率相同的交流电。

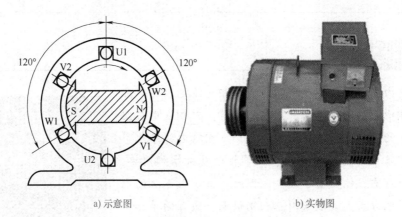

a) 示意图　　　　　　　　　　　　b) 实物图

图 10-2　三相交流发电机

　　在工程上，把频率相同、最大值相等、相位彼此相差 120°的三个正弦交流电源称为三相正弦对称电源。我国通常用 U、V、W（或 L1、L2、L3）分别表示三相正弦对称电源中的第一相、第二相和第三相。如果以 e_U 为参考正弦量，即第一相电动势的初相位为 0°，则第二相电动势 e_V 的初相位为 $-120°$，第三相电动势 e_W 的初相位为 120°，则三相正弦对

称电源各相电动势的解析式（瞬时值表达式）为

$$\begin{cases} e_U = E_m \sin\omega t \\ e_V = E_m \sin(\omega t - 120°) \\ e_W = E_m \sin(\omega t + 120°) \end{cases}$$

三相正弦对称电源的波形图和相量图如图 10-3 所示。

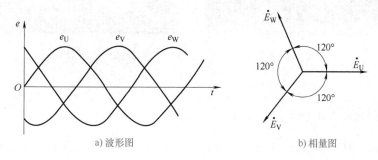

a) 波形图 b) 相量图

图 10-3 三相正弦对称电源的波形图和相量图

科技成就

高参数、大容量发电机组成为我国发电主力

改革开放初期，我国电力科技水平较为落后，只有为数不多的 20 万 kW 火电机组，30 万 kW 火电机组仍需进口。核电站直到 20 世纪 80 年代才在其他国家的帮助下建成。40 多年来，随着技术进步及电源结构的优化，目前我国不仅在装机总量和发电量上是世界大国，而且电力装备业也已全面崛起，并跻身世界大国行列。我国装备了具有国际先进水平的大容量、高参数、高效率的发电机组。2017 年底，单机 100 万 kW 及以上容量等级的火电机组占火电总装机容量的 10.2%，30 万 kW、60 万 kW 及以上机组已分别占火电总装机容量的 34.7% 和 34.5%。在水电方面，单机 30 万 kW 及以上容量机组占水电总装机容量近 50%。目前，30 万 kW、60 万 kW 及以上大型发电机组已成为电源的主力机组，并逐步向世界最先进水平的百万千瓦级超超临界机组发展。

三峡水电站是世界上规模最大的水电站，也是我国有史以来建设的最大型的工程项目。三峡水电站大坝高程 185m，蓄水高程 175m，水库长 2335m，总投资 954.6 亿元人民币，安装 32 台单机容量为 70 万 kW 的水电机组。三峡水电站最后一台水电机组于 2012 年 7 月 4 日投产，这意味着，装机容量达到 2240 万 kW 的三峡水电站，在 2012 年 7 月 4 日已成为全世界最大的水力发电站和清洁能源生产基地。图 10-4 所示为我国三峡水电站控制中心，图 10-5 所示为三峡水电站的大型发电机组。

图 10-4　三峡水电站控制中心

图 10-5　三峡水电站大型发电机组

二、三相交流电的相序

三相对称电动势随时间按正弦规律变化，它们到达最大值（或零值）的先后次序称为相序。由图 10-3a 所示的波形图可以看出，三个电动势若按顺时针方向的次序到达最大值（或零值），即按 U- V- W- U 的顺序，称为正序或顺序；若按逆时针方向的次序到达最大值（或零值），即按 U- W- V- U 的顺序，称为负序或逆序。

【指点迷津】

三相交流异步电动机的旋转方向是由三相交流电源的相序决定的，改变三相交流电源的相序，就可以改变三相交流异步电动机的旋转方向。在工程上，通常采用对调三相交流电源中任意两根电源线来实现三相交流异步电动机的正反转控制。

三、三相交流电源的连接

三相交流发电机的每一个绕组都是独立的电源，都可以单独向负载供电，但这种供电方式需要六根供电导线。在工程技术中，通常将三相交流电源按一定的方式连接后再向负载供电，主要有星形联结和三角形联结两种方式。

1. 三相电源的星形联结

如图 10-6 所示，将三相发电机绕组的三个末端 U2、V2、W2 连接成公共点，三个首端 U1、V1、W1 分别与负载相连接，这种连接方式称为星形联结，用符号"Y"表示。三个末端 U2、V2、W2 连接成的公共点称为中性点，用符号"N"表示，从中点引出的导线称为中性线，一般用淡蓝色线；从三相绕组首端 U1、V1、W1 引出的三根导线称为相线，分别用符号"U""V""W"表示，用黄、绿、红三种颜色区分。这种由三根相线和一根中性线组成的供电系统称为三相四线制供电系统，用符号"Y0"表示，通常在低压配电系统中采用；在高压输电系统中，通常采用由三根相线组成的三相三线制供电系统，用符号"Y"表示。

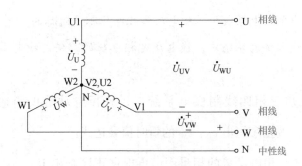

图 10-6　三相交流电源的星形联结

2. 相电压与线电压

三相四线制供电系统可输出两种电压，即相电压和线电压。

相电压是指相线与中性线之间的电压，分别用符号"U_U、U_V、U_W"表示 U、V、W 各相电压的有效值，通常用 U_P 泛指相电压。

线电压是指相线与相线之间的电压，分别用符号"U_{UV}、U_{VW}、U_{WU}"表示 U-V、V-W、W-U 各相线之间电压的有效值，通常用 U_L 泛指线电压。

线电压与相电压之间的瞬时值关系为

$$\begin{cases} u_{UV} = u_U - u_V \\ u_{VW} = u_V - u_W \\ u_{WU} = u_W - u_U \end{cases}$$

由此作出相应的相量图如图 10-7 所示。

由相量图可知，线电压 U_{UV} 与相电压 U_U 之间的有效值（数量）关系为

$$U_{UV} = \sqrt{3} U_U$$

同理可得

$$U_{VW} = \sqrt{3} U_V$$

$$U_{WU} = \sqrt{3} U_W$$

因此，线电压与相电压之间的有效值关系为

$$U_L = \sqrt{3} U_P$$

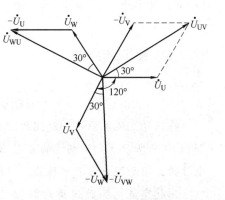

图 10-7　三相四线制电源电压相量图

从相量图中还可以看出，线电压与相电压的相位关系为线电压超前相应的相电压 30°，即 $\dot{U}_{UV}$、$\dot{U}_{VW}$、$\dot{U}_{WU}$ 分别超前 $\dot{U}_U$、$\dot{U}_V$、$\dot{U}_W$ 30°，因此，三个线电压彼此间相差 120°，线电压也是对称的。

【指点迷津】

1）三相对称交流电源的最大值相等、频率相同、各相之间的相位差相差 120°。

2）在三相四线制供电系统中，相电压和线电压都是对称的。

3）在三相四线制供电系统中，线电压是相电压的$\sqrt{3}$倍，线电压的相位超前相应的相电压30°。

【例10-1】 已知三相四线制供电系统中，V相电动势的瞬时值表达式为$e_V = 380\sqrt{2}\sin\left(\omega t - \dfrac{\pi}{2}\right)$V，按正序写出$e_U$、$e_W$的瞬时值表达式。

［分析］ 先画出V相电动势的相量图，再根据正序画出U相、W相电动势的相量图，如图10-8所示，即可写出e_U、e_W的瞬时值表达式。

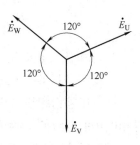

解：由矢相图可知，e_U、e_W的瞬时值表达式为

$$e_U = 380\sqrt{2}\sin\left(\omega t + \dfrac{\pi}{6}\right)V$$

$$e_W = 380\sqrt{2}\sin\left(\omega t - \dfrac{5\pi}{6}\right)V$$

图10-8 例10-1 相量图

【想一想 做一做】

已知星形联结的三相对称交流电源中，$u_{UV} = 380\sqrt{2}\sin\left(\omega t - 90°\right)$V，相序为U—V—W，试写出$u_{VW}$、$u_{WU}$、$u_U$、$u_V$、$u_W$的表达式。

知识拓展

三相交流电源的三角形联结

将三相交流电源每相绕组的首尾端依次相连，称为三相交流电源的三角形联结，如图10-9所示。每个相连的点引出的端线作为三相交流电源的三条相线。三相交流电源的三角形联结没有中性点，当然也没有中性线，因此只有三相三线制。

三相交流电源的三角形联结只能提供一种电压，因为这时线电压等于相电压。另外，这种连接方式在外电路没有接负载时，三相电源绕组就构成闭合回路，如果三相电源绕组不是完全对称，在电源绕组中就有电流存在，这种电流称为环流，会造成能量损耗；如果有一相绕组接反，环流会很大甚至烧坏绕组，所以，电源绕组一般不使用这种接法。

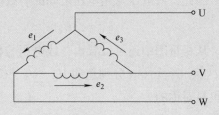

图10-9 三相交流电源的三角形联结

知识拓展

电力系统的供电制式

1. 三相四线制

在低压配电网中，输电线路一般采用三相四线制，三相交流电的三根相线用 U、V、W（L1、L2、L3）表示，中性线用 N 表示。在三相供用电系统中，三相自成回路，在对称负载情况下，中性线中无电流通过。在 380V 低压配电网中，为了从 380V 相线间电压中获得 220V 电压而设中性线 N，这就是三相四线制的由来。

有的场合中性线也可以用来进行零序电流检测，以便进行三相供电平衡的监控。在进入用户的单相输电线路中，取一根相线和一根中性线进户，中性线正常情况下要通过电流以构成单相线路中电流的回路。

2. 三相五线制

三相五线制是指 U、V、W、N 和 PE 线，其中 PE 线是保护接地线，也称为安全线，专门用来接到电气设备的外壳等，以保证用电安全。PE 线在供电变压器侧和 N 线接在一起，但进入用户侧后就不能当成中性线使用了。现在民用住宅供电已经规定要使用三相五线制供电。

为了便于识别导线，我们常以颜色加以区分，规定 U 相用黄色线、V 相用绿色线、W 相用红线色，N 线用淡蓝色线，PE 线用绿-黄双色线。

科技成就

我国电网电压等级不断提升

一、电力系统的组成

电能从生产到消费一般要经过发电、输电、配电和用电 4 个环节。发电环节是在发电厂完成的，由于受发电机绝缘条件的限制，发电机的最高电压一般在 22kV 及以下。输电环节即输电系统，是将发电厂发出的电能输送到消费电能的地区（也称负荷中心），或进行相邻电网之间的电能互送，使其形成互联电网或统一电网。为了降低输电线路的损耗、增大电能输送的距离，发电厂发出的电能通常需要通过升高电压才能接入不同电压等级的输电系统。配电环节即配电系统，是将来自高压电网的电能以不同的供电电压分配给各个电力用户。用电环节即电力用户，是根据不同的能量需求采用中、低压供给用户。在电力系统中，需要多次采用升压或降压变压器对电压进行变换，也就是说电力系统中采用了很多不同的电压等级。

电力系统一般是由发电厂、输电线路、变电所、配电线路及用电设备构成。图 10-10 所示为电力系统典型结构图。

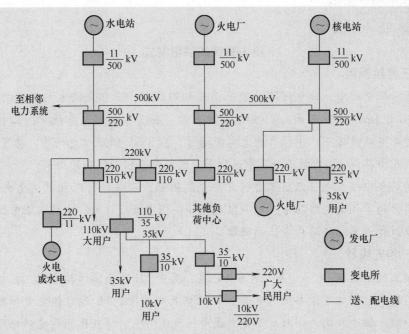

图 10-10　电力系统典型结构图

二、电力系统的电压等级

电力系统的电压等级分为安全电压（通常 36V 及以下）、低压（又分 220V 和 380V）、高压（10~220kV）、超高压（330~750kV）、特高压（交流 1000kV、直流 ±800kV 以上）。

目前我国常用的电压等级有 220V、380V、6.3kV、10kV、35kV、110kV、220kV、330kV、500kV、1000kV。通常将电压为 35kV 以上的线路称为送电线路，将电压为 35kV 及以下的线路称为配电线路，将额定电压在 1kV 以上电压称为高电压，额定电压在 1kV 以下电压称为低电压。

在交流电压等级中，通常将 1kV 及以下称为低压，1kV 以上、35kV 及以下称为中压，35kV 以上、220kV 以下称为高压，330kV 及以上、1000kV 以下称为超高压，1000kV 及以上称为特高压。

在直流电压等级中，±800kV 以下称为高压，±800kV 及以上称为特高压。

三、我国输电线路电压等级

在我国输电线路中，交流电压等级最高的是 1000kV（长治—荆门特高压交流输电线路），图 10-11 所示为被称为全球第一条电力高速公路的 1000kV 特高压南阳变电站。另外，还有 500kV、330kV、220kV、110kV、35kV、10kV、380/220V 等电压等级的输电线路。

图 10-11　1000kV 特高压南阳变电站

在我国输电线路中，直流电压等级最高的是 ±800kV（哈密南—郑州，向家坝—上海，锦屏—苏南，溪洛渡—浙西，灵州—绍兴），还有 ±660kV（银川东—胶东），±500kV（葛洲坝—上海南桥线、天生桥—广州线、贵州—广东线、三峡—广东线），±100kV（宁波—舟山线），±50kV（上海—嵊泗群岛线）等。图 10-12 所示为向家坝—上海 ±800kV 特高压直流输电示范工程。2019 年 9 月，±1100kV 新疆准东—安徽皖南特高压直流输电线路（3324km）建成投运。它是目前世界上电压等级最高、输送容量最大、送电距离最远、技术水平最先进的特高压直流工程。图 10-13 所示为准东—皖南 ±1100kV 特高压直流输电工程输电线路，图 10-14 所示为 ±800kV 特高压直流输电线路变电站。

图 10-12　向家坝—上海 ±800kV
特高压直流输电示范工程

图 10-13　准东—皖南 ±1100kV
特高压直流输电工程输电线路

图 10-14　±800kV 特高压直流
输电线路变电站

学习任务二　认识与分析三相负载的连接方式

情景引入

三相交流异步电动机是典型的三相负载，它由三相完全相同的绕组嵌放在定子铁心中，三相绕组的首端分别用 U1、V1、W1 表示，末端分别用 U2、V2、W2 表示。这 6 个端子分别引到电动机的接线盒中，如图 10-15a 所示。图 10-15b、c 所示为两台不同型号三相交流异步电动机的铭牌，从铭牌中可以看出，其中一台电动机绕组的接法为△（三角形），另一台电动机绕组的接法为丫（星形）。那么，电动机的绕组是如何连接成△（三角形）、丫（星形）的呢？又如何把电动机接到三相交流电源处呢？

a) 接线盒

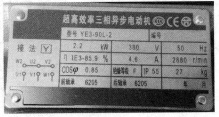

b) 铭牌1   c) 铭牌2

图 10-15　三相交流异步电动机的接线盒与铭牌

本学习任务主要学习三相负载及其连接方式。

一、三相负载

根据负载对电源的要求可分为单相负载和三相负载。单相负载是指由单相电源供电的电气设备，如照明灯、单相电动机及各种家用电器等；三相负载是指由三相电源供电的电气设备，如三相交流异步电动机、三相电炉等。

三相交流电源接上三相负载，就构成了三相交流电路。在三相交流电路中，大小和性质完全相等（即 $Z_U = Z_V = Z_W$）的三相负载称为三相对称负载，如三相交流异步电动机、三相电炉等；否则，就称为三相不对称负载，如三相照明电路。

根据不同的要求，三相负载有星形联结和三角形联结两种连接方式。

【指点迷津】

三相对称负载，一定是指三个完全相同的负载。如果三个负载的阻抗值相同，但性质不同，就不是三相对称负载。例如，三个负载分别是 $R = X_L = X_C = 5\Omega$，这三个负载就不是三相对称负载，因为这三个负载的性质不相同。

二、三相负载的星形联结

1. 三相负载的星形联结方式

把三相负载的末端 U2、V2、W2 连接在一起接到三相交流电源的中性线上，把各相负载的首端 U1、V1、W1 分别接到三相交流电源的三根相线上，这种连接方式称为三相负载有中性线的星形联结方式，用符号"Y0"表示。图 10-16a 所示为三相负载有中性线的星形联结原理图，图 10-16b 所示为实际电路图。

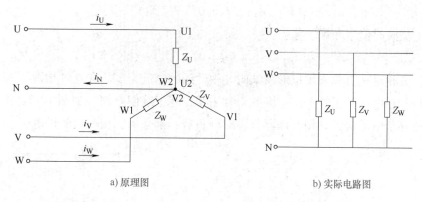

a) 原理图 b) 实际电路图

图 10-16　三相负载有中性线的星形联结图

2. 三相负载星形联结方式的特点

负载采用星形联结并有中性线时，每相负载两端的电压称为负载的相电压，用 U_{YP} 表示。当忽略输电线路上的电压降时，负载的相电压等于电源的相电压，即 $U_{YP} = U_P$。由于三相交流电源是对称的，电源的线电压与相电压之间有

$$U_L = \sqrt{3} U_P$$

所以，负载上的相电压为

$$U_{YP} = \frac{U_L}{\sqrt{3}}$$

在三相交流电路中，负载采用星形联结时，流过每根相线上的电流称为线电流，分别用 I_U、I_V、I_W 表示 U、V、W 各根相线上电流的有效值，通常用符号 I_{YL} 表示；流过每一相负载上的电流称为相电流，分别用 I_u、I_v、I_w 表示 U、V、W 各相负载上电流的有效值，通常用符号 I_{YP} 表示；流过中性线上的电流称为中性线电流，用 I_N 表示。

在三相交流电路中，三相电压是对称的，如果三相负载（用 Z 表示）也是对称的，则流过三相负载中的各相电流也是对称的，即

$$I_{YP} = I_u = I_v = I_w = \frac{U_{YP}}{Z}$$

各相电流的相位差仍是 120°。因此，计算三相对称负载电路中的电流只需计算其中一相，其他两相只是相位相差 120°。

由图 10-16 可以看出，三相负载采用星形联结时，线电流等于相电流，即

$$I_{YL} = I_{YP}$$

根据基尔霍夫电流定律可知，流过中性线的电流为

$$i_N = i_U + i_V + i_W$$

对应的相量关系式为

$$\dot{I}_N = \dot{I}_U + \dot{I}_V + \dot{I}_W$$

由此作出三相对称负载电流 i_U、i_V、i_W 的相量图，如图 10-17 所示。根据上式求出三个线电流相量的和为

$$\dot{I}_N = 0$$

即三个相电流瞬时值之和等于零：

$$i_N = 0$$

可见，三相对称负载采用星形联结时，中性线的电流为零。在这种情况下去掉中性线也不会影响三相电路的正常工作，因此常常采用三相三线制电路，如图 10-18 所示。常用的三相交流异步电动机、三相变压器都是对称负载，都采用三相三线制供电。

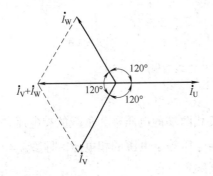

图 10-17　三相对称负载采用星形联结时的电流相量图

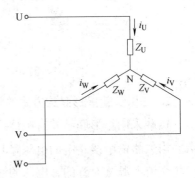

图 10-18　三相三线制电路

【指点迷津】

在三相负载的星形联结中，无论有无中性线，由于每个负载都接在相线上，相线和负载通过同一个电流，所以各相电流等于各线电流，一般写成 $I_L = I_P$。

【例 10-2】　有一个三相对称负载，每相负载的电阻 $R = 60\Omega$，感抗 $X_L = 80\Omega$，星形联结后接在电压为 380V 的三相对称交流电源上。求线电压、相电压、相电流、线电流的值。

解：线电压即电源电压，$U_L = 380V$。

对称负载采用星形联结，每相负载两端的电压等于电源的相电压，即

$$U_P = \frac{U_L}{\sqrt{3}} = \frac{380}{\sqrt{3}}V \approx 220V$$

每相负载的阻抗为

$$Z = \sqrt{R^2 + X_L^2} = \sqrt{60^2 + 80^2}\,\Omega = 100\Omega$$

则相电流为

$$I_P = \frac{U_P}{Z} = \frac{220}{100}A = 2.2A$$

负载采用星形联结时的线电流等于相电流，即

$$I_\mathrm{L} = I_\mathrm{P} = 2.2\mathrm{A}$$

3. 三相不对称负载星形联结时中性线的作用

三相负载在很多情况下是不对称的，最常见的照明电路就是三相不对称负载有中性线的星形联结三相交流电路。在三相四线制供电时，各相电流的大小不相等，相位差也不一定是120°，中性线电流就不等于零了。因此，中性线绝对不能断开，否则负载就不能正常工作了。

下面通过具体的实例来分析三相四线制电路中中性线的作用。

把额定电压为220V，功率分别为100W、40W和60W的3只白炽灯A、B、C采用星形联结，然后接到相电压为220V的三相四线制电源上。在U、V、W三根相线上分别装有开关S_U、S_V、S_W。为便于说明问题，在中性线上也装有开关S_N，如图10-19a所示。试分析：

（1）4个开关全部闭合时，3只白炽灯是否都能正常发光？

（2）开关S_V、S_W、S_N闭合，开关S_U断开时，3只白炽灯是否都能正常发光？

（3）开关S_U、S_V断开，开关S_W、S_N闭合时，3只白炽灯是否都能正常发光？

（4）开关S_N、S_W断开，开关S_U、S_V闭合时，3只白炽灯是否都能正常发光？

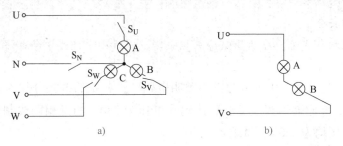

图10-19　三相星形联结不对称负载

［分析］

（1）当4个开关全部闭合时，每只白炽灯两端的电压都为220V，它等于白炽灯的额定电压，因此，白炽灯A、B、C都能正常发光。

（2）当开关S_V、S_W、S_N闭合，开关S_U断开时，白炽灯B、C两端的电压仍为220V，白炽灯A两端的电压为零，因此，白炽灯B、C能正常发光，白炽灯A不发光。

（3）当开关S_U、S_V断开，开关S_W、S_N闭合时，白炽灯C两端的电压仍为220V，白炽灯A、B两端的电压为零，因此，白炽灯C能正常发光，白炽灯A、B不发光。

（4）当开关S_N、S_W断开，开关S_U、S_V闭合时，电路如图10-19b所示。白炽灯C不发光。白炽灯A、B的发光情况具体分析如下：

中性线断开后，白炽灯A、B串联后接在相线U、V之间，即加在白炽灯A、B两端的电压是线电压380V。

白炽灯A的电阻 $R_\mathrm{A} = \dfrac{U_\mathrm{A}^2}{P_\mathrm{A}} = \dfrac{220^2}{100}\Omega = 484\Omega$

白炽灯B的电阻 $R_\mathrm{B} = \dfrac{U_\mathrm{B}^2}{P_\mathrm{B}} = \dfrac{220^2}{40}\Omega = 1210\Omega$

白炽灯 A 两端的电压为 $U'_A = \dfrac{R_A}{R_A + R_B}U_{UV} = \dfrac{484}{1210 + 484} \times 380\text{V} \approx 109\text{V} < 220\text{V}$

白炽灯 B 两端的电压为 $U'_B = \dfrac{R_B}{R_A + R_B}U_{UV} = \dfrac{1210}{1210 + 484} \times 380\text{V} \approx 271\text{V} > 220\text{V}$

因此，白炽灯 A 两端电压小于 220V，它能发光，但较暗；白炽灯 B 两端电压大于 220V，可能因过电流而烧毁，造成电路开路而最后使白炽灯 A、B 都不能发光。

【指点迷津】

由以上分析可知，在三相交流电路中，如果负载不对称，必须采用带中性线的三相四线制供电电路。若无中性线，则可能使一相电压过低，该相用电设备不能正常工作；也可能使某一相电压过高，导致该相用电设备因过载而烧毁。因此，在三相四线制电路中，中性线的作用是使不对称负载两端的电压保持对称，从而保证电路安全可靠地工作。所以，在三相四线制供电线路中规定，中性线不允许安装熔断器和开关，有时还采用钢芯线来加强中性线的机械强度。通常还把中性线接地，使它与大地电位相同，以保障安全。

在连接三相负载时，应尽量保持三相平衡，以减小中性线中的电流。

【例 10-3】 在图 10-20 所示的三相照明电路中，各相的电阻分别为 $R_U = 30\Omega$、$R_V = 30\Omega$、$R_W = 10\Omega$，将它们连接成星形后接到线电压为 380V 的三相四线制供电电路中，各白炽灯的额定电压均为 220V，试求：

（1）各相电流、线电流和中性线电流。

（2）若中性线因故断开，U 相灯全部关闭，V、W 两相灯全部工作，V 相和 W 相电流多大？会出现什么情况？

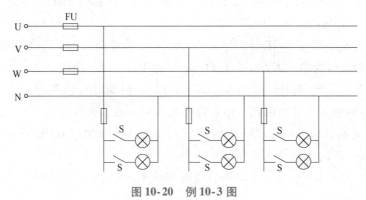

图 10-20 例 10-3 图

解：（1）每相负载所承受的相电压为线电压的 $\dfrac{1}{\sqrt{3}}$，有

$$U_P = \frac{U_L}{\sqrt{3}} = \frac{380}{\sqrt{3}}\text{V} \approx 220\text{V}$$

U 相和 V 相的电阻相等，相电流也相等，相电流为

$$I_u = I_v = \frac{U_P}{R_U} = \frac{220}{30}A \approx 7.33A$$

W 相的相电流为

$$I_w = \frac{U_P}{R_W} = \frac{220}{10}A = 22A$$

由于线电流等于相电流，则线电流为

$$I_U = I_v = I_u \approx 7.33A$$

$$I_W = I_w = 22A$$

由于使用白炽灯的照明电路被近似看成是纯电阻电路，各相电流与对应的相电压相位相同，并且

$$\dot{I}_N = \dot{I}_u + \dot{I}_v + \dot{I}_w$$

作出相量图，如图 10-21a 所示，从相量图可以求得中性线电流 I_N 为

$$I_N = I_w - 2I_u \cos\frac{\pi}{3} = \left(22 - 2 \times 7.33 \times \frac{1}{2}\right)A = 14.67A$$

并且 $\dot{I}_N$ 与 $\dot{I}_w$ 同相。

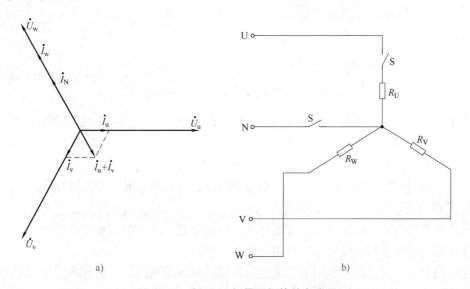

图 10-21 例 10-3 相量图与等效电路图

（2）中性线断开，并且断开 U 相的电路，其等效电路如图 10-21b 所示。R_V 串联 R_W 后接到线电压 U_{VW} 上，V、W 两相流过的电流为

$$I_v = I_w = \frac{U_L}{R_V + R_W} = \frac{380}{30 + 10}A = 9.5A$$

V 相和 W 相的电压分别为

$$U_v = I_v R_V = 9.5 \times 30V = 285V$$

$$U_w = I_w R_W = 9.5 \times 10V = 95V$$

由于 V 相的白炽灯两端电压超过了它的额定电压，灯泡会烧毁。W 相白炽灯两端的电压低于灯泡的额定电压，白炽灯不能正常工作。当 V 相白炽灯烧毁（开路）后，W 相白炽灯也处于断路状态而不亮。

三、三相负载的三角形联结

1. 三相负载的三角形联结方式

如果将三相负载分别接在三相电源的每两根相线之间，称为三相负载的三角形联结，用符号"△"表示。图 10-22a 所示为负载的三角形联结的原理图，图 10-22b 所示为三相负载三角形联结的实际电路图。

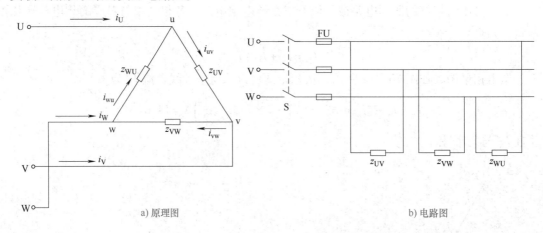

a) 原理图　　　　　　　　　　b) 电路图

图 10-22　三相负载采用三角形联结的电路

三相负载三角形联结中的各相负载全部接在两根相线之间，因此电源的线电压等于负载两端的电压，即负载的相电压，则

$$U_{\triangle P} = U_L$$

由于三相交流电源是对称，无论负载是否对称，负载的相电压都是对称的。

2. 三相负载三角形联结方式的特点

对于负载采用三角形联结的三相电路中每一相负载来说，都是单相交流电路。各相电流和电压之间的数量与相位关系与单相交流电路相同。

在三相对称交流电源的作用下，流过对称负载的各相电流也是对称的。应用单相交流电路的计算关系，可知各相电流有效值为

$$I_{uv} = I_{vw} = I_{wu} = \frac{U_L}{z_{UV}}$$

各相电流间的相位差仍为 $\frac{2\pi}{3}$。

根据基尔霍夫第一定律，可以求出线电流与相电流之间的关系为

$$\begin{cases} i_U = i_{uv} - i_{wu} \\ i_V = i_{vw} - i_{uv} \\ i_W = i_{wu} - i_{vw} \end{cases}$$

对应的相量关系为

$$\begin{cases} \dot{I}_U = \dot{I}_{uv} - \dot{I}_{wu} \\ \dot{I}_V = \dot{I}_{vw} - \dot{I}_{uv} \\ \dot{I}_W = \dot{I}_{wu} - \dot{I}_{vw} \end{cases}$$

当负载对称时，作出相电流 $\dot{I}_{uv}$、$\dot{I}_{vw}$、$\dot{I}_{wu}$ 的相量图，如图 10-23 所示。应用平行四边形法则可以求出线电流为

$$I_U = 2I_{uv}\cos30° = 2I_{uv} \times \frac{\sqrt{3}}{2} = \sqrt{3}I_{uv}$$

同理可求出

$$I_V = \sqrt{3}I_{vw}$$

$$I_W = \sqrt{3}I_{wu}$$

由此可见，当三相对称负载采用三角形联结时，线电流的大小为相电流的 $\sqrt{3}$ 倍，一般写成

$$I_{\triangle L} = \sqrt{3}I_{\triangle P}$$

线电流与相电流之间的相位关系为：线电流总是滞后相对应的相电流30°。

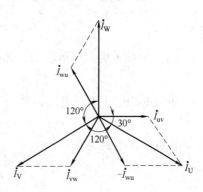

图 10-23　对称三角形负载的电流相量图

【指点迷津】

只有三相对称负载以三角形联结方式连接在三相对称电源上时，才有 $I_{\triangle L} = \sqrt{3}I_{\triangle P}$，线电流总是滞后相对应的相电流30°的关系，即 i_U 总是滞后 i_{uv}30°，i_V 总是滞后 i_{vw}30°，i_W 总是滞后 i_{wu}30°。如果三相负载不对称，以上关系均不成立。

【例 10-4】　有三个100Ω的电阻器，将它们连接成星形或三角形，分别将它们接到线电压为380V的三相对称交流电源上，如图 10-24 所示。试求线电压、相电压、线电流和相电流各为多少。

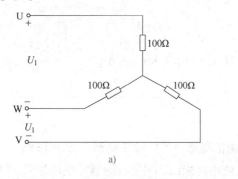
a)

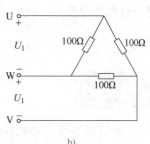
b)

图 10-24　例 10-4 图

解：（1）负载采用星形联结，如图 10-24a 所示。负载的线电压为

$$U_L = 380V$$

负载的相电压为线电压的 $\dfrac{1}{\sqrt{3}}$，即

$$U_P = \frac{U_L}{\sqrt{3}} = \frac{380}{\sqrt{3}}V \approx 220V$$

负载的相电流等于线电流，则

$$I_P = I_L = \frac{U_P}{R} = \frac{220}{100}A = 2.2A$$

（2）负载采用三角形联结，如图 10-24b 所示。负载的线电压为

$$U_L = 380V$$

负载的相电压为线电压，即

$$U_P = U_L = 380V$$

负载的相电流为

$$I_P = \frac{U_P}{R} = \frac{380}{100}A = 3.8A$$

负载的线电流为相电流的 $\sqrt{3}$ 倍，即

$$I_L = \sqrt{3}I_P = \sqrt{3} \times 3.8A = 6.58A$$

【指点迷津】

由上面的计算可知，在同一三相对称交流电源作用下，同一对称负载采用三角形联结时的线电流是负载采用星形联结时的线电流的 3 倍（6.58A/2.2A≈3）。

【例 10-5】 有一个三相对称负载，每相负载的电阻 $R = 60\Omega$，感抗 $X_L = 80\Omega$，以三角形联结方式连接在电压为 380V 的三相对称电源上。求线电压、相电压、相电流、线电流的值。

解：负载的阻抗 $Z = \sqrt{R^2 + X_L^2} = \sqrt{60^2 + 80^2}\,\Omega = 100\Omega$

线电压 $U_L = 380V$

负载的相电压 $U_{\triangle P} = U_L = 380V$

流过负载的相电流 $I_{\triangle P} = \dfrac{U_{\triangle P}}{Z} = \dfrac{380}{100}A = 3.8A$

线电流 $I_{\triangle L} = \sqrt{3}I_{\triangle P} = \sqrt{3} \times 3.8A = 6.6A$

技术与应用

三相交流异步电动机绕组的星形（Ｙ）和三角形（△）联结

对于额定电压为 380V 的三相交流电源来说，当负载的额定电压为 220V 时，负载

应采用星形联结；当负载的额定电压为 380V 时，负载应采用三角形联结。三相交流异步电动机是典型的三相对称负载，其定子绕组有丫和△两种接法。图 10-25a 所示为某三相交流异步电动机的铭牌，从铭牌中可以看出该电动机的额定电压为 380V，定子绕组的接法为△，铭牌中还有定子绕组采用丫和△联结的接线示意图。图 10-25b 所示为三相交流异步电动机定子绕组接线示意图，电动机三相绕组的首、末端分别用 U1、V1、W1 和 U2、V2、W2 表示，引出线固定在电动机接线盒中。为了方便接线，电动机三相绕组首端排在下面，其顺序为 U1、V1、W1，而末端排在上面，其顺序为 W2、U2、V2。在实际接线中，需根据电动机铭牌上的接法要求进行接线。

三相异步电动机			
型号Y160L-4B35	15kW	50Hz	
380V	30A	B级绝缘	JB/T 10391—2008
1460r/min	接法△	IP44	工作制S1
前轴承6209-Z2	L_W	82dB(A)	
后轴承6209-Z2		140kg	
编号0978448	年	月	

a) 铭牌

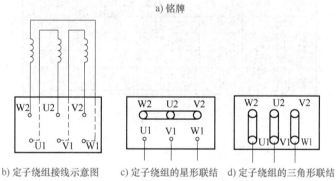

b) 定子绕组接线示意图　　c) 定子绕组的星形联结　d) 定子绕组的三角形联结

图 10-25　某三相交流异步电动机定子绕组接法

1. 三相交流异步电动机定子绕组的星形（丫）联结

三相交流异步电动机定子绕组的星形（丫）联结是将绕组的一端连接在一起（通常为绕组的末端连接在一起），将绕组的首端分别接三相交流电源的相线。图 10-25c 所示为定子绕组的星形联结示意图，图中把 W2、U2、V2 三个末端用"连接片"连接在一起（短接），将 U1、V1、W1 三个首端分别接三相交流电源的相线，这样就完成了三相定子绕组的星形联结。

2. 三相交流异步电动机定子绕组的三角形（△）联结

三相交流异步电动机定子绕组的三角形（△）联结是将绕组的首、末端依次相连，再接到三相交流电源的相线上。图 10-25d 所示为定子绕组的三角形联结示意图，图中把 U1 与 W2、V1 与 U2、W1 与 V2 用"连接片"连接起来，将 U1、V1、W1 三个首端分别接三相交流电源的相线，这样就完成了三相定子绕组的三角形联结。

学习任务三　认识与分析三相交流电路的功率

情景引入

图 10-26 所示为某三相交流异步电动机的铭牌。在铭牌上标注了三相交流异步电动机的型号、主要性能、技术指标和使用条件，这是用户使用这台电动机的依据。其中的功率 4kW、电压 380V、电流 8.2A 分别指该电动机的额定功率、额定线电压、额定线电流。那么，电动机的额定功率与电动机的额定线电压、额定线电流等技术参数有何关系呢？

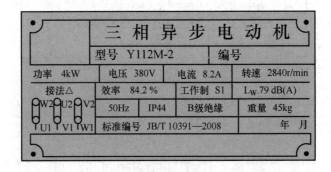

图 10-26　某三相交流异步电动机的铭牌

本学习任务主要学习三相交流电路的功率，分析三相交流电路中的有功功率、无功功率和视在功率与电路中电压、电流之间的关系。

一、三相交流电路的有功功率

在三相交流电路中，无论负载采用星形联结方式，还是采用三角形联结方式，三相负载消耗的总功率均为各相负载消耗的功率之和，即

$$P = P_U + P_V + P_W$$

每相负载所消耗的功率，可以应用单相正弦交流电路中学习过的方法进行计算。如果知道各相电压、各相电流及功率因数 $\cos\varphi$ 的值，则负载消耗的总有功功率为

$$P = U_u I_u \cos\varphi_u + U_v I_v \cos\varphi_v + U_w I_w \cos\varphi_w$$

式中　　　　　　P——三相负载总有功功率；

U_u、U_v、U_w——分别为 U、V、W 各相的相电压，单位是 V（伏［特］）；

I_u、I_v、I_w——分别为 U、V、W 各相的相电流，单位是 A（安［培］）；

$\cos\varphi_u$、$\cos\varphi_v$、$\cos\varphi_w$——分别为 U、V、W 各相负载的功率因数。

在三相对称交流电路中，如果三相负载是对称的，则每相负载上的电压、电流也是对称的，每相负载的功率因数也相同，即

$$U_P = U_u = U_v = U_w$$

$$I_P = I_u = I_v = I_w$$

$$\cos\varphi = \cos\varphi_u = \cos\varphi_v = \cos\varphi_w$$

因此，在三相对称交流电路中，三相对称负载消耗的总功率可以写成

$$P = 3U_P I_P \cos\varphi$$

式中　　P——三相负载总有功功率，单位是 W（瓦［特］）；

　　　U_P——负载的相电压，单位是 V（伏［特］）；

　　　I_P——负载的相电流，单位是 A（安［培］）；

　　$\cos\varphi$——三相负载的功率因数。

在实际工作中，测量线电压和线电流要比测量相电压和相电流方便些，三相电路的总功率常用线电流和线电压来表示。

当对称负载采用星形联结时，线电压是相电压的 $\sqrt{3}$ 倍，线电流等于相电流，即

$$U_L = \sqrt{3}U_P, \quad I_L = I_P$$

当对称负载采用三角形联结时，线电压等于相电压，线电流是相电流的 $\sqrt{3}$ 倍，即

$$U_L = U_P, \quad I_L = \sqrt{3}I_P$$

因此，三相对称负载无论采用星形联结还是三角形联结，总有功功率为

$$P = \sqrt{3}U_L I_L \cos\varphi$$

💡【指点迷津】

1）负载为星形或三角形联结时，两种情况下线电压是相等的，线电流是不相等的。三角形联结时的线电流是星形联结时的 3 倍。

2）φ 仍然是相电压与相电流间的相位差，而不是线电压与线电流间的相位差。也就是说，功率因数 $\cos\varphi$ 是指每相负载的功率因数。

二、三相交流电路的无功功率、视在功率

同单相交流电路一样，三相负载中既有耗能元件，又有储能元件。因此，三相交流电路中除有功功率外，还有无功功率和视在功率。

应用上述方法，可以推导出三相对称交流电路的无功功率为

$$Q = \sqrt{3}U_L I_L \sin\varphi$$

视在功率为

$$S = \sqrt{3}U_L I_L$$

三者间的关系为

$$S = \sqrt{P^2 + Q^2}$$

【例 10-6】 有一个三相对称负载，每相负载 $R = 30\Omega$，电感 $L = 0.128\mathrm{H}$，接在工频 (50Hz) 三相交流电源上。问：

(1) 若每相负载的额定电压是 220V，采用星形联结时，电源线电压应为多大，才能使该负载工作在额定状态？

(2) 求三相对称负载采用星形联结时的相电流、线电流。

(3) 求三相对称负载采用星形联结时的有功功率、无功功率和视在功率。

(4) 在每相负载的额定电压为 380V，采用三角形联结时，电源线电压应为多大，才能使负载工作在额定状态？此时的相电压、相电流、线电流和有功功率、无功功率、视在功率会发生怎样的变化？

解：(1) 要让该负载工作在额定状态，则一定要保证负载的相电压等于每相负载的额定电压，即 $U_{\mathrm{YP}} = 220\mathrm{V}$，又因为负载是星形联结，负载的相电压等于电源的相电压，即 $U_{\mathrm{P}} = 220\mathrm{V}$，则电源的线电压 $U_{\mathrm{YL}} = \sqrt{3}\,U_{\mathrm{YP}} = 220\sqrt{3}\mathrm{V} = 380\mathrm{V}$。

(2) 要求流过每相负载的相电流，必须知道每相负载两端的相电压和每相负载的阻抗。

负载的相电压　　　　$U_{\mathrm{YP}} = 220\mathrm{V}$

负载每相的感抗　　　$X_L = 2\pi fL = 2 \times 3.14 \times 50 \times 0.128\Omega \approx 40\Omega$

负载每相的阻抗　　　$Z = \sqrt{R^2 + X_L^2} = \sqrt{30^2 + 40^2}\Omega = 50\Omega$

负载每相的阻抗角　　$\varphi = \arctan\dfrac{X_L}{R} = \arctan\dfrac{40}{30} \approx 53.1°$

负载的相电流　　　　$I_{\mathrm{YP}} = \dfrac{U_{\mathrm{YP}}}{Z} = \dfrac{220}{50}\mathrm{A} = 4.4\mathrm{A}$

负载的线电流　　　　$I_{\mathrm{YL}} = I_{\mathrm{YP}} = 4.4\mathrm{A}$

(3) 有功功率　　　　$P_{\mathrm{Y}} = 3U_{\mathrm{YP}}I_{\mathrm{YP}}\cos\varphi_{\mathrm{P}} = 3 \times 220 \times 4.4 \times \cos53.1°\mathrm{W} \approx 1743.6\mathrm{W}$

无功功率　　　　　　$Q_{\mathrm{Y}} = 3U_{\mathrm{YP}}I_{\mathrm{YP}}\sin\varphi_{\mathrm{P}} = 3 \times 220 \times 4.4 \times \sin53.1°\mathrm{var} \approx 2322.3\mathrm{var}$

视在功率　　　　　　$S_{\mathrm{Y}} = 3U_{\mathrm{YP}}I_{\mathrm{YP}} = 3 \times 220 \times 4.4\mathrm{V}\cdot\mathrm{A} = 2904\mathrm{V}\cdot\mathrm{A}$

(4) 当每相负载的额定电压为 380V，采用三角形联结时，电源的线电压等于负载的相电压，即

电源的线电压　　　　$U_{\triangle \mathrm{L}} = U_{\triangle \mathrm{P}} = 380\mathrm{V}$

负载的相电流　　　　$I_{\triangle \mathrm{P}} = \dfrac{U_{\triangle \mathrm{P}}}{Z} = \dfrac{380}{50}\mathrm{A} = 7.6\mathrm{A}$

负载的线电流　　　　$I_{\triangle \mathrm{L}} = \sqrt{3}\,I_{\triangle \mathrm{P}} = 7.6\sqrt{3}\mathrm{A} = 13.16\mathrm{A}$

负载的有功功率　　　$P_{\triangle} = 3U_{\triangle \mathrm{P}}I_{\triangle \mathrm{P}}\cos\varphi_{\mathrm{P}} = 3 \times 380 \times 7.6 \times \cos53.1°\mathrm{W} = 5202.04\mathrm{W}$

负载的无功功率　　　$Q_{\triangle} = 3U_{\triangle \mathrm{P}}I_{\triangle \mathrm{P}}\sin\varphi_{\mathrm{P}} = 3 \times 380 \times 7.6 \times \sin53.1°\mathrm{var} = 6928.47\mathrm{var}$

负载的视在功率　　　$S_{\triangle} = 3U_{\triangle \mathrm{P}}I_{\triangle \mathrm{P}} = 3 \times 380 \times 7.6\mathrm{V}\cdot\mathrm{A} = 8664\mathrm{V}\cdot\mathrm{A}$

【指点迷津】

通过例 10-6 的计算发现，在同一三相交流电源作用下，相同的三相对称负载由于连接方式的不同，会有如下关系：

1）三角形联结时的相电压是星形联结时相电压的 $\sqrt{3}$ 倍，即 $\dfrac{U_{\triangle P}}{U_{YP}}=\sqrt{3}$。

2）三角形联结时的相电流是星形联结时相电流的 $\sqrt{3}$ 倍，即 $\dfrac{I_{\triangle P}}{I_{YP}}=\sqrt{3}$。

3）三角形联结时的线电流是星形联结时线电流的 3 倍，即 $\dfrac{I_{\triangle L}}{I_{YL}}=3$。

4）三角形联结时的有功功率是星形联结时有功功率的 3 倍，即 $\dfrac{P_{\triangle}}{P_{Y}}=3$。

学习任务四 认识用电保护

情景引入

在我们常用的电源插头线上，顶端的插脚边上绘有"$\perp$"标志，称为接地插脚，这表明这个插脚必须接地，而且所连接的导线必须是绿-黄双色线，如图 10-27a 所示。而图 10-27b 所示为某电气设备上的接地警告牌，画有接地符号和"危险电压确保设置和维护正确接地！"字样的警告语。你知道为什么电源插头要设置接地插脚吗？电气设备是如何正确接地的吗？

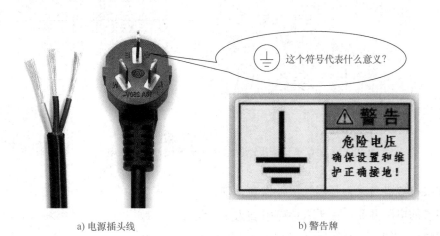

a) 电源插头线   b) 警告牌

图 10-27 电源插头与电气设备警告牌

电源插头线上的接地插脚和电气设备的接地都是为了让电气设备工作时能够可靠地接地。这是因为电气设备有时可能因绝缘损坏或绝缘击穿而发生漏电，使平时不带电的电气设备金属外壳及与之相连的其他金属部分带电，如果人体某一部位触及这些意外带电部分，就可能发生触电事故。为了减少或避免这类触电事故的发生，通常采取保护接地、装设漏电保护器等措施。

本学习任务主要学习电气设备的保护接地及其相关知识。

一、电气设备的保护接地

保护接地是为防止电气设备的金属外壳、配电装置的构架和线路杆塔等带电危及人身和设备安全而进行的接地。所谓保护接地就是将正常情况下不带电，而在绝缘材料损坏后或其他情况下可能带电的电器金属部分（即与带电部分相绝缘的金属结构部分），用导线与接地体可靠连接起来的一种保护接线方式。接地保护一般用于配电变压器（电源）中性点不直接接地（三相三线制）的供电系统中，用以保证当电气设备因绝缘损坏而漏电时产生的对地电压不超过安全范围。

保护接地的装置称为接地装置，接地装置要求与大地有良好的连接，一般要求接地电阻不大于 4Ω。

二、电气设备保护接地作用

如果不采取保护接地措施，当人体触及带电外壳时，由于输电线与大地之间存在分布电容而构成回路，使人体有电流通过而发生触电事故，如图 10-28 所示。

IT 系统
保护接地

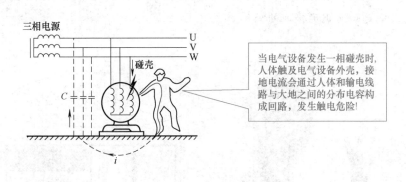

图 10-28　中性点不直接接地供电系统电气设备外壳带电（无保护接地）

如果电气设备采取了保护接地措施，则人体触及带电的电气设备外壳时，人体与保护接地装置的电阻并联。由于人体电阻远大于接地电阻，所以电流几乎不通过人体，避免了触电事故，如图 10-29 所示。

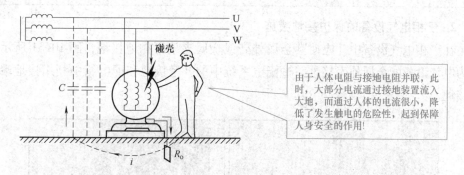

图 10-29　中性点不直接接地供电系统电气设备外壳带电（有保护接地）

由于人体电阻与接地电阻并联，此时，大部分电流通过接地装置流入大地，而通过人体的电流很小，降低了发生触电的危险性，起到保障人身安全的作用！

技术与应用

电气设备的保护接地应用实例

1. 单相电气设备的保护接地措施

在带金属外壳的单相用电设备中，应使用三脚插头与三眼插座实施保护接地措施，如图 10-30 所示。正确的接法是三眼插座的左侧插孔应接单相电源的中性线（零线），右侧插孔应接单相电源的相线，而中间插孔应接保护接地线；三脚插头左侧插脚应接相线，右侧插脚应接中性线，而中间插脚应接保护接地线。

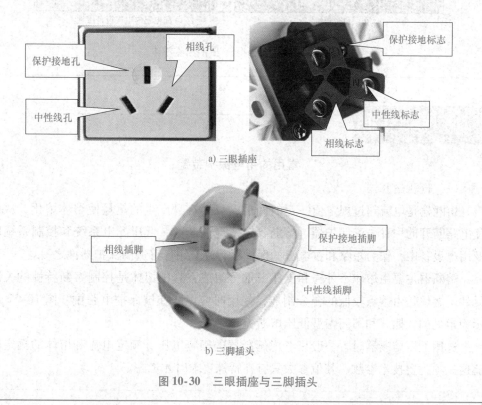

图 10-30　三眼插座与三脚插头

2. 三相电气设备的保护接地措施

在三相电气设备中，应使其金属外壳或金属支架可靠地接地，图 10-31 所示分别为电气设备的金属外壳接地、输配电系统中的杆塔接地和配电箱中利用接地端子排接地。

a) 金属外壳接地

b) 杆塔接地

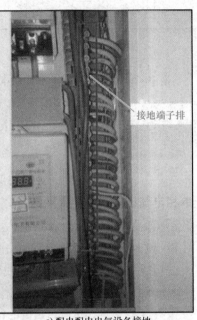

接地端子排

c) 配电配内电气设备接地

图 10-31　三相电气设备接地实例

📢 技术与应用

常用的用电保护装置

一、低压熔断器

熔断器是电流超过规定值一定时间后，以其自身产生的热量使熔体熔化，从而使电路断开的一种电流保护器。熔断器广泛应用于高、低压配电系统和控制系统以及用电设备中，作为短路和过电流的保护器，是应用最普遍的保护器件之一。

熔断器主要由熔体、外壳和支座三部分组成，其中熔体是控制熔断特性的关键元件。熔体是由熔点较低的合金制成，使用时应串联在被保护电路中。图 10-32 所示为常见的瓷插式和圆筒帽型低压熔断器。

选用低压熔断器时，一般只考虑熔断器的额定电压、额定电流和熔体的额定电流这三项主要技术参数，其他参数只有在特殊要求时才考虑。

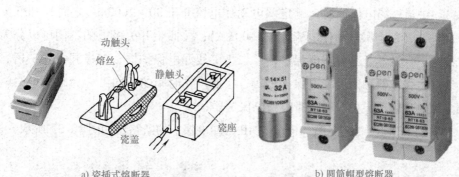

a) 瓷插式熔断器　　　　　　　　b) 圆筒帽型熔断器

图 10-32　常见的低压熔断器

二、低压断路器

低压断路器是能自动切断故障电流并兼有控制和保护功能的低压电器。常见的低压断路器适用于交流频率为 50Hz、额定电压为 400V 及以下、额定电流为 100A 及以下的场所，主要用于办公楼、住宅和类似建筑物的照明、配电线路及设备的保护。

低压断路器具有操作安全、安装方便、工作可靠、分断能力较强，动作值可调，动作后不需要更换元件等特点，因此应用非常广泛。

常用的低压断路器按极数可分为单极（1P）、二极（2P）、三极（3P）和四极（4P）等，它们外形见表 10-1。

表 10-1　常见的低压断路器分类

按极数分类	单极	二极	三极	四极
外形图				

三、漏电保护器

漏电保护器是一种在规定的条件下，当漏电电流达到或者超过给定数值时，能自动断开电路的机械开关电器或组合电器。当电网发生人身（相与地之间）触电事故时，能迅速切断电源，使触电者脱离危险，或者使漏电设备停止运行，从而避免触电引起人身伤亡、设备损坏或火灾。

漏电保护器按照保护功能和结构特征的不同可分为漏电继电器、漏电保护开关和漏电保护插座等；按照工作原理可分为电压动作型和电流动作型漏电保护器两类；按照额定漏电动作电流值的不同可分为高灵敏漏电保护器（额定漏电动作电流小等于

30mA）、中灵敏漏电保护器（额定漏电动作电流介于 30～1000mA 之间）和低灵敏漏电保护器（额定漏电动作电流大于 1000mA）；按照主开关极数的不同可以分为单极二线漏电保护器、二极漏电保护器、二极三线漏电保护器、三极漏电保护器、三极四线漏电保护器和四极漏电保护器等；按照动作时间的不同可分为瞬时型漏电保护器、延时型漏电保护器和反时限漏电保护器。

常见的 1P＋N、2P、3P、3P＋N、4P 带漏电保护的断路器如图 10-33 所示。

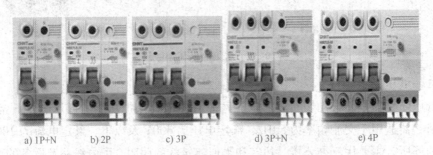

a) 1P+N　　　b) 2P　　　c) 3P　　　d) 3P+N　　　e) 4P

图 10-33　常见的漏电保护断路器实物图

漏电断路器应根据保护范围、人身设备安全和环境要求确定其的电源电压、工作电流、漏电电流及动作时间等参数，即根据保护对象和使用环境选用。当电源采用漏电保护器作为分级保护时，应满足上、下级开关动作的选择性。一般上一级漏电保护器的额定漏电电流不小于下一级漏电保护器的额定漏电电流，这样既可以灵敏地保护人身和设备安全，又能避免越级跳闸，缩小事故检查范围。通常家用漏电断路器的漏电电流小于 30mA，漏电分断时间小于 0.1s。

【项目总结】

一、三相正弦交流电

1. 三相正弦对称电源

把三个最大值相等、频率相同、相位彼此互差 120° 的正弦交流电源称为三相正弦对称电源。

2. 三相交流电源的连接

三相对称交流电源有星形联结和三角形联结两种连接方法。将三相对称电源的三个末端 U2、V2、W2 连接成公共点，三个首端 U1、V1、W1 分别与负载相连接，这种连接方式称为星形联结。当三相对称电源为星形联结时，其线电压是相电压的 $\sqrt{3}$ 倍，其相位关系是线电压超前相应的相电压 30°。

3. 三相交流电源的相序

三相交流电源随时间按正弦规律变化，它们到达最大值（或零值）的先后次序称为相序。把 U-V-W-U 的顺序称为正序；若相序为 U-W-V-U，则称为负序。

二、三相负载的连接方式

三相负载的连接方式有两种：星形联结和三角形联结。

1. 三相对称负载

在三相交流电路中，各相负载的大小和性质都相等的三相负载称为三相对称负载。

2. 三相负载的星形联结

将各相负载的末端 U2、V2、W2 连接在一起接到三相交流电源的中性线上，把各相负载的首端 U1、V1、W1 分别接到三相交流电源的三根相线上，这种连接方式称为三相负载有中性线的星形联结。

3. 三相负载星形联结的特点

三相负载采用星形联结时，若三相负载对称，则：

1）各相负载的电流和电压都是对称的。

2）线电流等于相电流，即 $I_L = I_P$；线电压等于 $\sqrt{3}$ 倍的相电压，即 $U_L = \sqrt{3} U_P$；在相位上，线电压超前相应的相电压 30°。

3）中性线电流等于零，可采用三相三线制供电。若三相负载不对称，则中性线电流不等于零，只能采用三相四线制供电。还要特别注意，中性线上不能安装开关或熔断器。

4. 中性线的作用

在三相四线制电路中，中性线的作用是使不对称负载两端的电压保持对称，从而保证电路安全可靠地工作。

5. 三相负载的三角形联结

如果将三相负载分别接在三相电源的每两根相线之间，这种连接方式就称为三相负载的三角形联结。

三相负载三角形联结时，无论负载是否对称，各相负载的相电压即线电压，等于电源线电压。当负载对称时，线电流等于相应相电流的 $\sqrt{3}$ 倍，并且线电流在相位上滞后相应的相电流 30°。

三、三相交流电路的功率

对称三相交流电路的功率为

$$P = 3U_P I_P \cos\varphi = \sqrt{3} U_L I_L \cos\varphi$$
$$Q = 3U_P I_P \cos\varphi = \sqrt{3} U_L I_L \sin\varphi$$
$$S = 3U_P I_P = \sqrt{3} U_L I_L$$

在不对称三相电路中，每一相负载的功率要分别计算，总有功功率为各相有功功率之和，即 $P = P_U + P_V + P_W$。

四、用电保护

为了保证安全用电，减少或避免碰壳、绝缘损坏等触电事故的发生，通常采用的技术措施有保护接地和装设漏电保护器等。

【思考与实践】

1. 在将三相交流发电机的三个绕组连成星形时，如果将 U1、V2、W2 三个端点连成公共点，是否也能产生三相对称电动势？

2. 如果给你一支低压验电笔，你能确定三相四线制供电线路中的相线和中性线吗？说明具体操作步骤。

3. 如果给你一只万用表，你能确定三相四线制供电线路中的相线和中性线吗？说明具体操作步骤。

4. 如果三相负载的阻抗相等，能否说明它们一定是三相对称负载呢？为什么？

5. 三相不对称负载采用星形联结时，为什么必须有中性线？

6. 当负载采用星形联结时，线电流一定等于相应的相电流吗？

7. 当负载采用三角形联结时，线电流一定等于相电流的 $\sqrt{3}$ 倍吗？

8. 有人说："三相对称负载的功率因数角，对于星形联结是指相电压与相电流的相位差，对于三角形联结则是指线电压与线电流的相位差"，这种说法对吗？

9. 同一三相对称负载，采用星形联结后接到线电压为 380V 的三相对称电源上，以及采用三角形联结后接到线电压为 220V 的三相对称电源上，试比较两种情况下的相电压、相电流和有功功率。

10. 三相交流异步电动机的额定电压为 220V，三相交流电源的额定电压为 380V，若要使三相交流异步电动机能正常工作，则三相交流异步电动机的六个接线端应如何与三相交流电源连接？试画图说明。

11. 图 10-34 所示为某三相交流异步电动机的接线盒，已知该电动机的额定电压为 380V，三相交流电源的额定电压也为 380V，应如何连接才能使该电动机正常工作？请在图中画出正确的连接线。

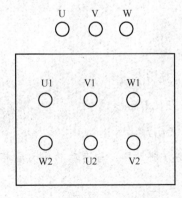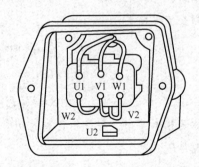

图 10-34　题 11 图

大国名匠

朱正伟：精通多领域的"全明星"电工

复合型人才，成就平台的"定海神针"

朱正伟是上海船厂船舶有限公司维修电工，高级技师。他对电气类相关知识有着浓厚的兴趣，学习异常刻苦努力，善于总结反思积累，个人技术水平提升非常快，研究出了很多提升维修质量和维修效率以及确保安全生产的方式方法。20世纪80年代初，工厂领导决定派有着扎实基本功和过硬心理素质的朱正伟去驰援海洋勘察大队的海洋平台修理任务。有一天，平台上的一台发电机突然发生故障，导致整个平台的生产任务被迫停止。正在大家伙儿干着急的时候，朱正伟一头钻进了机舱间排查故障，找到了导致故障的关键设备。然而，新的问题是更换新设备至少要一天时间，而且整个平台将不能进行作业。朱正伟利用工作之余积累的钳工知识尝试自己维修，仅用不到一小时就解决了问题。有了这次的经历，平台上大大小小的维修任务，领导都会第一时间想到让朱正伟出手解决，不但效率高，质量也有更高的保障，他成了平台上的"定海神针"。同时，他发现成为一名出色的维修电工，光懂电而不懂机械设备是绝对不行的，"一名优秀的电工一定是一个复合型人才"，这样的理念在他以后的设备创新开发过程中起了很关键的作用。

勤于学习思考，在危急关头展现实力

为了学好机械技术，朱正伟利用业余时间边学边做实验，日复一日、年复一年的积累沉淀，使他从一名普通维修电工学徒工成长为在很多领域都有深厚造诣的高级技师。一次，某砂石加工场操作工不小心将双脚卷进了砂石粉碎机，巨大坚固的砂石粉碎机连消防队员都束手无策。朱正伟到达现场后，用了不到十五分钟就把砂石粉碎机全部拆解开来，为抢救人员赢得了宝贵的时间。勤于学习思考，已经成为朱正伟的职业习惯。

成立工作室，攻坚克难传技育人

身负两项国家专利的朱正伟还肩负着"攻坚克难，传技育人"的重任。2012年5月，朱正伟首席技师工作室成立。他利用个人独到的经验和团队集体的智慧，有效解决日常设备维修中遇到的疑难杂症，在部门中形成"学技术，讲技能，比贡献"的良好工作氛围，通过带教、示范、激励，力求在出一项成果的同时，培养出一批人才，以彻底消除长期困扰着部门设备维修技术力量青黄不接的后顾之忧，为公司建立了有序的人才梯队。

*项目十一　认识变压器

项目目标

1. 知道变压器的用途，熟悉常用变压器的分类、功能和典型应用。
2. 知道变压器的构造，熟悉变压器的主要技术参数。
3. 知道变压器的工作原理。
4. 了解变压器的电压比、电流比和阻抗变换。

项目导入

　　变压器是根据电磁感应原理制成的传输交流电能的静止电气设备。它能把某一等级的交流电压变换成同频率所需电压值的交流电压；也可以改变交流电流的数值及变换阻抗或改变相位，以满足不同负载的需要。在电力系统、自动化控制及电子设备中，广泛使用各种类型的变压器。

　　本项目主要有认识变压器的用途与构造，认识变压器的工作原理两个学习任务。

项目实施

*学习任务一　认识变压器的用途与构造

情景引入

　　图 11-1 所示为打开外壳后的电动自行车充电器，在图中有一个很大的器件，你知道它是什么器件吗？它在电路中能够起到什么作用呢？

你知道这是什么器件吗？它在电路起到了什么作用？

图 11-1　电动自行车充电器

图 11-1 中提到的器件是变压器，它在电路中能够起到降压作用，即能够将 220V 的交流电压降低到充电器所需要的交流电压值。这是变压器在电子设备中的一种应用。在电力系统、自动控制设备中也大量应用到变压器。

本学习任务主要学习变压器的用途、变压器的种类和变压器的基本结构等内容。

一、变压器的用途

电力是现代工业、生活中非常重要的能源，但不同的电气设备所用交流电的电压值不同。例如，在工厂中常用的三相或单相交流异步电动机，它们的额定电压一般为 380V 或 220V；照明电路和家用电器的额定电压为 220V；机床上的照明灯使用的是 36V 及以下的安全电压。而我国发电厂发出的电能通常为 6.3kV 或 10.35kV，往往需经远距离传输才能到达用电量大的大中城市等地区。

变压器的应用方便地解决了"输电要经济，用电要安全"的矛盾。在传输容量恒定时，传输的电压越高，线路中的电流就越小，线路上的电压降和损耗就越小，所以在输电时要使用升压变压器将发电机端的电压升高以后再输送出去。而当到达用电的大中城市等地区后，又需要使用降压变压器将高压电降低到配电系统所需的电压，故要经过一系列配电变压器将高压电降低到合适的电压值以供使用。由此可见，在电力系统中，变压器的地位是十分重要的。

变压器除了在电力系统、电子设备中具有电压变换作用外，还可以进行电流变换（如变流器、大电流发生器）、阻抗变换（如电子技术中的输入、输出变压器等）、相位变换（如改变绕组的连接方式来改变变压器的极性）、安全隔离等。

二、变压器的种类

变压器的种类很多，不同类型的变压器在性能、结构上有很大差别。一般变压器可按用途、结构、相数、冷却方式等进行分类。

1. 按用途分类

变压器按用途的不同大致可以分为以下几种。

（1）电力变压器　电力变压器用于输、配电系统中变换电压和传输电能，如图 11-2a

所示。

（2）仪用变压器　仪用变压器用于电工测量和电力系统中的继电保护，如电压互感器和电流互感器，如图 11-2b 所示。

（3）自耦变压器　自耦变压器用于实验室或工业生产设备中调节电压，如图 11-2c 所示。

a) 电力变压器　　　　　　b) 仪用变压器　　　　　　c) 自耦变压器

图 11-2　不同用途的变压器

另外，还有各种特殊用途的变压器，如电炉变压器、电焊变压器和整流变压器等。

2. 按结构分类

变压器按绕组结构形式的不同可分为双绕组变压器、三绕组变压器、多绕组变压器以及单绕组变压器（自耦变压器），如图 11-3 所示。

a) 三相油浸式双绕组变压器　　　　　　b) 三相干式三绕组变压器

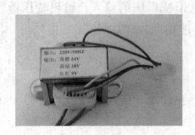

c) 单相多绕组变压器　　　　　　d) 三相自耦变压器

图 11-3　不同绕组形式的变压器

变压器按铁心结构形式的不同可分为壳式变压器和心式变压器。图 11-4a 所示的壳式变压器一般用于小型变压器和大电流特殊变压器，其铁心在外面，绕组在铁心内。图 11-4b 所示的心式变压器主要用于大、中型变压器和高压电力变压器中，其铁心在内部，绕组在外部。

a) 壳式变压器　　　　　　　　　　b) 心式变压器

图 11-4　不同铁心结构的变压器

3. 按相数分类

变压器按相数的不同可分为单相变压器和三相变压器两种，如图 11-5 所示。

a) 单相油浸式变压器　　　　　　　　b) 三相油浸式变压器

图 11-5　单相、三相变压器

4. 按冷却方式分类

变压器在运行过程中，其铁心和绕组都会发热，所以需要对变压器进行冷却。变压器按冷却方式的不同可分为油浸式变压器、充气式变压器、干式变压器和蒸发冷却变压器等。

三、变压器的基本结构

尽管变压器的种类很多，在结构上也各有特点，但它们的基本构造是相同的，都是由铁心和绕组两个基本部分组成。

1. 铁心结构

铁心是变压器主磁通的通道，也是安放绕组的骨架，由铁柱和铁轭两部分组成。绕组套装在铁柱上，而铁轭则用来使整个磁路闭合。为了提高铁心的导磁能力，减少铁心及涡流损耗，从而增大变压器容量、减小体积，铁心一般都采用彼此绝缘的硅钢片叠压而成。每片硅钢片的厚度为 0.35~0.5mm，表面涂有绝缘漆。

变压器铁心一般采用交叠方式进行叠装，应使上层和下层叠片的接缝互相错开，如图 11-6 和图 11-7 所示。

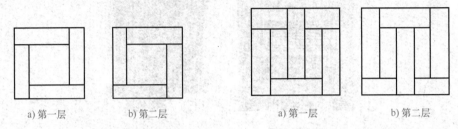

a) 第一层　　　b) 第二层　　　　　　　a) 第一层　　　b) 第二层

图 11-6　单相变压器铁心叠装示意图　　　图 11-7　三相变压器铁心叠装示意图

2. 绕组结构

绕组是变压器的电路部分。绕组用绝缘良好的漆包线、纱包线或丝包线等绕成。工作时，与电源相连的绕组称为一次绕组，与负载相连接的绕组称为二次绕组。

变压器的绕组主要有同心式和交叠式两种，如图 11-8 所示。多数电力变压器采用同心式绕组，即一次绕组与二次绕组套装在一个铁柱上，为了便于绝缘，一般低压绕组放在里面，高压绕组套在外面。但对于容量较大、电流也很大的变压器，往往把低压绕组放在高压绕组的外面。交叠式绕组的高压、低压绕组是互相交叠放置的，为了便于绝缘，一般最上面和最下面的两组绕组都是低压绕组。同心式绕组的优点是结构简单，制造方便；而交叠式绕组的优点是漏抗小，机械强度好，引线方便。

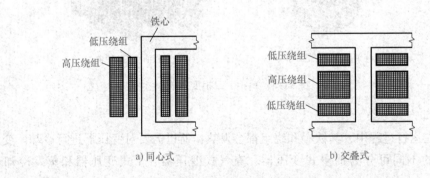

a) 同心式　　　　　　　　　b) 交叠式

图 11-8　变压器绕组结构示意图

变压器的绕组必须有良好的绝缘，绕组与铁心之间、不同绕组之间及绕组间和层间的绝缘都要良好。为了提高变压器的绝缘性能，在制造变压器时还要进行去潮（浸漆、烘烤、灌蜡、密封等）处理。另外，为了起到电磁屏蔽作用，变压器通常用铁壳或铝壳罩起来，一次、二次绕组间通常加一层金属静电屏蔽层，大功率的变压器还有专门设置的冷却装置。

四、变压器的主要参数

变压器有额定容量、额定电压、额定频率、相数、绕组联结组标号等技术参数，它们通常都会标注在变压器的铭牌上。图11-9所示为某电力变压器铭牌。

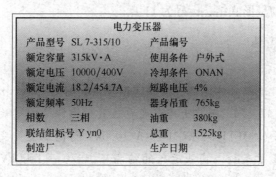

电力变压器

产品型号　SL 7-315/10	产品编号
额定容量　315kV·A	使用条件　户外式
额定电压　10000/400V	冷却条件　ONAN
额定电流　18.2/454.7A	短路电压　4%
额定频率　50Hz	器身吊重　765kg
相数　　三相	油重　　380kg
联结组标号　Y yn0	总重　　1525kg
制造厂	生产日期

图11-9　某电力变压器铭牌示意图

1. 变压器的型号

变压器的型号表示变压器的结构特点、额定容量和高压侧的电压等级等，如图11-10所示。

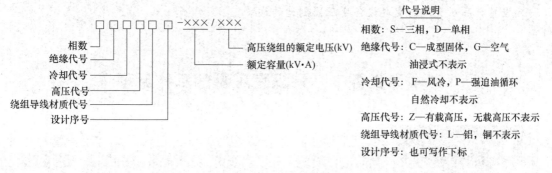

图11-10　电力变压器的型号

例如，型号为SL7－315/10的电力变压器，其型号含义为：三相油浸自冷式双绕组铝线电力变压器，设计序号为7，额定容量为315kV·A，高压绕组的额定电压为10kV。

2. 变压器的主要技术参数

（1）额定容量（kV·A）　额定容量是指变压器二次侧输出的最大视在功率，其大小为二次侧额定电压和额定电流的乘积。

（2）额定电压（kV）　额定电压指变压器长时间运行时所能承受的工作电压。一次侧额定电压是指接到变压器一次侧上的最大正常工作电压；二次侧额定电压是指当变压器的一次侧接上额定电压时，二次侧接上额定负载时的输出电压。

（3）额定频率（Hz）　额定频率指变压器正常工作时的频率，一般情况下额定频率为50Hz。

（4）相数　三相变压器用S表示，单相变压器用D表示。

（5）联结组标号　根据变压器一、二次绕组的相位关系，把变压器绕组连接成各种不同的组合，称为绕组的联结组。为了区别不同的联结组，常采用时钟表示法，即把高压侧线电压的相量作为时钟的长针，固定在 12 上，低压侧线电压的相量作为时钟的短针，看短针指在哪一个数字上，就作为该联结组标号，如 Dyn11 表示一次绕组是三角形联结，二次绕组是带有中性点的星形联结，标号为 11 点。

📽 科技成就

中国变压器制造走在世界前列

2008 年 7 月 16 日，河北保定天威保变电气股份有限公司研制成功当时世界最高电压等级和最大容量的 ODFPS-1000MV·A/1000kV 特高压交流变压器。该特高压交流变压器是为世界上首条投入商业运行的特高压工程——1000kV 晋东南—南阳—荆门特高压交流试验示范工程研制开发的，该工程的扩建工程已于 2011 年 12 月 16 日投入商业运行，是世界上第一条电压等级最高、输电能力最强、技术水平最先进的特高压输电工程。

2016 年，中国西电集团有限公司为蒙西-天津南 1000kV 特高压交流输变电工程制造的 7 台 1000MV·A/1000kV 电力变压器全部通过试验，这标志着中国西电再次登顶世界特高压变流输变电设备变压器制造的巅峰。

*学习任务二　认识变压器的工作原理

🧑‍🏫 情景引入

图 11-11 所示是一个小型多输出电压电源变压器，从铭牌上可以看出，它能把 220V 的工频交流电转换为同频率的 24V、28V、9V 交流电。变压器为什么能够改变交流电的电压？它能改变交流电的电流吗？

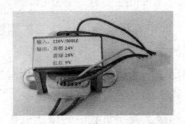

图 11-11　多输出电压电源变压器

本学习任务主要学习变压器的工作原理和变压器变换交流电压、变换交流电流、变换阻抗等相关知识。

小型变压器原理

一、变压器的工作原理

最简单的变压器是由一个闭合铁心和套在铁心上的两个绕组组成，如图 11-12a 所示。套在铁心上的两个绕组只有磁耦合，没有电联系，如图 11-12b 所示。变压器的一般符号如图 11-12c 所示。

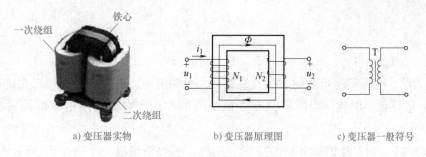

a) 变压器实物　　　　　　b) 变压器原理图　　　　　c) 变压器一般符号

图 11-12　变压器实物、原理图与符号

设变压器一次绕组匝数为 N_1，二次绕组匝数 N_2。在一次绕组中加上交变电压，产生交链一、二次绕组的交变磁通，在两个绕组中的感应电动势分别为

$$e_1 = -N_1 \frac{\Delta \Phi}{\Delta t}$$

$$e_2 = -N_2 \frac{\Delta \Phi}{\Delta t}$$

二、变压器变换交流电压

忽略变压器绕组的内阻，变压器一次电压 $U_1 = e_1$、二次电压 $U_2 = e_2$，所以，一次电压与二次电压的比值等于它们的匝数比，即

$$\frac{U_1}{U_2} = \frac{e_1}{e_2} = \frac{N_1}{N_2} = n$$

比值 n 称为电压比或匝数比。

可见，如果 $N_1 < N_2$，$n < 1$，电压升高，变压器称为升压变压器；如果 $N_1 > N_2$，$n > 1$，电压降低，变压器称为降压变压器。

在实际应用中，变压器的二次电压可在小范围内调节，其二次绕组上留有抽头，换接不同的抽头，可获得不同数值的二次电压。

【例 11-1】　有一台降压变压器，一次电压为 380V，二次电压为 36V，若一次绕组为 1900 匝，问二次绕组应绕多少匝？

解：二次绕组的匝数为

$$N_2 = \frac{U_2}{U_1} N_1 = \frac{36}{380} \times 1900 = 180$$

三、变压器变换交流电流

当变压器带负载工作时，绕组电阻、铁心的磁滞及涡流总会产生一定的能量损耗，但是比负载上消耗的功率小得多，一般情况下可以忽略不计。可将变压器视为理想变压器，其内部不消耗功率，输入变压器的功率全部消耗在负载上，即只有一个二次绕组时，应满足：

$$U_1 I_1 = U_2 I_2$$

$$\frac{I_1}{I_2} = \frac{U_2}{U_1} = \frac{N_2}{N_1} = \frac{1}{n}$$

上式表明，变压器带负载时，一次绕组、二次绕组中的电流与一次、二次绕组的电压（或匝数）成反比。因此，变压器具有变换电流的作用，它在变换电压的同时也变换了电流。

【例 11-2】 有一台 220/36V 的降压变压器，二次绕组接一个功率为 40W 的白炽灯，问白炽灯点亮后，一次绕组、二次绕组的电流各为多少？

解：二次绕组的电流为白炽灯的工作电流为

$$I_2 = \frac{P_2}{U_2} = \frac{40}{36}\text{A} \approx 1.11\text{A}$$

变压器一次绕组的电流为

$$I_1 = \frac{U_2}{U_1} I_2 = \frac{36}{220} \times 1.11\text{A} \approx 0.18\text{A}$$

【指点迷津】

变压器的高压绕组匝数多而通过的电流小，可选用较细的导线绕制；低压绕组匝数少而通过的电流大，应选用较粗的导线绕制。

四、变压器变换阻抗

当变压器负载运行时，设变压器一次侧输入阻抗为 Z_1，二次输出阻抗为 Z_2，则有

$$I_1^2 Z_1 = I_2^2 Z_2$$

又因为

$$\frac{U_1}{U_2} = \frac{N_1}{N_2} = \frac{I_2}{I_1} = n$$

所以有

$$\frac{Z_1}{Z_2} = \left(\frac{I_2}{I_1}\right)^2 = n^2$$

这说明变压器二次侧接上负载 Z_2 时，相当于一次侧接上一个阻抗为 $n^2 Z_2$ 的负载。

【指点迷津】

　　在电子电路中，经常用变压器来变换阻抗，如扩音设备中，扬声器的阻抗很小（$4 \sim 16\Omega$），直接接到功率放大器的输出，则扬声器得到的功率非常小，声音就很小。只有经输出变压器把扬声器阻抗变成和功率放大器内阻一样大，扬声器才能得到最大输出功率，这也称为阻抗匹配。

【例 11-3】　一台单相变压器的一次电压 $U_1 = 3\text{kV}$，电压比 $n = 15$，求二次电压 U_2 为多大？当二次电流 $I_2 = 60\text{A}$ 时，一次电流为多大？

　　解：变压器的一次电压与二次电压关系为

$$\frac{U_1}{U_2} = \frac{N_1}{N_2} = n$$

　　因此，二次电压为

$$U_2 = \frac{U_1}{n} = \frac{3000}{15}\text{V} = 200\text{V}$$

　　变压器的一次电流与二次电流的关系为

$$\frac{I_1}{I_2} = \frac{1}{n}$$

　　因此，一次电流为

$$I_1 = \frac{1}{n}I_2 = \frac{1}{15} \times 60\text{A} = 4\text{A}$$

知识拓展

常用的特种变压器

　一、自耦变压器

　　自耦变压器是一次、二次绕组共用一部分绕组，它们之间不仅有磁的耦合，还有电的关系。图 11-13a、b 所示分别为单相自耦变压器和三相自耦变压器。自耦变压器可以输出连续可调的交流电压。

  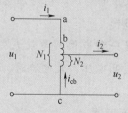

a) 单相自耦变压器　　　　b) 三相自耦变压器　　　　c) 内部电路

图 11-13　自耦变压器

自耦变压器与单相双绕变压器一样，也可以用来变换电压与电流。用同样的方法分析可知，其电压比、电流比与双绕组变压器相同，即

$$\frac{U_1}{U_2} = \frac{I_2}{I_1} \approx \frac{N_1}{N_2} = n$$

通常自耦变压器的二次侧抽头制成沿绕组自由滑动的触头，可以自由、平滑地调节输出电压，因此又称为自耦调压器，其内部电路如图11-13c所示。

使用自耦变压器要注意以下几点。

1）一次、二次绕组不能接错，否则会烧毁变压器。

2）接通电源前，要将手柄转到零位。接通电源后，渐渐转动手柄，调节出所需要的电压。

二、小型电源变压器

小型电源变压器广泛应用于电子仪器中。它一般有1~2个一次绕组和几个不同匝数的二次绕组，可以根据实际需要连接组合，以获得不同的输出电压，如图11-14所示。

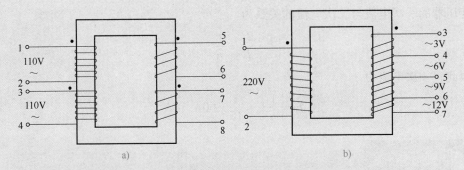

图11-14　小型电源变压器

其中，图11-14a中有两个相同的一次绕组，若一次绕组额定电压为110V，当供电电源的电压为110V时，则两个绕组可单独使用或并联使用；当供电电源的电压为220V时，则可将两个绕组串联起来使用。图11-14b中一次侧为一个绕组，额定电压为220V，二次绕组可根据需要自由选择连接，它可获得3V、6V、9V、12V、15V、24V等不同数值的电压。值得注意的是，绕组连接时要注意同名端。

三、互感器

互感器是一种专供测量仪表、控制设备和保护设备使用的变压器。在实际工作中，需要测量高电压、大电流时，常使用电压互感器或电流互感器来降低电压或减小电流。

1. 电压互感器

电压互感器的作用是将电力设备上的高电压变换成低电压（一般电压互感器的二次电压设计为100V），再供给测量仪表。这样既保证电气设备和工作人员的安全，又利

于仪表标准化。常见的电压互感器如图 11-15a 所示。

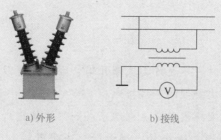

a) 外形　　　　　　b) 接线

图 11-15　电压互感器的外形与接线

电压互感器的实质是降压变压器，因此，其主要构造和工作原理与降压变压器相似。使用时，电压互感器的高压绕组跨接在需要测量的供电线路上，低压绕组则与电压表相连接，如图 11-15b 所示。电压互感器高压侧的电压 U_1 等于所测量电压 U_2 和电压比 n 的乘积，即

$$U_1 = nU_2$$

为了确保安全，使用电压互感器时，必须将其铁壳和二次绕组的一端接地，以防绝缘损坏使二次绕组出现高压。

2. 电流互感器

电流互感器的作用是把电路中的大电流变换成小电流（一般电流互感器的二次电流设计为 5A），再供给测量仪表。这样既保证电气设备和工作人员的安全，又利于仪表标准化。常见的电流互感器如图 11-16a 所示。

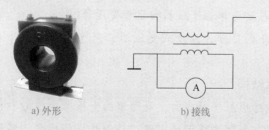

a) 外形　　　　　　b) 接线

图 11-16　电流互感器的外形与接线

电流互感器的主要构造与普通双绕组变压器相似，也是由铁心和一次、二次绕组两个主要部分组成。不同点在于一次绕组匝数很少，它串联在被测电路中；二次绕组的匝数比较多，常与电流表或其他仪表或电路的电流线圈串联成闭合回路。

电流互感器与普通双绕组变压器的不同点在于一次电流与普通变压器一次电流不同，它与电流互感器二次侧的负载大小无关；二次绕组的阻抗很小，近似于短路状态，二次电流与电压比倒数的乘积等于一次电流。电流互感器二次侧的额定电流通常为 5A，一次侧的额定电流在 $10 \sim 25000$A 之间。

使用时，电流互感器的一次绕组与待测电流的负载串联，二次绕组则与电流表串联

成闭合回路，如图 11-16b 所示。电流互感器通过负载的电流等于所测电流与电压比倒数的乘积，即

$$I_1 = \frac{I_2}{n}$$

电流互感器正常工作时，不允许二次侧开路，否则会烧毁设备，危及操作人员安全，同时必须将铁壳和二次绕组的一端接地。

钳形电流表是将电流互感器和电流表组装成一体的便携式仪表。二次绕组与电流表组成闭合回路，铁心是可以开合的。测量时，先张开铁心，套入被测电流的导线（导线即为一次绕组），闭合铁心后即可测出电流，使用非常方便。

【项目总结】

一、变压器的主要用途

变压器的主要用途有变换交流电压、变换交流电流、变换阻抗、变换相位和安全隔离等。

二、变压器的常用分类

1）按用途的不同可分为电力变压器、仪用变压器和自耦变压器。

2）按结构的不同可分为双绕组变压器、三绕组变压器、多绕组变压器和单绕组变压器（自耦变压器）。

3）按铁心结构形式的不同可分为壳式变压器和心式变压器。

4）按相数的不同可分为单相变压器和三相变压器。

5）按冷却方式的不同可分为油浸式变压器、充气式变压器、干式变压器和蒸发冷却变压器等。

三、变压器的基本结构

变压器是根据电磁感应原理制成的，最简单的变压器由铁心和绕组两部分组成。一次绕组与电源、二次绕组与负载构成两个电路；铁心构成的磁路，将两个电路联系起来。

四、变压器的主要参数

1）变压器的型号表示变压器的结构特点、额定容量和高压侧的电压等级等。

2）变压器的主要参数有额定容量（kV·A）、额定电压（kV）、额定频率（Hz）、相数、联结组标号等。

五、变压器的简单计算

变压器可以改变电压、电流和阻抗。变压器在空载情况下，一次绕组、二次绕组的电压之比与匝数比成正比；变压器带负载工作时，一次绕组、二次绕组的电流与它们的匝数比成反比。在变压器的二次绕组接上负载阻抗 Z_2 时，就相当于使电源直接接上一个阻抗为 $n^2 Z_2$ 的负载。变压器的计算公式见表 11-1。

表 11-1　变压器的计算公式

计 算 内 容	公 　式
电压比	$n = \dfrac{N_1}{N_2}$
交流电压变换	$\dfrac{U_1}{U_2} = \dfrac{N_1}{N_2} = n$
交流电流变换	$\dfrac{I_1}{I_2} = \dfrac{N_2}{N_1} = \dfrac{1}{n}$
阻抗变换	$\dfrac{Z_1}{Z_2} = \left(\dfrac{I_2}{I_1}\right)^2 = n^2$

【思考与实践】

1. 有一个在稳压电源中使用的降压变压器，请问：

（1）该变压器的一次绕组与二次绕组的直径哪一个更大？

（2）该变压器为什么要用铁壳或铝壳罩起来？

2. 已知某晶体管扬声器的输出电阻为 400Ω，扬声器的电阻为 4Ω。那么，输出变压器的电压比为多大时才能实现阻抗匹配？

3. 在变电所里，经常要用交流电流表去监测电网上的大电流，使用的仪器是电流互感器和电流表，在图 11-17 所示的四个选项中，哪个能正确反映电流互感器的工作原理？想一想，为什么？

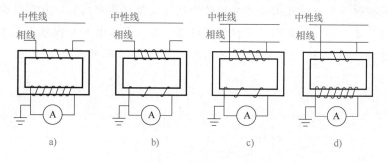

图 11-17　题 3 图

大国名匠

林海：从"初中生"成为"工人院士"

林海，徐州重型机械有限公司维修电工，高级技师，被誉为"工人院士"。

"只要有知识和技能，没有咱们工人攻克不了的困难，我们一样可以创造奇迹。"这是林海师傅常常对年轻员工念叨的一句话。他在徐工汽车起重机、消防车电气自动控制、设备维修等领域，形成了个人的核心技术优势。由他设计的"汽车起重机电回转体接口功能检测装置"获国家专利，承担的"亚洲第一高"DG100m 登高平台消防车的装配及调试任务，弥补了亚洲 100m 登高消防设备的空白。

不断学习，刻苦钻研提技能

1972 年刚参加工作时，林海只有初中水平，但却对"电"产生了特别浓厚的兴趣，每天背着一个维修包，带着各种工具在车间里干活。为了维修车间里引进的 20 台进口电焊机，他专门买来《英汉大辞典》，对着说明书一个单词一个单词地翻译。随着进口设备的不断增加，公司派他到国外进行设备安装维修及产品技术交流学习，将国外的先进技术带回国内，并且在工作中快速转化应用。

创新技术，创新思维求正解

1998 年，林海作为产品电气技能专家被指派到 CDZ 系列登高平台消防车项目组，担任电气安装调试主管。从 2002 年研制出 CDZ32B 智能化登高平台消防车，到 2010 年"亚洲第一高"DG100m 登高平台消防车下线，以林海为主攻手的项目团队先后完成了登高平台消防车 EPEC 系列车载 PLC 技术改进、幅度限制器技术改进、液电控制中位泄漏的难题处理、调平稳定性技术攻关等难题，使得试制产品的性能和质量一举达到国际先进水平。他开发出的"QY25K—50K 起重机电气系统检测装置"，属国内独创，提高了早期故障排查率，获得了国家实用新型专利。

倾心传授，示范引领传帮带

林海连续两届被聘为公司电气控制技能工艺师，连续四届被聘为公司电气技术专职教师。在国家级、省级等荣誉面前，他自觉发挥示范引领作用，做好"传帮带"工作。在他的指导下，公司大批青年技术骨干迅速成长，其中刘斌和刘汉伟分别在全国首届工程机械修理工技能竞赛起重机组获得第一名、第二名和全国技术能手称号，王天宇在江苏省"状元杯"技能竞赛汽车维修组获得二等奖和江苏省五一劳动奖章荣誉。

*项目十二　认识瞬态过程

项目目标

1. 理解瞬态过程，了解瞬态过程在工程技术中的应用。
2. 理解换路定律，能运用换路定律求解电路的初始值。
3. 了解 RC 串联电路瞬态过程，理解时间常数的概念。
4. 了解时间常数在工程技术中的应用，能解释影响其大小的因素。

项目导入

在生产生活中，常会遇到瞬态过程（也称为暂态过程或过渡过程），如电动机从静止状态起动，它的转速从零逐渐上升，最后到达稳定值的过程就是一个瞬态过程。

本项目主要有认识换路定律，认识 RC 电路的瞬态过程两个学习任务。

项目实施

*学习任务一　认识换路定律

情景引入

在图 12-1 所示电路中，EL1、EL2、EL3 为三只相同的白炽灯，E 为直流电源，其中，白炽灯 EL2 与电感器 L 串联，白炽灯 EL3 与电容器 C 串联。当开关 S 未闭合时，3 只白炽灯都不亮。当开关 S 闭合瞬间，白炽灯 EL1 立即正常发光；白炽灯 EL2 逐渐变亮，经过一段时间达到与白炽灯 EL1 同样的亮度；白炽灯 EL3 闪亮一下就不亮了。你知道这种现象的原因是什么吗？

本学习任务通过观察实验现象来理解瞬态过程、换路定律，计算瞬态过程电压与电流的初始值。

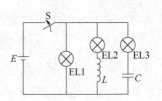

图 12-1　电路的瞬态过程

一、瞬态过程

瞬态过程也称为过渡过程或暂态过程。一般来说，事物的运动和变化通常都可以分为稳态和瞬态两种不同的状态。凡是事物的运动和变化，从一种稳态转换到另一种新的稳态，是不可能发生突变的，需要经历一定的过程（需要一定的时间），这个过程就称为瞬态过程。

电容器的充电过程就是一个瞬态过程。RL 电路接通直流电源时也会经历瞬态过程。在图 12-1 所示电路中，当开关 S 断开时，不管电容器极板上有没有电荷量，白炽灯 EL3 与电容器 C 串联的支路中都没有电流（即 $i=0$），这时电路处于稳定状态。如果这时电容器极板上没有电荷量，则 $u_c=0$。当开关 S 闭合后，电源对电容器充电，电路中将流过充电电流 i，这个电流使电容器极板上不断积累电荷，电容器上的电压 u_c 从零开始逐渐上升，直到 $u_c=E$，这时 $i=0$，充电结束。如果把 $u_c=0$ 和 $u_c=E$ 视为开关 S 闭合前后的两个稳态，则从前者到后者之间的变化过程就是瞬态过程。除了电源接通时会引起瞬态过程外，电源的切断、电路参数变化等因素都可能在 RC 电路中引起瞬态过程。

在图 12-1 所示电路中，白炽灯 EL2 与电感器 L 串联。在开关 S 断开时，电路中没有电流，白炽灯 EL2 是不亮的，这是一个稳态。当开关 S 闭合接通电源时，白炽灯慢慢亮起来，达到某一亮度后不再变化，说明此时电路中维持着恒定电流，这又是一个稳态。而白炽灯 EL2 从不亮（电路中没有电流）到维持一定亮度（电路中维持一定的电流）是经过一定时间的，这就是 RL 电路接通直流电源的瞬态过程。

由上述分析可知，引起电路瞬态过程的原因有两个，即外因和内因。电路的接通或断开、电源的变化、电路参数的变化、电路的改变等都是外因；内因即电路中必须含有储能元件。

引起瞬态过程的电路变化称为换路。电路中具有电感或电容元件时，在换路后通常有一个瞬态过程。

二、换路定律

由于电路的接通、切断、电源的变化、电路参数的变化（即换路），使电路中的能量发生变化称为换路，这种变化是不能跃变的。在电容器中，储有电场能量 $\frac{1}{2}Cu_C^2$，当换路时，电场能量不能跃变，这反映在电容器上的电压 u_c 不能跃变。在电感器中，储有磁场能量 $\frac{1}{2}Li_L^2$，当换路时，磁场能量不能跃变，这反映在电感器中的电流 i_L 不能跃变。

设 $t=0$ 为换路瞬间，而以 $t=0_-$ 表示换路前的终止瞬间，$t=0_+$ 表示换路后的初始瞬间。从 $t=0_-$ 到 $t=0_+$ 的瞬间，电容器上的电压和电感器中的电流不能跃变，这就是换路

定律。用公式表示为

$$\begin{cases} u_C(0_+) = u_C(0_-) \\ i_L(0_+) = i_L(0_-) \end{cases}$$

换路定律仅适用于换路瞬间，可根据它来确定 $t = 0_+$ 时刻电路中电压和电流的值。换路前，如果储能元件没有储能，则在换路的一瞬间，$u_C(0_+) = u_C(0_-)$，电容器相当于短路；$i_L(0_+) = i_L(0_-)$，电感器相当于短路。

【指点迷津】

在电路换路时，只有电感器中的电流和电容器上的电压不能跃变，电路中其他部分的电压和电流都可能跃变。

三、电压、电流初始值的计算

在分析电路的瞬态过程时，换路定律和基尔霍夫定律是两个重要的依据，可以用来确定瞬态过程的初始值（$t = 0$ 的值）。其步骤是：首先根据换路定律求出 $u_C(0_+)$ 和 $i_L(0_+)$，然后根据基尔霍夫定律及欧姆定律求出其他有关量的初始值。

【例12-1】　在图 12-2 所示电路中，已知 $E = 3V$，白炽灯的等效电阻 $R = 2\Omega$，开关 S 闭合前，电容器两端电压为零。试求开关 S 闭合瞬间电路中的电流 i、白炽灯两端的电压 u_R 及 C 两端的电压 u_C。

解：开关 S 闭合前，$u_C = 0$，即 $u_C(0_-) = 0$

根据换路定律，开关 S 闭合瞬间 C 两端的电压为

$$u_C(0_+) = u_C(0_-) = 0$$

所以，$t = 0_+$ 时，白炽灯两端电压 u_R 为

$$u_R(0_+) = E = 3V$$

因此，电路中的电流为

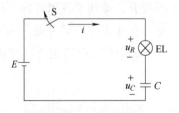

图 12-2　例 12-1 图

$$i(0_+) = \frac{u_R(0_+)}{R} = \frac{3}{2}A = 1.5A$$

即开关 S 闭合瞬间（$t = 0_+$）的电流为

$$i = 1.5A$$

【指点迷津】

在实际工作中要特别注意电路的瞬态过程。它会使电路中出现过电流或过电压情况，有可能损坏电路元件或设备，但是在家用电器和广播通信设备中可以利用电路的瞬态过程来工作。

中国电力走向世界

改革开放40多年为电力行业带来了勃勃生机，电力行业国际合作从最初的"引进来"发展到今天的"走出去"，从开始的闭门奋斗发展到提出以"共商共建共享"为特点的"一带一路"倡议，电力国际合作无论从规模上、深度上还是理念上都有了空前的发展和质的飞跃，在增强我国电力企业国际竞争力的同时，使我国电力发展成果惠及更多国家和人民。

"引进来"推动电力工业大发展。20世纪80年代初，电力行业利用世界银行、亚洲开发银行等国际金融组织贷款、外国政府贷款和出口信贷，从近20个国家进口设备。电力行业在进口设备的同时，通过多种方式引进了工程设计技术、制造技术、施工技术、安装技术、运行技术以及先进的管理经验。40多年来，我国电力行业在利用外资，引进国外先进的管理、技术、设备的基础上，不断地消化、吸收，并且进行技术革新和技术改造，管理和技术水平不断接近甚至达到国际先进水平，逐渐地从"引进来"过渡到"走出去"。

"走出去"不断取得新突破，"一带一路"开创电力国际合作互惠双赢新局面。改革开放以来，电力行业的"走出去"道路，始于对外援建，逐步发展到境外工程承包与劳务合作、电力设备出口和对外投资与经营等各个领域。2013年，我国提出"一带一路"倡议，电力行业积极响应，努力"走出去"，与"一带一路"沿线国家互惠合作，实现双赢。核电、火电、水电、新能源发电及输变电对外合作不断加强，投资形式日趋多样，大型电力企业对外投资项目、新签对外承包及在建项目合同额显著增长，带动了我国标准、技术、装备、金融"走出去"。2013—2017年，我国主要电力企业在"一带一路"沿线国家签订电力工程合同494个，总金额达912亿美元。"中国制造""中国建造""中国服务"受到了越来越多国家的欢迎。

*学习任务二　认识 RC 电路的瞬态过程

情景引入

一个电阻器和一个电容器串联起来的 RC 电路看似是很简单的电路，实际上其工作过程相当复杂。在图 12-3 所示电路中，开关 S 闭合的瞬间，直流电源 E 向电容器 C 充电，随着充电的进行，电容器两端的电压 u_C 从 0（一个稳态）不断增大，直到 $u_C = E$（另一个稳态），电容器充电结束。在此瞬态过程中，电路中的充电电流 i 从闭合瞬间的最大值逐渐减小到 0。你知道 RC 电路在充电过程中电容器两端的电压 u_C 以及电路中的充电电流 i 是按什么规律变化的吗？

本学习任务主要学习 RC 电路在充电和放电过程中，电路中的电流 i、电容器 C 两端电压及电阻 R 两端电压的变化规律。

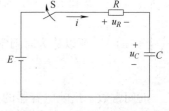

图 12-3　电路的瞬态过程

一、RC 电路的充电过程

根据图 12-3 所示的 RC 电路，当开关 S 刚闭合时，电容器 C 上还没有电荷，即 $u_C(0_-)=0$。根据换路定律，在 $t=0_+$ 时，电容器两端的电压为

$$u_C(0_+)=u_C(0_-)=0$$

则该瞬间电路中的电流为

$$i(0_+)=\frac{E}{R}=I$$

由于电路中只有电阻器和电容器，因此，在开关 S 闭合的瞬间，电流发生了跃变。此时，电流最大，对电容器充电的速度最快，两个极板间电压升高的速度最快。随着电容器极板上电荷量的增加，两个极板间电压升高，电容器两端电压逐渐接近电源电压，充电电流逐渐减小。当电容器两端电压等于电源电压时，充电电流减小到零，瞬态过程结束，电路达到稳定状态。那么，RC 电路中的充电电流是按什么规律变化的呢？

理论和实验证明，RC 电路的充电电流按指数规律变化，任意一个 RC 电路充电电流的数学表达式为

$$i=\frac{E}{R}\mathrm{e}^{-\frac{t}{RC}}$$

以时间 t 为横轴，充电电流 i 为纵轴，作出 i-t 关系曲线，如图 12-4 所示，则电阻器两端的电压 u_R 为

$$u_R=iR=E\mathrm{e}^{-\frac{t}{RC}}$$

电容器两端的电压 u_C 为

$$u_C=E-u_R=E(1-\mathrm{e}^{-\frac{t}{RC}})$$

u_R、u_C 在瞬态过程中随时间变化的曲线如图 12-5 所示。

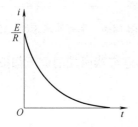

图 12-4　充电电流 i 随时间变化的曲线

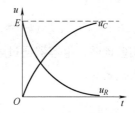

图 12-5　u_R、u_C 随时间变化的曲线

对于上述分析的 RC 充电电路，u_C 和 i 的表达式中都含有指数函数项 $\mathrm{e}^{-\frac{t}{RC}}$，在这个指

数函数中，由 R 和 C 构成的常数 RC 具有时间的量纲，其单位是 $\mathrm{s}\left(\left[\Omega \cdot \mathrm{F}\right]=\left[\Omega \cdot \dfrac{\mathrm{C}}{\mathrm{V}}\right]=\left[\dfrac{\mathrm{C}}{\mathrm{A}}\right]=\left[\mathrm{s}\right]\right)$，所以称为时间常数，用 τ 表示，即

$$\tau = RC$$

时间常数 τ 反映电容器的充电速度。τ 越大，充电速度越慢，瞬态过程越长；τ 越小，充电速度越快，瞬态过程越短。当 $t=\tau$ 时，$u_C = 0.632E$，τ 是电容器充电电压达到终值的 63.2% 时所用的时间。当 $t=5\tau$ 时，可以认为瞬态过程结束。

【例12-2】 在图12-3所示的 RC 电路中，已知 $E=6\mathrm{V}$，$R=1\mathrm{M}\Omega$，$C=10\mu\mathrm{F}$，充电前电容器两端电压为零。试求电路的时间常数 τ、开关 S 闭合 10s 时电容器两端的电压 u_C 和 R 两端的电压 u_R。

解：时间常数为

$$\tau = RC = 1 \times 10^6 \times 10 \times 10^{-6}\mathrm{s} = 10\mathrm{s}$$

则开关 S 闭合 10s 时，电容器两端的电压 u_C 为

$$u_C = E(1 - \mathrm{e}^{-\frac{t}{RC}}) = E(1 - \mathrm{e}^{-\frac{t}{\tau}}) = 6 \times (1 - \mathrm{e}^{-\frac{10}{10}})\mathrm{V}$$
$$= 6 \times (1 - \mathrm{e}^{-1})\mathrm{V} = 6 \times (1 - 0.368)\mathrm{V} = 3.792\mathrm{V}$$

电阻器 R 两端的电压 u_R 为

$$u_R = E\mathrm{e}^{-\frac{t}{RC}} = 6 \times \mathrm{e}^{-\frac{10}{10}}\mathrm{V} = 6 \times 0.368\mathrm{V} = 2.208\mathrm{V}$$

二、RC 电路的放电过程

在 RC 电路中，将电容器两端的电压充电到 u_C 等于 E 时，迅速将开关 S 由"1"位置拨到"2"位置，如图12-6所示，电容器就要通过电阻器 R 放电。

放电起始时，电容器两端的电压为

$$u_C(0_+) = u_C(0_-) = E$$

电容器 C 通过电阻器 R 的放电电流为

$$i(0_+) = \frac{u_C(0_+)}{R} = \frac{E}{R}$$

电容器放电完毕，瞬态过程结束，达到新的稳定状态，即

$$u_C(t \to \infty) = 0, \quad i(t \to \infty) = 0$$

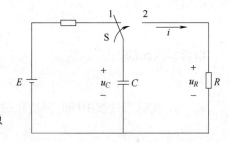

图12-6 电容器通过电阻器放电电路

理论和实验证明，电容器通过电阻器放电的电流和电容器两端的电压都按指数规律变化，其数学表达式为

$$i = \frac{E}{R}\mathrm{e}^{-\frac{t}{\tau}}$$

$$U_C = E\mathrm{e}^{-\frac{t}{\tau}}$$

式中　$\tau = RC$——电容器通过电阻器放电的时间常数。

i，u_C 在瞬态过程中随时间变化的曲线如图 12-7 所示。

放电开始时，放电电流最大，电容器两个极板上的电荷量不断中和，u_C 随之减小，放电电流 i 也随之减小。放电结束，$u_C = 0$，$i = 0$，电路达到稳态。放电快慢由时间常数 τ 决定，τ 越大，放电越慢。

在电气工程技术中，通常通过改变电容器的电容或电阻器的电阻来改变时间常数的大小。

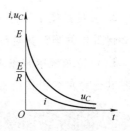

图 12-7　电容器放电时 i、u_C 的变化曲线

【项目总结】

一、瞬态过程

在具有储能元件的电路中，换路后，电路不能立即由一种稳定状态到达另一种稳定状态，需要经历一定的过程（需要一定的时间），这个过程就称为瞬态过程。瞬态过程也称过渡过程或暂态过程。

二、换路定律

1. 换路

引起瞬态过程的电路变化称为换路，如电路的接通、断开、电源的变化、电路参数的变化等。电路中具有电感器或电容器时，在换路后通常有一个瞬态过程。

2. 换路定律

换路时，电容器上的电压和电感器中的电流不能发生跃变，这就是换路定律。用公式表示为

$$\begin{cases} u_C(0_+) = u_C(0_-) \\ i_L(0_+) = i_L(0_-) \end{cases}$$

通过换路定律可以确定电路发生瞬态过程的初始值。

三、RC 电路瞬态过程

RC 电路瞬态过程的特性见表 12-1。

表 12-1　RC 电路瞬态过程的特性

电路及状态	初始条件（$t=0$）	电流、电压变化的数学表达式	终态（$t \to \infty$）	时 间 常 数
接通电源 E $u_C(0_+) = 0$	$u_C(0_+) = 0$ $i(0_+) = \dfrac{E}{R}$	$u_C = E(1 - e^{-\frac{t}{\tau}})$ $i = \dfrac{E}{R} e^{-\frac{t}{\tau}}$	$u_C = E$ $i = 0$	$\tau = RC$
短路 $u_C(0_-) = E$	$u_C(0_-) = E$ $i(0_+) = \dfrac{E}{R}$	$u_C = E e^{-\frac{t}{\tau}}$ $i = \dfrac{E}{R} e^{-\frac{t}{\tau}}$	$u_C = 0$ $i = 0$	$\tau = RC$

【思考与实践】

1. 笔记本式计算机通常在拔掉电源后，其指示灯还会亮几秒，你知道这是为什么吗？

2. 在居民楼中，为了方便居民上下楼梯，通常装有楼道延时灯，你知道这些延时灯是如何工作的吗？其延时的时间与哪些元件的参数有关呢？

3. 电力系统中常用避雷器作过电压保护，其作用是限制电气设备绝缘上的过电压，保护其绝缘免受损伤或击穿。请你通过查阅资料，说明它是利用什么原理进行工作的。

大国名匠

刘鹏："带电作业"的飞哥

刘鹏，中共党员，贵州电网公司贵阳供电局高压线路带电检修工、高级技师，全国技术能手。1995年，他从电力技校毕业并以专业第一的成绩进入贵阳供电局工作。他深爱带电作业这个专业。"带电作业技术含量最高，我喜欢有挑战性的工作"，他说。

带电作业，就是在高压线路设备上不停电的情况下进行测试、检查、检修。在几十层楼的高空对几百千伏的高压线带电检修，多数人会感觉惊险无比。带电作业的高标准，决定了从事这项工作的人必须业务精湛、胆大心细。

刘鹏被称为"带电作业"的飞哥。"带电"是因为多年来，他对输电线路带电作业充满热爱，对线路运维工作充满激情，全身上下充满"电能"；"飞"源于他的业务水平突飞猛进、创新创效奋发有为，人生有了飞跃，从中专生成长为全国技术能手、南方电网公司高级技能专家；而称他为"哥"，不仅因为他是"带头大哥"，"暖男"般地关心人，更是因为他艰难险阻争着去，苦活累活抢着干，业务技能带头学，技术创新带头钻。

工作20多年来，他累计巡线近4万km，差不多可绕地球一周，参加高压输电线路带电作业500余次，参与大型复杂输电线路抢修300余次。在贵州电网输电领域内，他攀爬电杆、铁塔的速度数一数二，5层楼高的常规电杆十几秒就能爬到顶，带电作业综合技能掌握极其熟练，排除故障、带电抢修用时之短首屈一指。仅2013—2016年三年时间，他带领团队累计完成29项创新项目，获得了13项国家专利，获南方电网公司、贵州电网公司职工创新奖10余项，有的填补了国内空白，多数已被推广运用。一路走来，无论是从"愣头青"到"行家里手"，还是从个人奋发到引领团队，他坚守"匠心"，始终如一。

参 考 文 献

［1］崔陵. 电工基本电路安装与测试［M］. 北京：高等教育出版社，2014.

［2］崔陵. 电子元器件与电路基础［M］. 北京：高等教育出版社，2012.

［3］刘志平. 电工技术基础［M］. 2 版. 北京：高等教育出版社，2009.

［4］乔剑铎. 电工技术基础与技能训练［M］. 北京：机械工业出版社，2017.